大学生计算机基础

杨剑宁 主编

清华大学出版社

北京

内 容 简 介

本教材根据教育部非计算机专业计算机基础课程指导分委员会最新制定的教学大纲、2013 年全国计算机等级考试调整后的考试大纲,紧密结合高等学校非计算机专业培养目标编写。本书既可作为本科、高职高专院校的公共计算机基础课程教材,也可作为计算机应用水平考试及计算机从业人员的自学教材。

图书在版编目(CIP)数据

大学生计算机基础/杨剑宁主编.—北京:清华大学出版社,2019(2021.1重印)
ISBN 978-7-302-53635-2

Ⅰ.①大… Ⅱ.①杨… Ⅲ.①电子计算机－高等学校－教材 Ⅳ.①TP3

中国版本图书馆 CIP 数据核字(2019)第 172134 号

责任编辑:张 莹
封面设计:傅瑞学
责任校对:王凤芝
责任印制:杨 艳

出版发行:清华大学出版社
    网 址:http://www.tup.com.cn, http://www.wqbook.com
    地 址:北京清华大学学研大厦 A 座   邮 编:100084
    社 总 机:010-62770175   邮 购:010-62786544
    投稿与读者服务:010-62776969,c-service@tup.tsinghua.edu.cn
    质量反馈:010-62772015,zhiliang@tup.tsinghua.edu.cn
印 刷 者:北京富博印刷有限公司
装 订 者:北京市密云县京文制本装订厂
经 销:全国新华书店
开 本:185mm×260mm   印 张:22.75   字 数:519 千字
版 次:2019 年 8 月第 1 版   印 次:2021 年 1 月第 8 次印刷
定 价:49.00 元

产品编号:085376-01

按照三部委(教育部、国家发改委、财政部)联合印发本科高校向应用型转变指导意见,计算机领域的教学改革必须与计算机技术的发展相匹配,需要用新知识、教材、手段并结合学生的实际情况进行教学,用科学性强并简单易懂、生动活泼的形式进行教学,实现"以学生动手能力为基础,以运用知识解决问题为突破口,以基础知识+上机实训+项目实训模式组织教学"的应用型人才培养目标。

1. 主要特色

1) 组织合理

内容选取上,遵循学生能力培养规律,采用学习情境构建将传统的教学内容进行解构、重构;全书语言简练、内容丰富、由浅入深、图文并茂,理论紧密联系实际。本书全面贯彻知识、能力、技术三位一体的教育原则,通过学习和训练,学生可全面掌握 Windows 7 操作系统的基础知识和 Office 2010 办公自动化基础知识并提升应用能力,提高操作技能,帮助学生逐渐提高解决实际问题的能力。

2) 理念先进

本书紧紧围绕应用型人才培养的目标,以项目为背景,以知识为主线,学、用结合,大胆推进"校企合作、工学结合、项目导向、任务驱动"的教学改革。

3) 编写特色

本教材在写作过程中,力求做到深入浅出、概念准确、语言清晰、易学易用、通俗易懂。以案例贯穿内容,章节内容是根据案例实现的过程进行编排的。编写方式采用"任务驱动"的方法给出完整的案例→剖析案例→分析案例→提出方法→写出步骤→实现案例。书中运用了大量的图片、说明和提示,详细写出了案例和训练题的实现步骤,突出了应用性和操作性,加强了对所学知识、技能与创新能力的训练,深化了学生对概念和理论的认知。在按案例进行讲解时,充分注意相对完整性和系统性。

2. 主要内容

本书按照教育部《计算机应用基础》大纲要求,参考(2013)计算机等级考试"1级计算机应用基础及 Office 2010 应用"认证大纲编写。

全书共分成 6 章,主要内容包括:计算机基础知识、Windows 7 操作系统、Word 2010 文字处理、电子表格 Excel 2010、PowerPoint 2010 演示文稿制作、计算机网络基础。每章后有习题和相应的实训题,便于学生复习巩固所学的知识。

感谢武汉工程科技学院教务处处长胡晶晶、武汉工程科技学院信息工程学院院长张友纯教授对于本书的大力支持以及提出的宝贵指导意见。本书由杨剑宁、杜丽芳、王先水、徐梅老师共同编写完成。

编 者

2019 年 3 月于武汉

目 录

第1章

计算机基础知识

【岗位对接】

    计算机软硬件营销,办公文秘、数据录入与处理,软件开发,计算机硬件维修与技术支持服务,平面广告设计,网络安装、维护、管理等岗位上的操作离不开计算机。在这些岗位上,需要操作者清楚计算机系统的原理、结构,了解计算机中的数据容量及表示方法,理解计算机的软件及硬件等相关知识,这些知识和技术是计算机相关岗位最基本的技能。

【职业引导】

    望知学是刚考入大学的新生,他人生的职业规划是毕业后到某广告公司去应聘平面设计岗位。通过市场调查,他了解到该岗位除了需要会使用平面设计相关软件和具备基本的平面设计能力外,了解计算机的发展、原理、特点及在现实社会工作与生活中的各应用知识也是很重要的,这将为他在岗位上进一步学习和操作计算机打下良好的基础。

【设计案例】

    望知学被某广告公司聘用后,被安排在平面设计岗位,上班后主管要给他配备一台计算机,要求本着够用适用的原则给出一个适合平面设计的计算机配置方案,报批、采购后还要他自己安装硬件和软件。

【知识技能】

1.1 计算机概述

1.1.1 计算机的发展

    世界上第一台电子计算机诞生于 1946 年 2 月,它是美国军方为了计算炮弹的弹道轨迹而委托美国宾夕法尼亚大学研制的,取名为 ENIAC(Electronic Numerical Integrator And Calculator,读作"埃尼阿克")。它使用了 18 000 多个电子管,1500 个继电器,70 000 只电阻,每小时功耗为 140 千瓦左右,占地 167 平方米,重达 30 吨,计算机速度为每秒 5000 次加法运算,即使其功能远远不如现代的一台普通计算机,但作为计算机家族的鼻祖,它的诞生标志着人类文明的一次飞跃和电子计算机时代的开始,开创了信息处理技术的新时代。

ENIAC 诞生后,数学家冯·诺依曼提出了对计算机改进的重大理论,该理论有两大基本点:其一是电子计算机应该以二进制为运算基础;其二是电子计算机应采用"存储程序"方式工作。同时该理论还明确指出了整个计算机的结构就是由运算器、控制器、存储器、输入设备和输出设备五大部分组成。冯·诺依曼理论的提出,解决了计算机的运算自动化问题和速度匹配问题,对后来计算机的发展起到了决定性的作用,直到今天,绝大部分计算机依然采用冯·诺依曼方式工作。

第一台计算机的诞生至今已过去七十多年,在这期间,计算机以惊人的速度发展着。首先是晶体管取代了电子管,继而是微电子技术的发展使得计算机处理器和存储器上的元件越做越小,数量越来越多,计算机的运算速度和存储容量迅猛增加,而计算机的功耗大大降低,功能大大增强,应用领域进一步拓宽。特别是体积小、功能强、价格低的微型计算机的出现,使得计算机得以迅速普及,进入了办公室和家庭,在办公自动化和多媒体应用中发挥了很大的作用。到目前为止,计算机的发展已经经历了四个时代,正在向第五代过渡。

1. 第一代计算机(1943—1957)

第一代计算机称为"电子管计算机"。其主要元件采用的是电子管,一台计算机需要几千个电子管,在工作时,每个电子管都会产生大量的热量,如何散热是当时的一大难题,又由于电子管的寿命最长只有 3000 小时,计算机运行时常常发生由于电子管被烧坏而计算机死机的现象。第一台计算机主要用于科学研究和工程计算。

2. 第二代计算机(1958—1964)

第二代计算机称为"晶体管计算机"。其主要元件采用的是晶体管,晶体管比电子管小得多,不需要暖机时间,消耗能量较少,处理较迅速,可靠性比较强。第二代计算机的程序语言从机器语言发展到汇编语言,接着,高级语言 FORTRAN 语言和 COBOL 语言相继出现并被广泛使用,同时,开始使用磁盘和磁带作为辅助存储器。第二代计算机相对于第一代计算机,体积和价格都下降了,而且使用的人群也增大了,加速了计算机工业的发展。第二代计算机主要用于商业、大学教学和政府机关。

3. 第三代计算机(1965—1971)

第三代计算机称为"中小规模集成电路计算机"。其主要元件是集成电路,集成电路(Integrated Circuit,IC)是做在晶片上的一个完整的电子电路,体积相当小,却包含几千个晶体管元件。第三代计算机的显著特点是体积更小,价格更低,可靠性更强,计算速度更快。第三代计算机的代表是 IBM 公司耗资 50 亿美元开发的 IBM360 系列。

4. 第四代计算机（1972年至今）

第四代计算机称为"大规模或超大规模集成电路计算机"。其主要元件是集成电路，但是这种集成电路已有较大的改善，它包含着几十万个到上百万个晶体管，人们称之为大规模集成电路（Large-Scale Integration，LSI）和超大规模集成电路（Very Large-Scale Integration，VLSI）。1975年，美国IBM公司推出了个人计算机（Personal Computer，PC），从此，人们对计算机不再陌生，计算机开始深入人类生活的各个方面。

未来计算机的研究目标是打破现有的计算机体系结构，使得计算机能够像人那样思考、推理和判断，尽管传统的、基于集成电路的计算机短时间内不会退出历史舞台，但旨在超越它的光子计算机、生物（DAN）计算机、超导计算机、纳米计算机和量子计算机正在跃跃欲试。

1.1.2 计算机的特点

计算机在处理信息上，具有以下主要特点。

1. 运算速度快

运算速度快是计算机的一个最显著的特点，计算机的运算速度通常用每秒执行定点加法的次数或平均每秒执行指令的条数来衡量。计算机的执行速度已由早期的每秒几千次（如ENIAC每秒仅可完成5000次的定点加法）发展到现在的最高可达每秒千亿次乃至万亿次。

计算机高速运算的能力极大地提高了工作效率，把人们从烦琐的脑力劳动中解放出来。昔日用人工旷日持久才能完成的计算，计算机在"瞬间"即可完成。曾有诸多数学问题，由于计算量太大，数学家们终生也无法完成，而使用计算机则可轻易解决。

2. 计算精度高

在科学研究和工程设计中，对计算的结果精度有很高的要求。一般的计算工具只能达到几位有效数字，而计算机对数据处理的结果可达到十几位、几十位有效数字，根据需要甚至可达到任意的精度。

3. 存储容量大

计算机的存储器可以存储大量数据，这使计算机具有了"记忆"功能。目前计算机的存储容量越来越大，已高达百万兆字节甚至更高数量级的容量。计算机具有"记忆"功能是其与传统计算工具的一个重要区别。

4. 具有逻辑判断功能

计算机运算器除了能够完成基本的算术运算外，还具有进行比较、判断等逻辑运算功能，这种能力是计算机处理逻辑推理问题的前提。

5. 自动化程度高，通用性强

由于计算机的工作方式是将程序和数据预先存放在机器内，工作时按程序规定的操作，一步一步地自动完成，一般无须人工干预，体现在自动化程度高。这一特点是一般计算工具所不具备的。

通用性强的特点表现在几乎能求解自然科学与社会科学中的一切问题,并能广泛应用于现代社会生活中的各个领域。

6. 可靠性高

随着计算机技术的发展,计算机的可靠性也大大提高,在恶劣的环境下也能无故障地运行。

以上的几个特点,赋予了计算机高速、自动、持续的运算能力,使计算机成为信息处理的有力工具。

1.1.3 计算机的分类

随着计算机技术的迅速发展和应用领域的不断扩大,计算机的种类也越来越多,按现代观念可以从以下几个不同的角度对计算机进行分类。

1. 按计算机的工作原理分

可将计算机划分为模拟式电子计算机、数字式电子计算机和混合式电子计算机。

1) 模拟式电子计算机

模拟式电子计算机问世比较早,是使用连续变化的电信号模拟自然界的信息,其基本运算部件是由运算放大器构成的微分器、积分器、通用函数运算器等。模拟式电子计算机处理问题的精度低,信息不易存储,通用性差,并且电路结构复杂,抗外界干扰能力极差。

2) 数字式电子计算机

数字式电子计算机是当今世界电子计算机行业中的主流,是使用不连续的数字量即"0"和"1"来表示自然界的信息,其基本运算部件是数字逻辑电路。数字式电子计算机处理问题的精度高、存储量大、通用性强,能胜任科学计算、信息处理、实时控制、智能模拟等各方面的工作。人们常说的计算机就是指数字式电子计算机。

3) 混合式电子计算机

混合式电子计算机是综合了上述两种计算机的长处设计的,它既能处理数字量,又能处理模拟量,这种计算机结构较复杂,设计十分困难。

2. 按计算机应用特点分

按计算机应用特点可划分为通用计算机和专用计算机。

1) 通用计算机

通用计算机是面向多种应用领域和算法的计算机,其特点是它的系统结构和计算机软件能适合不同用户的需求,一般的计算机都是此类。

2) 专用计算机

专用计算机是针对某一特定应用领域或面向某种算法而专门设计的计算机。其特点是它的系统结构和专用软件对所指定的应用领域是高效的,对其他领域是低效的,有时甚至是无效的,一般在过程控制中使用的工业控制机、卫星图像处理用的并行处理机属于此类。

3. 按计算机性能分

按计算机性能可划分为巨型计算机、大型计算机、小型计算机、微型计算机、服务器和工作站。

1）巨型计算机

巨型计算机又称为超级计算机（Super Computer），它是所有计算机中性能最高、功能最强、速度最快、存储量巨大、结构复杂、价格昂贵的一类计算机。其浮点运算速度目前已达到每秒千万亿次。目前多用在国防、航天、生物、核能等国防高科技领域和国防尖端技术中。我国自主研制的银河系列机、曙光系列机、深腾系列机均属于巨型计算机，特别是2009年10月"天河一号"的研制成功，将中国高性能计算机的峰值性能提升到了每秒1206万亿次。

2）大型计算机

大型计算机是计算机中通用性能最强，功能、速度、存储仅次于巨型计算机的一类计算机，国外习惯将其称为主机（Mainframe）。大型计算机具有比较完善的指令系统和丰富的外部设备，较强的管理和处理数据的能力，一般应用在大型企业、金融系统、高校、科研院所等。

3）小型计算机

小型计算机（Mini Computer）是计算机中性能较好，价格便宜，应用领域非常广泛的一类计算机。其浮点运算速度可达每秒几千万次。小型计算机结构简单，使用和维护方便，倍受中小企业欢迎，主要应用于科学计算、数据处理和自动控制等。

4）微型计算机

微型计算机也称个人计算机（Personal Computer，PC），是应用领域最广泛、发展最快、人们最感兴趣的一类计算机，它以其设计先进（总是采用高性能的微处理器）、软件丰富、功能齐全、体积小、价格便宜、灵活性好等优势而拥有广大的用户。目前，微型计算机已广泛应用于办公自动化、信息检索、家庭教育和娱乐等。

5）服务器

服务器（Server）是可以被网络用户共享，为网络用户提供服务的一类高性能计算机。一般配置多个CPU，有较高的运行速度，并具有超大容量的存储设备和丰富的外部接口。常用的服务器有Web服务器、电子邮件服务器、域名服务器、文件服务器等。

6）工作站

工作站（Workstation）是一种高档微型计算机系统。通常它配有大容量的主存、高分辨率大屏幕显示器、较高的运算速度和较强的网络通信能力，具有大型计算机或小型计算机的多任务、多用户能力，且兼有微型计算机的操作便利性和良好的人机界面。因此，工作站主要用于图像处理和计算机辅助设计等领域。

1.1.4 计算机的应用

计算机的应用领域极其广泛，经过近70多年的发展，已渗透到社会的各行各业，正在

5

改变着人们传统的工作、学习和生活方式,推动社会的发展和人类的进步。计算机的应用可归纳为以下几个主要的应用领域。

1. 科学计算

科学计算又称数值计算,是指利用计算机来完成科学研究和工程技术中提出的数学问题的计算,是计算机应用的最基本领域。在科学研究和工程应用中,有大量的、复杂的计算问题,利用计算机的高速计算、大存储容量和连续运算能力,可以实现人工无法解决的各种科学计算问题,如同步通信卫星的发射、宇宙飞船轨迹的计算、导弹飞行轨迹的计算等。

2. 数据处理

数据处理即信息处理,是对原始数据进行收集、整理、分类、统计、加工、存储、利用、传播、输出等一系列活动的统称。当今社会,数据处理已广泛应用于办公自动化、企事业单位计算机辅助管理与决策、情报检索、图书管理、电影电视动画设计、会计电算化、股市行情等各行各业。信息正在形成独立的产业,多媒体技术使信息展现在人们眼前的不仅是数字和文字,而且还有声音和图像信息。

3. 实时控制

实时控制又称过程控制,是指利用计算机及时采集检测数据,按最优值迅速地对控制对象进行自动调节或自动控制。采用计算机进行实时控制,不仅可以大大提高控制的自动化水平,而且可以提高控制的及时性和准确性,从而改善劳动条件,提高产品质量及合格率,降低生产成本,提高生产效率。因此,计算机实时控制已在机械、冶金、石油、化工、纺织、水电、建材、航天等部门得到广泛的应用。

4. 计算机辅助系统

计算机辅助系统包括 CAD、CAM、CAT 和 CAI 等。

(1) 计算机辅助设计(Computer Aided Design,CAD)是利用计算机系统辅助设计人员进行工程或产品设计,以实现最佳效果的一种技术。它已广泛应用于汽车、机械、飞机、电子、建筑和轻工等领域。如在建筑设计过程中,可以利用 CAD 技术进行建筑图纸的设计,绘制立体效果图,这有利于提高设计速度和设计质量。

(2) 计算机辅助制造(Computer Aided Manufacturing,CAM)是利用计算机系统进行产品制造的系统。使用 CAM 技术可以提高产品质量,降低成本,缩短生产周期,提高生产率和改善劳动条件。

CAD 和 CAM,加上 CAT(Computer Aided Test,计算机辅助测试)、CAE(Computer Aided Engineering,计算机辅助工程)组成了一个集设计、制造、测试、管理于一体的高度自动化系统,这种系统称为计算机集成制造系统(Computer Integrated Manufacturing System,CIMS)。它才真正实现无人化工厂(或生产线)。

(3) 计算机辅助教学(Computer Aided Education,CAE)包括计算机辅助教学(Computer Aided Instruction,CAI)和计算机管理教学(Computer Managed Instruction,

CMI)两部分。CAI 系统所使用的教学软件相当于传统教学中的教材,并能实现远程教学、个别教学,且具有自我检测、自动评分等功能;CMI 是利用计算机系统实现各种教学管理,如教务管理、教学计划制订、课程安排等。

5. 网络应用

计算机网络是计算机技术与通信技术相结合的产物。组建计算机网络,不仅可以实现一个单位、一个地区、一个国家,甚至全世界中计算机与计算机之间的通信,各种软硬件资源的共享,而且加强了国际间的文字、图像、视频和声音等各类数据的传输与处理。计算机网络的应用与发展正在改变着人们的工作方式和生活方式,改变着传统的产业结构,加速全球信息产业的发展。

6. 人工智能

人工智能(Artificial Intelligence,AI)是研究、开发用于模拟、延伸和扩展人的智能的理论、方法、技术及应用系统的一门新的技术科学。它企图了解智能的实质,并产生出一种能以人类智能相似的方式做出反应的智能机器人。目前在机器人、模式识别、专家系统和智能检索方面都取得了相当大的成果。

7. 生活工作

现代生活中,计算机已深入千家万户,延伸到人们的生活、工作和学习的各个方面。如办公自动化(Office Automation,OA)是建立在计算机技术、通信技术和办公设备自动化技术基础上的信息处理系统,该领域是计算机应用最为广泛的;又如建立在网络基础上的智慧城市、智慧医院等的"互联网+"。

1.2　计算机进制与信息编码

1.2.1　进位记数制

1. 进位记数制

在人类的历史发展进程中,依据生产、生活交流的需要,人们创立了数。数制是用一定的符号和规则来表示数的方法。

进位记数制是指用一组特定的数字符号按先后顺序排列起来,从低位向高位进位记数表示数的方法,简称进制。如十进制数 3146,就是用 3、1、4、6 这 4 个数码从低位到高位排列起来的,表示三千一百四十六。在进位记数制中有两个最基本的要素:"基数"和"位权"。

(1)基数:一种进位记数制中允许使用的基本数字符号的个数称为基数,这些数字称为数码或数符。如十进制数的数码分别是 0、1、2、3、4、5、6、7、8、9,共有 10 个数码。

(2)位权:是单位数码在该数位上所表示的数量,位权以指数形式表示,指数的底是记数进位制的基数。如十进制数 236.7 中的 2 表示的是 200（即 2×10^2）；3 表示的是 30（即 3×10^1）；6 表示的是 6（即 6×10^0）；7 表示的是 0.7（即 7×10^{-1}）。

任何一个数都可以按位权展开式表示，位权展开式又称乘权求和。

一般来说，一个 n 位的 R 进制数都是可以用数字乘权求和的形式来表示的，其公式为：

$$(K_1 K_2 K_3 \cdots K_n)R = K_1 \times R^{n-1} + K_2 \times R^{n-2} + K_3 \times R^{n-3} + \cdots + K_n \times R^0$$

说明：R 是基数，可以是 2、8、10、16 等，甚至是任意的。在运算过程中遵循的规则是"逢 R 进 1，借 1 当 R"。

2. 常用的进位记数制

常用的进位记数制有二进制、八进制、十进制和十六进制。

1）二进制数

二进制数的数码只有两个：0 和 1；进位规则是"逢 2 进 1，借 1 当 2"；二进制数运算规则如下。

加法运算规则：$0+0=0$；$0+1=1$；$1+0=1$；$1+1=10$。

减法运算规则：$0-0=0$；$1-0=1$；$1-1=0$；$10-1=1$。

乘法运算规则：$0 \times 0=0$；$0 \times 1=0$；$1 \times 0=0$；$1 \times 1=1$。

在计算机中采用二进制数的主要原因如下。

（1）实现容易，二进制数只有两个符号，即 0 和 1。可以采用两种对立物理状态来显示它，而且很容易制造具有两个稳定状态的电子元件。

（2）便于使用逻辑代数，逻辑代数是计算机科学基础，又称为布尔代数。二进制数的"0"和"1"正好可以表示成逻辑值"假"和"真"，为计算机进行逻辑运算及对计算机逻辑线路进行分析与设计提供了方便。

（3）运算简单，二进制数的加法和乘法规则都只有 4 条。非常简单，相对于十进制数的运算规则简单许多，同时实现二进制运算的电子线路也大为简化。

（4）记忆和传输可靠，电子元件对立的两种状态，识别起来较容易，同时还提高了电路的抗干扰能力，使电路工作更可靠。

二进制数有许多优点，但也存在表示某一信息时书写较长，阅读和记忆不方便等缺点。因此，人们在书写和记忆时一般采用八进制数和十六进制数。

2）八进制数

八进制数有 8 个数码：0、1、2、3、4、5、6、7；八进制数运算规则为"逢 8 进 1，借 1 当 8"。

3）十六进制数

十六进制数有 16 个数码：0、1、2、3、4、5、6、7、8、9、A、B、C、D、E、F；十六进制数的运算规则为"逢 16 进 1，借 1 当 16"。

4）十进制数

十进制数有 10 个数码：0、1、2、3、4、5、6、7、8、9；十进制数的运算规则是"逢 10 进 1，借 1 当 10"。

十进制数和二进制数、八进制数、十六进制数之间的对应关系如表 1.1 所示。

表 1.1　十进制数和二进制数、八进制数、十六进制数的关系

十进制	二进制	八进制	十六进制	十进制	二进制	八进制	十六进制
0	0	0	0	8	1000	10	8
1	1	1	1	9	1001	11	9
2	10	2	2	10	1010	12	A
3	11	3	3	11	1011	13	B
4	100	4	4	12	1100	14	C
5	101	5	5	13	1101	15	D
6	110	6	6	14	1110	16	E
7	111	7	7	15	1111	17	F

为了正确地表示某进制数,通常在数的末尾加上相应的标识,用字母 D、B、O、H 或用下标 10、2、8、16 分别表示十进制数、二进制数、八进制数和十六进制数。

例如,1234D 或 $(1234)_{10}$ 表示十进制数;1234H 或 $(1234)_{16}$ 表示十六进制数。

1.2.2　数制间的相互转换

1. R 进制数转换为十进制数

原理是先将 R 进制数按位权展开式展开,然后按十进制规则进行计算,其结果就是转换后的十进制数。

例题 1.1　将 1234H 转换为十进制数。

$$1234H = 1 \times 16^3 + 2 \times 16^2 + 3 \times 16^1 + 4 \times 16^0 = 4096 + 512 + 48 + 4 = 4660D$$

2. 十进制数转换为 R 进制数

R 进制数通常指的是二进制数、八进制数、十六进制数。转换原理分成整数部分和小数部分转换。

整数部分:采用"除以 R 取余法",即用十进制数反复地除以 R,记下每次所得的余数,直到商为 0,将所得余数按最后一个余数排在最高位到第一个余数排在最低位的顺序依次排列起来即为转换的结果。

小数部分:采用"乘以 R 取整法",即用十进制数乘以 R,得到一个乘积,将乘积的整数部分取出来,将乘积的小数部分再乘以 R,重复上述过程,直至乘积的小数部分为 0 或满足精度要求为止,并将所得数按顺序排列。

例题 1.2　将十进制数 123.456 转换成二进制数是多少?

将十进制数的整数部分 123 采用除以 2 取余,将十进制数的小数部分 0.456 采用乘以 2 取整,其实现过程如下:

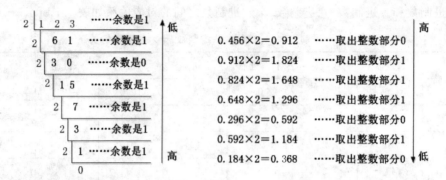

转换的结果：$(123.456)_{10} = (1111011.0111010)_2$

结论：R 进制数转换为十进制数，位权展开求和，十进制数转换为 R 进制数，用整数部分除以 R 取余，小数部分乘以 R 取整，需要注意转换结果的排列规则：除以 R 取余是"先余为低，后余为高"；乘以 R 取整是"先整为高，后整为低"。

3. 二进制数与八进制数、十六进制数间的转换

1）二进制数转换成八进制数

转换原理：从二进制数的小数点开始，整数部分从右至左将每三位二进制数码组成一组，最后一组若不足三位，则在二进制数码前补上 0，小数部分从左至右将每三位二进制数码组成一组，最后一组若不足三位，则在二进制数码后补上 0，再将每组二进制数码转换成对应的八进制数数码。

例题 1.3 将二进制数 11100101.1101 转换成八进制数。

转换过程如下：首先对转换的二进制数从小数点位置开始分别向左、向右按每三位二进制数码进行分组，不足三位在其前或后补上 0，分组如下。

原 始 数 据：1 1 1 0 0 1 0 1 . 1 1 0 1

分　　　组：011　100　101　　110　100

对 应 值：　3　　4　　5　　　6　　4

转换结果：二进制数 $(11100101.1101)_2 = (345.64)_8$

2）八进制数转换成二进制数

转换原理：将每一位八进制数码展开成对应的三位二进制数码，然后按它们所在位置进行对应拼接，若在转换过程中产生了整数部分的前导 0 或产生了小数部分后导 0，则将其删掉后即为其转换的结果。

例题 1.4 将八进制数 632.14 转换成二进制数。

转换过程：先对转换的八进制数的每一位数码转换成对应的二进制数码，再按其对应的位置进行二进制数码的拼接，最后删掉整数部分的前导 0 和小数部分的后导 0。

原 始 数 据：632.14

对 应 数 码：011 110 010 001 100

删掉前导 0 和后导 0：11110010.0011 即为转换的结果。

转换结果：$(632.14)_8 = (11110010.0011)_2$

3）二进制数与十六进制数的转换

二进制数与十六进制数的转换与二进制数与八进制数的转换原理基本相同,只是在转换过程中用四位的二进制数码组成一个十六进制数据,将一个十六进制数码转换成一个对应的二进制数码。

例题 1.5　二进制数 111000110.110 转换成十六进制数是多少？十六进制数 7D1B 转换成二进制数是多少？

$(111000110.110)_2 = (C6.C)_{16}$

$(7D1B)_{16} = (111\ 1101\ 00011011)_2$

转换过程请同学们自己去分析。

4）八进制数与十六制数的转换

转换原理：八进制数转换成十六进制数,十六进制数转换成八进制数都可借助二进制数或十进制数为中间数来实现。

例题 1.6　将八进制数 567.32 转换成十六进制数。

转换过程：首先将八进制数 567.32 的数码分别转换成对应的二进制数码,再从小数点位置开始,分别向左、向右将二进制数码按四位一组合并转换成对应的十六进制数码即可。

$(567.32)_8 = (101\ 110\ 111.011\ 010)_2 = (177.58)_{16}$

转换过程请同学们自己去分析。

1.2.3　计算机中的数据单位

计算机中的所有信息,无论是数据还是程序或者图像、声音,都是以二进制数形式存放的。其中,一个二进制数 0 或 1 是数据的最小单位,称为位,读作 bit。而计算机在处理信息时,通常以一组二进制数码作为一个整体进行,这组二进制数码称为一个字(word),不同计算机系统内部的字长不同,计算机中常用的字长有 8 位、16 位、32 位、64 位及 128 位,字长是衡量计算机的一个重要指标。

在计算机中常用字节(Byte)作为基本单位来度量计算机的存储容量。一个字节由 8 位的二进制数码组成。在计算机内部,一个字节可以表示一个数据,也可表示一个英文字母或其他特殊字符;一个或几个字节还可以表示一条指令;两个字节可表示一个汉字。

计算机中常用存储容量单位及换算关系如下。

$1KB = 2^{10} Byte = 1024B$

$1MB = 2^{20} Byte = 1024KB = 1024 \times 1024B$

$1GB = 2^{30} Byte = 1024MB = 1024 \times 1024 \times 1024B$

$1TB = 2^{40} Byte = 1024GB = 1024 \times 1024 \times 1024 \times 1024B$

其中,K、M、G、T 分别称为千、兆、吉、太。

为方便对计算机内的数据进行有效的管理和存取,需要对内存单元进行编号,这个编号称为存储单元地址。每个存储单元存放一字节的数据,如果需要对某一存储单元进行读写操作,必须先知道该存储单元的地址,然后才能对该单元进行信息的读写。但需要注意的是,存储单元的地址与存储单元的内容是两个不同的概念。

1.2.4 计算机信息编码

在计算机中,所有的数据和程序都是以二进制的形式来表示的。我们日常使用的数值、字符以及声音、图像、视频、动画等数据要用计算机来处理,则必须将它们用二进制数表示出来,即将这些数据用二进制编码。

计算机内部把数据划分成数值型和非数值型,常见的字符是非数值型数据。

1. 数值型数据的编码

计算机内表示的数值,可划分为整数和实数两大类。

1）整数的表示

根据是否考虑数值的正负,可把整数分为有符号数和无符号数。有符号数通常用最高位表示数的正负号,称为符号位,其中 0 表示正数,1 表示负数,其他位表示数的大小;无符号整数中的所有二进制位全部表示数的大小。

2）实数的表示

实数又称为浮点数,是既有整数又有小数的数,纯小数可以看作实数的特例。在计算机中浮点数由指数(阶码)和尾数两部分组成。阶码用来表示尾数中的小数点应当向左或向右移动的位数;尾数表示数值的有效数字,其小数点约定在数符和尾数之间,其存储格式为:

阶符	阶码	数符	尾数

阶符和数符各占一位,阶码给出的总是整数,尾数总是小于 1 的数字。阶符的正负决定小数点的位置,若阶符为正,则向右移动;若阶符为负,则向左移动。数符的正负决定浮点数的正负。阶码的位数随数值表示的范围而定,尾数的位数则依数的精度要求而定。

3）BCD 码

BCD 码是用 4 位二进制数表示 1 位十进制数,BCD 码中的每 4 位二进制码是有权码,从左到右由高位到低位分别是 8、4、2、1。4 位的 BCD 码最小数是 0000,最大数是 1001。

2. 西文字符的编码

西文字符编码最常用的是 ASCII 码。ASCII 码是美国信息交换标准代码(American Standard Code for Information Interchange)的简称,该标准已经被国际标准化组织(ISO)指定为国际标准,是国际上使用广泛的一种字符编码。

ASCII 码的编码规则:ASCII 码是 7 位码,即每个字符用 7 位二进制数 $(b_6b_5b_4b_3b_2b_1b_0)$ 来表示,共有 $2^7=128$ 个字符。在计算机中,每个 ASCII 码字符可存放在一个字节中,最高位 (d_7) 为校验位用"0"填充,后 7 位为编码值。ASCII 码表如表 1.2 所示。

表 1.2 ASCII 码表

$d_3d_2d_1d_0$ ╲ $d_6d_5d_4$	000	001	010	011	100	101	110	111
0000	NUL	DEL	SP	0	@	P	、	P
0001	SOH	DC1	!	1	A	Q	a	q
0010	STX	DC2	"	2	B	R	b	r
0011	EXT	DC3	#	3	C	S	c	s
0100	EOT	DC4	$	4	D	T	d	t
0101	ENQ	NAK	%	5	E	U	e	u
0110	ACK	SYN	&	6	F	V	f	v
0111	BEL	ETB	,	7	G	W	g	w
1000	BS	CAN	(	8	H	X	h	x
1001	HT	EM	)	9	I	Y	i	y
1010	LF	SUB	*	:	J	Z	j	z
1011	VT	ESC	+	;	K	[	k	{
1100	FF	FS	,	<	L	\	l	⊥
1101	CR	GS	-	=	M	]	m	}
1110	SD	RS	.	>	N	∧	n	~
1111	SI	US	/	?	O	o	o	DEL

从 ASCII 码表中可知,有三种常用字符:阿拉伯数字,小写英文字母,大写英文字母。它们的 ASCII 码值都是连续递增的。ASCII 码表中的可打印字符在 PC 标准键上都可以找到,当通过键盘输入字符时,每个字符实际是按 ASCII 码转换为相应的二进制数字串,屏幕上显示相应字符,同时将该字符的 ASCII 码值送入计算机的存储器中。

7 位的 ASCII 码称为基本的 ASCII 码;若用 8 位编码的 ASCII 码,共有 $2^8 = 256$ 个字符,称为扩展的 ASCII 码,主要目的是增加字符的使用量。

3. 汉字编码

1)输入码

键盘是计算机的主要输入设备之一,输入码是用英文键盘输入汉字时的编码。输入汉字主要有两种途径:一是由计算机自动识别汉字,要求计算机模拟人的智能(主要有手写笔、语音识别、扫描识别);二是由人将相应的计算机编码以手动方式用键盘输入计算机(五笔字型、拼音)。

2)国标码

1980 年我国制定了 GB2312—1980 标准,颁布了一套用于汉字信息交换的代码,共收录了汉字 6763 个,各种字母符号 682 个,合计 7445 个。其中常用汉字(一级汉字)3755 个,以拼音为序;二级汉字 3008 个,以偏旁部首为序。

目前最新的国家标准是 GB18030,是我国继 GB2312—1980 和 GB13000—1993 之后最重要的汉字编码标准,是我国计算机系统必须遵循的基础性标准之一。与 GB2312—1980 完全兼容,与 GBK 基本兼容,支持 GB13000 及 Unicode 的全部统一汉字,共收录汉字 70 244 个。

3)区位码

在 GB2312—1980 的编码方式中,国家标准将汉字和图形符号排列在一个 94 行 94 列的二维代码表中,每两字节分别用两位十进制数来编码,前面那个字节的编码叫区码,后面那个字节的编码叫位码,这就是区位码。如"保"字在二维代码表中位于第 17 区第 3 位,则其区位码是 1703。

4)机内码

国标码是汉字信息交换的标准编码,但是因为其两个字节的最高位规定成了 0,这样一个汉字的国标码就很容易被误认为是两个西文字符的 ASCII 码,于是,在计算机内部也就无法采用国标码。对此可以采用变形后的国标码,也就是将国标码的两个字节的高位由两个 0 变成两个 1,这就成了机内码。

5)汉字字形码

汉字信息在计算机中采用机内码,但在输出时必须转换成字形码,因此对每一个汉字,都要有对应的模型存储在计算机内,这是字库或字体。

通常汉字显示使用 16×16 点阵,汉字打印可选用 24×24,32×32,48×48 等点阵,点数越多,打印的字体越美观,但汉字占用的存储空间也越大。

5)Unicode

Unicode 又称统一码、单一码、万国码,是计算机科学领域中的一项业界标准,是计算机工业界为了解决传统编码方案的局限,支持多语言环境,避免编码之间的冲突,统一地表示世界各国文字,发起制定的一项编码标准。

在 Unicode 标准中,编码空间的整数范围从 0 到 10FFFF(十六进制),共有 1 114 112 个可用的码点,不仅可以包含当今世界使用的所有语言文字和其他字符,也可容纳绝大多数具有历史意义的古代文字和符号。

1.3　计算机系统组成

一个完整的计算机系统由硬件(Hardware)系统和软件(Software)系统两个部分组成。计算机硬件系统是组成计算机和各种物理设计的总称,是一些实实在在的有形实体,它们由各种物理器件和电子线路组成,是计算机进行计算的物质基础;计算机软件系统是计算机程序、要处理的数据及有关文档的总称。

硬件系统是软件系统的物质基础,软件系统是硬件系统的"灵魂",硬件系统和软件系统的相互依存才能构成一个可用的计算机系统。

1.3.1 计算机硬件系统

自第一台电子计算机诞生以来,计算机的系统结构已经发生了很大的变化,但就其结构的原理来说,占主流地位的仍然是冯·诺依曼型计算机。

按冯·诺依曼对计算机体系结构的划分,计算机的基本系统由运算器、控制器、存储器、输入设备和输出设备五大部件组成。计算机的基本结构如图 1.1 所示。

1. 运算器

运算器又称算术逻辑单元(Arithmetic Logic Unit,ALU),是计算机对数据进行加工处理的部件,它的主要功能是执行各种算术运算和逻辑运算。算术运算指各种数值运算,包括加、减、乘、除等;逻辑运算是进行逻辑判断的非数值运算,包括与、或、非、比较、移位等。运算器由算术逻辑部件、数据寄存器、累加器等部件组成。运算器在控制器的控制下实现其功能,运算结果由控制器指挥送到内存储器中。

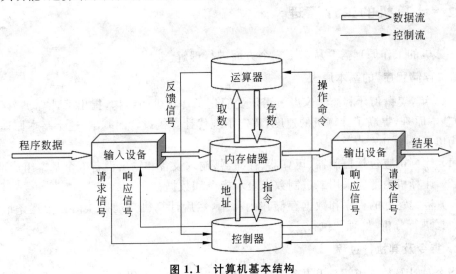

图 1.1 计算机基本结构

2. 控制器

控制器主要由指令寄存器、译码器、程序计数器和控制电路组成。控制器用来控制计算机各部件协调工作,并使整个处理过程有条不紊地进行,是计算机的指挥中心。其基本功能就是从内存中取指令和执行指令,即控制器按程序计数器给出的指令地址从内存中取出该指令进行译码,然后根据指令功能向有关部件发出控制命令,执行该项命令。同时,控制器在工作过程中,还要接收各部件反馈回来的信息。

3. 存储器

存储器用来保存信息,具有记忆功能。存储器分为内存储器(内存)和外存储器(外存)两大类。

内存储器又称主存储器,它直接与 CPU 相连接,存储容量相对较小,但速度快,用来

15

存放当前运行程序的指令和数据,并直接与 CPU 交换信息。内存储器按工作方式的不同,可划分为只读存储器(Read Only Memory,ROM)和随机存储器(Random Access Memory,RAM)。

外存储器是内存的扩充,外存储器容量较大,价格低,速度慢,常用来存放大量暂时不用的程序、数据和中间结果,外存储器不能直接与 CPU 交换信息,必须通过内存储器来实现外存储器与 CPU 之间的信息交换,不能被计算机系统的其他部件直接访问。

4. 输入设备

输入设备是用来接收用户输入的原始数据和程序的设备,是重要的人机接口,它的功能是负责将输入的程序和数据转换成计算机能识别的二进制数字存放到内存中。

5. 输出设备

输出设备是用于将存放在内存中的数据输出的设备,它的功能是负责将计算机处理后的结果转变为人们所能接受的形式并通过显示、打印等方式输出。

1.3.2 计算机的工作原理

计算机的工作原理需要从以下三个方面进行理解。

1. "存储程序"的基本原理

1946 年,美籍匈牙利数学家冯·诺依曼简化了计算机的结构,提出了计算机"存储程序"的基本原理,提高了计算机的速度,奠定了现代计算机设计的基础,这个基本原理可以概括为以下三个基本点。

(1) 计算机应包括控制器、运算器、存储器、输入设备和输出设备五个基本组成部分;

(2) 计算机内部应采用二进制数来表示指令和数据;

(3) 将编写好的程序和数据存储在内存中,然后计算机自动地从内存中逐条取出指令和数据进行分析、处理和执行。

2. 指令及其执行过程

指令是计算机能够识别和执行的一些基本操作,由操作码和操作数两部分组成。操作码规定了计算机要执行的基本操作类型,如乘法操作;操作数告诉计算机哪些数据参与操作。计算机系统中所有指令的集合称为计算机的指令系统。每种类型的计算机都有自己的指令系统,规定了该类计算机所能完成的全部操作,如数据传送、算术运算、逻辑运算、输入/输出等。计算机中一条指令的执行过程分为以下 4 步完成。

(1) 取出指令:把要执行的指令从内存取到 CPU 中。

(2) 分析指令:将取出的指令送到译码器中进行分析。

(3) 执行指令:根据指令译码器的译码结果向各个部件发出相应的控制信号,完成指令规定的操作功能。

(4) 形成下一条指令的地址,为执行下条指令做好准备。

3. 程序的执行过程

程序是由若干条指令构成的指令序列。计算机运行程序时,实际上是顺序执行程序中所包含的指令,即不断重复"取出指令、分析指令、执行指令"这个过程,直到构成程序的所有指令全部执行完毕,才完成了程序的运行,实现了程序的功能。

1.3.3 计算机的软件系统

计算机软件系统分为系统软件和应用软件两大类。

1. 系统软件

系统软件处于硬件和应用软件之间,具有计算机各种应用所需的通用功能,是支持应用程序的平台。

系统软件是在计算机系统中直接服务于计算机系统的由计算机厂商或专业软件开发商提供的,给用户使用的操作系统环境和控制计算机系统按照操作系统要求运行的软件。它包括操作系统、语言处理程序、编译和连接程序、数据库系统、服务程序等。

1) 操作系统

操作系统(Operating System)是控制和管理计算机硬件和软件资源,合理地组织计算机工作流程以及方便用户使用计算机的程序的集合。操作系统具有处理机管理、存储管理、设备管理、文件管理和用户接口五大功能。操作系统能有效管理计算机系统的所有资源,能方便用户使用计算机并在计算机与用户之间提供接口。目前常用的操作系统有Windows 操作系统、UNIX 操作系统和 Linux 操作系统。

2) 语言处理程序

计算机语言主要有三类:机器语言、汇编语言和高级语言。对计算机语言进行编译、解释和汇编的程序称为语言处理程序。

机器语言:是用二进制编码 0 和 1 编写的,是计算机能直接识别的唯一一种语言。对于不同的计算机,其机器语言有所不同,因此机器语言移植性差、不易记忆、难于修改。

汇编语言:用能表示一定含义的助记符来编写的计算机语言,又称为符号化的机器语言或汇编语言,但这种语言机器不能直接执行,必须将其翻译成机器语言目标程序,机器才能执行。

高级语言:是一种与计算机指令系统无关,其描述采用人们对问题求解的表达方式来表示的计算机语言。这种语言具有易掌握、易书写、易学习的特性。如 C 语言、Java 语言、C♯语言等。

3) 编译和连接程序

在某一集成开发环境中编辑输入的高级语言程序称为源程序,源程序经过编译程序的编译生成目标程序,连接程序将这些目标程序组成一个可执行的程序,这个过程称为程序的编译连接过程,实现这个过程的程序称为编译和连接程序。

4) 服务程序

服务程序包括诊断程序和测试程序等,是专门用于计算机硬件性能测试和系统故障诊断维护的系统程序。如能对 CPU、驱动器、接口、内存等设备的性能和故障进行检测。

5) 数据库系统

数据库系统是一个复杂的系统,由硬件、操作系统、数据库、数据库管理系统等构成。

它实现了有组织地、动态地存储大量关联数据,方便多用户访问,实现了数据的充分共享、交叉访问。常见的数据库管理系统有 SQL Server 数据库、Oracle 数据库。

2. 应用软件

应用软件是用户利用计算机及其提供的系统软件为解决实际问题而设计的计算机程序,是除系统软件外的所有软件,是由各种应用软件包和各种应用程序组成的。由于计算机已渗透到社会的各个领域,按软件服务对象不同,可以划分为通用软件和专用软件。

(1) 通用软件:是为解决某一类问题由软件公司开发的,满足大类人群使用。如办公软件 Microsoft Office、绘图软件 AutoCAD、图像处理软件 Photoshop 等。

(2) 专用软件:是针对特殊用户要求由软件公司开发的软件。如证券的股票交易系统、交通信号灯的自动控制系统等。

1.3.4　微型计算机系统

目前,微型计算机(简称微机)主要指的是台式电脑(即 PC)和笔记本电脑。微机与计算机相比,既有共同之处,又有其自身的特点。一个完整的微机系统仍然由硬件系统和软件系统两大部分构成,微机的组成如图 1.2 所示。

一台微机从用户使用的角度看,它的硬件一般由主机、显示器、键盘、鼠标构成;它的软件由操作系统和应用软件构成。

主机是微机中最重要的组成部件,主要包括主板、CPU、内存、硬盘、光驱、显示卡、电源等。

1. 主板

主板是主机箱中最大的电路板,其外观如图 1.3 所示。

在主板上集成了 CPU 插座、内存插槽、控制芯片组、总线扩展槽、BIOS 芯片、键盘与鼠标插座以及各种外设接口等。微机正是通过主板将 CPU、内存、显卡、声卡、网卡、键盘、鼠标等部件连接成一个整体并协调工作的。随着超大规模集成电路技术的发展,主板集成度越来越高,芯片组数目越来越少,故障率将逐步减小,速度及稳定性会越来越高。

图 1.2　微机的组成

图 1.3　微机主板

2. 中央处理器 CPU

微机的中央处理器又称微处理器，它是整个微机系统的核心，可直接访问存储器。中央处理器 CPU 安装在主板的插座中，由制作在一块芯片上的运算器、控制器、若干寄存器以及内部数据通路构成。

运算器的主要功能是完成数据的算术运算和逻辑运算；控制器一般由指令寄存器、译码器、程序计数器和控制电路组成，主要功能是根据指令性的要求，对微机的各个部件发出相应的控制信息，使它们协调工作；寄存器的主要功能是暂存指令和常用的数据。目前世界上生产微处理器芯片的公司主要有 Intel 公司和 AMD 公司两家。如图 1.4 所示的是 Intel 酷睿 i5-3450 微处理器。

图 1.4　微处理器芯片

由于微处理器的性能指标对整个微机具有重大影响，因此，人们往往用 CPU 型号作为衡量微机档次的标准。Intel 公司的微处理器经历了 8086→80286→80386→80486→Pentium→Pentium Ⅱ→Pentium Ⅲ→Pentium Ⅳ→Core→Core 2→Core i3→Core i5→Core i7→Core i9 等。对于相同档次的 CPU，还需看其主频（时钟频率）的高低。一般来说，主频越高，运算速度越快，性能越好。

除了 CPU、主频外，微机的字长也是影响其性能和速度的一个重要因素。微机的字长可分为 8 位、16 位、32 位和 64 位等。字长越长，表示数的有效位数越多，精度越高。因此决定微机性能的主要指标是 CPU 的主频和字长。

3. 存储器

微机的存储器分为两大类：一类是内存储器（简称内存或主存），主要是临时存放当前运行的程序和所使用的数据。另一类是外存储器（简称外存或辅存），主要用于永久存放暂时不使用的程序和数据。程序和数据在外存中以文件形式存储，一个程序需要运行时，首先从外存调入内存，然后在内存中运行。

存储器中能够存放的最大数据信息量称为存储器的容量。存储器容量的基本单位是字节（Byte，记作 B）。由于存储器中存储的一般是二进制数据，二进制数只有 0 和 1 两个数码，因而，计算机技术中常把一位二进制数称作一位（bit，记作 b）。1 字节包含 8 位二进制数，即 1B＝8b。在实际中为了便于表示大容量存储器，常用 KB、MB、GB、TB 为单位。

1) 内存储器

目前内存储器主要由半导体材料制成，如图 1.5 所示。按其功能分为随机访问存储器（Random Access Memory，RAM），只读存储器（Read Only Memory，ROM）和其他存储器如高速缓冲存储器、CMOS 存储器。

随机访问存储器 RAM：主要是用来根据需要随时读写。其特点是通电时存储的内容可以保持，断电后存储的内容立即消失。RAM 可分为动态存储器（Dynamic RAM，DRAM）和静态存储器（Static RAM，SRAM）。

图 1.5　内存条

动态存储器 DRAM 是用 MOS 电路和电容作为存储单元元件的,由于电容能放电,因此需要定时充电以维护存储内容的正确性,通常是每隔 2ms 刷新一次。

静态存储器 SRAM 是用双极型电路或 MOS 电路的触发器作存储元件的,它没有电容放电形成的刷新,只要有电源正常供电,触发器就能稳定地存储数据。

只读存储器 ROM:主要用来存放固定不变的程序和数据,如 BIOS 程序。主要特点是只能读出原有的内容,用户不能向其写入新的内容。原来存储的内容通常是由生产厂家一次性写入的,断电后信息不会丢失,能永久保存下来。ROM 可分为可编程的 ROM、可擦除可编程的 EPROM、电擦除可编程的 EEPROM。

高速缓冲存储器 Cache:是一种位于 CPU 与内存之间的存储器。它的存储速度比普通内存快得多,但容量有限,主要用于存放当前内存中使用最多的程序块和数据块,并以接近 CPU 工作速度的方式向 CPU 提供数据。

CMOS 存储器:是一小块特殊的内存,它保存着计算机的当前配置信息,例如日期、时间、硬盘容量、内存容量等。这些信息大多是系统启动时所必需的或是可能经常变化的,如果将这些信息存放在 RAM 中,则系统断电后数据无法保存;如果存放在 ROM 中,又无法修改,而 CMOS 的存储方式介于 RAM 和 ROM 之间。CMOS 是靠电池供电的,耗电量极低,即使微机关机后仍能长时间保存信息。

2) 外存储器

为满足存储大量的信息,就需要采用价格便宜的外存储器。目前,常用的外存储器有硬盘、光盘、U 盘和移动硬盘。因外存储器设置在计算机外部,所以又称计算机外部设备。

(1) 硬盘

硬盘是最重要的外存储器,它是由一组同样大小,涂有磁性材料的铝合金圆盘片环绕一个共同的轴心组成的,硬盘一般封装在一个质地较硬的金属腔体里,然后将整个硬盘固定在主机箱内,硬盘外观如图 1.6 所示。

硬盘在出厂时须进行以下三项操作才能正常使用:第一,对硬盘进行低级格式化;第二,对硬盘进行分区;第三,对硬盘进行高级格式化。通常这些工作都是由硬盘经销商完成,用户购买硬盘后便可直接使用。

硬盘具有存储容量大、存取速度快、可靠性高、每兆字节成本低等优点。目前,市场上流行的是容量 500GB、1TB 等规格的硬盘。

影响硬盘性能的一个指标是存储容量。一个硬盘一般由多个盘片组成,盘片的每一面都有一个读写磁头(Head)。硬盘使用时通过格式化将盘片划分成若干个同心圆,每个

图 1.6　硬盘

同心圆称为磁道,磁道的编号从最外层以 0 开始(第 0 道),每个盘片上划分的磁道数是相同的。许多盘片组中相同磁道从上向下就形成一个想象的圆柱,称为硬盘的柱面(Cylinder)。同时将每个磁道再划分为若干个扇区,扇区容量为 512B。则磁盘容量的计算公式为:

$$磁盘容量＝512B/每扇区×扇区数/每磁道×磁道数/每磁头×磁头数$$

影响硬盘性能的另一个指标是存储速度。目前普通硬盘转速有 5400 转/分,7200 转/分;笔记本硬盘转速是 4200 转/分、5400 转/分。

(2) 光盘

光盘主要是采用激光技术读写信息,可以存放各种文字、声音、图形、图像等信息,具有价格低、容量大、保存时间长等优点。

目前,光盘可分为只读型光盘、一次性写入光盘、可擦除型光盘。

(3) U 盘和移动硬盘

U 盘即 USB 盘的简称,U 盘是采用闪存(Flash Memory)存储技术的 USB 外存储器。其最大特点是:小巧易于携带、存储容量大、可靠性高、即插即用、价格低。目前市场上的 U 盘容量有 64GB、128GB、256GB。

移动硬盘(Mobile Hard Disk)顾名思义是以硬盘为存储介质,强调便携性的外存储产品。因采用硬盘为存储介质,移动硬盘在数据读写模式上与标准 IDE 硬盘是相同的。移动硬盘采用 USB、IEEE1394 等传输速度较快的接口,可以较高的速度与系统进行数据传输。

移动硬盘的优点:存储容量大,目前市场上有 500GB、1T 等;传输速度快,移动硬盘采用 USB、IEEE1394 接口;使用方便,主流的微机配置 2～8 个 USB 接口功能;安全可靠。

4. 输入设备

输入设备功能是将数字、文字、符号、图形、图像、声音等形式的信息输入计算机中,常用的输入设备有键盘、鼠标、扫描仪等。

1) 键盘

键盘是计算机中最基本的输入设备。用户可以通过键盘输入命令、数据、程序等信息,或通过一些操作和组合键来控制信息的输入、编辑,或对系统的运行进行一定程度的干预和控制,是人机交互的重要平台。目前在微机上常用的是 104 键盘,按功能划分为 4 个键区,分别是主键盘区、功能键区、编辑键区和数字键区,键盘外观如图 1.7 所示。

图 1.7　键盘

主键盘区是键盘的主要使用区,该键盘区包括:数字键 0~9、字母键 A~Z、标点符号键、专用符号键(如 %、&、@、#、$ 等)、控制键。

常用控制键的作用如下。

空格键(Space):是键盘下方最长的键。由于使用最频繁,它的形状和位置的设计使左右手都很容易击打,按一次该键产生一个空格,光标向右移动一格。

回车键(Enter):在键盘中标有 Enter 字样的键,在主键盘区和数字键区各有 1 个,主要功能是实现回车换行或确认本次信息输入结束等。

大写锁定键(Caps Lock):在键盘中标有 Caps Lock 字样的键,这是一个开关键,按下此键可以切换键盘右上角 Caps Lock 指示灯的熄灭或灯亮的状态。Caps Lock 指示灯亮时,按字母键输入的是大写字母;Caps Lock 指示灯灭时,按字母键输入的是小写字母。系统启动时,Caps Lock 指示灯默认是熄灭状态。

上档键(Shift):在键盘中标有 Shift 字样的键,在主键盘区的左右各有 1 个,上档键需要与其他键配合使用,其功能主要有两个:一个是配合双符号键,若要输入上档符,则必须先按住 Shift 键,然后再按下要输入的上档键;另一个是配合字母键,当 Caps Lock 指示灯熄灭时,按住 Shift 键,再按字母键则将输入大写字母;当 Caps Lock 指示灯亮时,按住 Shift 键,再按字母键则将输入小写字母。

控制键(Ctrl):在键盘上标有 Ctrl 字样的键,在主键盘的左右各有 1 个,一般与其他键配合使用来完成某种控制功能。

转换键(Alt):在键盘上标有 Alt 字样的键,在主键盘的左右各有 1 个,其功能在系统中定义,一般与其他键配合使用。

制表键(Tab):在键盘上标有 Tab 字样的键,主要用于图表中的光标定位,每按一次该键,光标向右跳过一个制表位(若干列),制表位的宽度可以事先设定。

退格键(BackSpace):在键盘中标有 BackSpace 或 ← 字样的键,按此键,删除光标前一个字符。

功能键区是键盘最上面的一行按键,各键的功能如下。

转义键(Esc):在键盘上标有 Esc 字样的键,其功能由系统定义,一般用来表示取消或放弃某种操作。

功能键(F1～F12)：在键盘上标有 F1～F12 字样的键,在具体软件中与某些功能联系起来使用。

屏幕拷贝键(Print Screen)：在键盘上标有 Print Screen 字样的键,在 Windows 操作系统中,按此键可将整个屏幕内容复制到剪贴板中。

编辑键区的按键主要用于控制光标的移动,进行插入/改写、删除、翻页等编辑操作,各键功能如下。

插入键(Insert)：在键盘中标有 Insert 或 Ins 字样的键,这是一个开关键,实现"插入"状态与"改写"状态的切换。

删除键(Delete)：在键盘中标有 Delete 或 Del 字样的键,这是一个开关键,实现删除光标位置处的字母,同时右侧字符向左移动。

Home 键：在键盘中标有 Home 字样的键,每按一次该键,光标将跳到该行的行首。

End 键：在键盘中标有 End 字样的键,每按一次该键,光标将跳到该行的行尾。

Page Up 键：上翻页键,每按一次该键,屏幕或窗口中的内容向上翻页。

Page Down 键：下翻页键,每按一次该键,屏幕或窗口中的内容向下翻页。

光标移动键(←、→、↓、↑)：每按一次分别向左、向右、向下、向上移动光标位置。

数字键区也称小键盘区,可以高效率地进行数字和算术符号的输入。

2)鼠标

鼠标(Mouse)是目前除了键盘之外最常见的一种基本输入设备。鼠标的出现是为了使计算机的操作更加简便,用来代替键盘上那些烦琐的指令,其主功能是通过移动鼠标可快速定位屏幕上的对象,如光标、图标等,从而实现执行命令,设置参数和选择菜单等输入操作。

鼠标按外形分为两键鼠标、三键鼠标、滚轴鼠标和感应鼠标;鼠标按其工作原理分为机械式鼠标、光电鼠标、光机鼠标、无线鼠标和 3D 鼠标。

当鼠标移动时,鼠标光标就会随着鼠标的移动而在屏幕上移动。鼠标有指向、单击、右击、双击、移动、拖动等基本操作,可以实现不同的功能。

指向：将鼠标指针放到某一对象上,其作用是激活对象或显示对象的有关提示信息。

单击：将鼠标指针指向某一对象,按下鼠标左键,称为单击,其作用是选择一个对象或选项。

右击：将鼠标指针指向某一对象,按下鼠标右键,称为右击,其作用是弹出快捷菜单,是执行命令的一种方便方式。

双击：将鼠标指针指向某一对象,快速按两下鼠标左键然后松开,其作用是可以启动一个程序或打开一个窗口。

移动：握住鼠标在桌面上来回移动,桌面上的鼠标箭头会跟着来回移动。

拖动：又称拖曳,将鼠标指针移到该对象上,按住鼠标左键,并拖动到预定的位置,然后松开鼠标左键,其作用是可以用鼠标将一个对象拖动到一个新的位置。

3)扫描仪

扫描仪是一种光机电一体化的高科技产品,是将各种形式的图像信息输入计算机的重要工具,是继键盘和鼠标之后的第三代计算机输入设备。目前扫描仪已广泛应用于各种图形图像处理、出版、印刷、广告制作、办公自动化、多媒体、图文数据库、图文通信、工程图纸输入等领域。

5．输出设备

输出设备的功能主要是将计算机内的信息转换成数字、文字、符号、图形、图像、声音等形式进行输出。常用的输出设备有显示器、打印机等。

1）显示器

显示器又称监视器，是微机不可缺少的输出设备。其作用是将主机处理后的信息转换成光信号，最终将其以文字、数字、图形、图像和声音形式显示出来。它是人机交互的另一个重要平台。从早期的黑白世界到现在的彩色世界，随着显示器技术的不断发展，显示器的分类也越来越细。目前常用的显示器有液晶（Liquid Crystal Display，LCD）、LED（Light Emitting Diode，LED）显示器、等离子显示器（Plasma Display Panel，PDP）等。

2）打印机

打印机作为计算机重要的输出设备已被广大用户所认可，也成为办公自动化系统的一个重要设备。它的作用是打印输出计算机中的文件，这些文件信息既可以是文字、数字，又可以是图形、图片。打印机的种类比较多，按打印的工作原理可分为针式打印机、喷墨式打印机、激光式打印机。

【知识拓展】

1.4　计算机相关人物介绍

计算机发展的历史就是一部英雄的历史，每一个闪亮的名字，就像夜空中璀璨的繁星，让人羡慕，令人敬仰。在计算机及其相关产业的建立与发展中，他们做出的不可磨灭的贡献是我们不应忘记的，下面介绍的就是其中的一些代表。

1．信息论之父——克劳德·艾尔伍德·香农（Claude Elwood Shannon）

克劳德·艾尔伍德·香农如图 1.8 所示，他是使世界能进行即时通信的科学家和思想家之一。他有两大贡献：一个是信息理论、信息熵的概念；另一个是符号逻辑和开关理论。

1938 年，香农在 MIT 获得电气工程硕士学位，硕士论文题目是《继电器与开关电路的符号分析》（*A Symbolic Analysis of Relay and Switching Circuits*）。当时他已经注意到电话交换电路与布尔代数之间的类似性，即把布尔代数的"真"与"假"和电路系统的"开"与"关"对应起来，并用 1 和 0 表示。于是他用布尔代数分析并优化开关电路，这就奠定了数字电路的理论基础，同时为电路结构及相关理论奠定了基础。

图 1.8　克劳德·艾尔伍德·香农

香农理论的重要特征是熵（Entropy）的概念，他证明熵与信息内容的不确定程度有等价关系，熵可以理解为分子运行的混乱度。信息熵也有类似的意义，例如在中文信息处理时，汉字的静态平均信息熵比较大，中文是 9.65b，英文是 4.03b。这表明中文的复杂程度高于英文，反映了中文词义丰富、行文简练，但处理难度较大。信息熵大，意味着不确定性也大。信息熵的单位是 b，b 是计算机中度量单位的基础，其他例如 B 等单位都是由 b 得来的。

2. 计算机科学与人工智能之父——艾伦·麦席森·图灵（Alan Mathison Turing）

艾伦·麦席森·图灵如图 1.9 所示。他是英国数学家，计算机逻辑学家，创建了自动

图 1.9 艾伦·麦席森·图灵

机理论，发展了计算机科学理论，奠定了人工智能基础。冯·诺依曼曾多次向别人强调："如果不考虑巴贝奇、阿达和其他人早先提出的一些思想，计算机基本概念只能属于图灵。"

20 世纪 30 年代初，图灵发表论文《论数字计算在决断难题中的应用》，他提出了一种十分简单但运算能力极强的理想计算装置，用它来计算所有能想象得到的可计算函数。它由一个控制器和一根假设两端无界的工作带组成，工作带起着存储器的作用，它被划分为大小相同的方格，每一格上可书写一个给定字母表上的符号，控制器可以在带上左右移动，控制带有读写头，读写头可以读出控制器访问的格子上的符号，也能改写和抹去这一符号。这一装置只是一种理想的计算机模型，或者说是一种理想中的计算机。图灵的这一思想奠定了整个现代计算机的理论基础。这就是计算机史上与"冯·诺依曼机器"齐名的"图灵机"。

1950 年 10 月，图灵的另一篇论文《机器能思考吗》发表，首次提出检验机器智能的"图灵实验"，从而奠定了人工智能的基础，也使他被人们称为人工智能之父。对于人工智能，它提出了重要衡量标准"图灵测试"，如果有机器能通过图灵测试，那它就是一个完整意义上的智能机，和人没有区别了。图灵杰出的贡献使他成为计算机界的第一人。1966 年，为了纪念这位伟大的科学家，ACM（美国计算机学会）创建图灵奖，该奖项被称为计算机领域的"诺贝尔奖"。这个奖项将颁给世界上为计算机科学事业做出突出成就的科学家们。

3. 电子计算机之父——约翰·冯·诺依曼（John Von Nouma）

"电子计算机之父"的荣誉颁给了冯·诺依曼，而不是 NEIAC 的两位实际的研究者，是因为冯·诺依曼提出了现代计算机的体系结构。冯·诺依曼如图 1.10 所示。

1945 年 6 月，约翰·冯·诺依曼写了一篇题为"关于离散变量自动电子计算机的草案"的论文，第一次提出了在数字计算机内部的存储器中存放程序的概念，这是所有现代电子计算机的范式，被称为冯·诺依曼结构。冯·诺依曼体系结构的基本内容包括三点：一是计算机基本硬件由五大功能部件构成，即运算器、控制器、存储器、输入设备和输出设备；二是计算机内部采用二进制数据存储和运算；三是计算机中的数据和指令均存储在计算机的

图 1.10 约翰·冯·诺依曼

存储器中,由计算机自动控制执行。按这一结构建造的计算机称为存储程序计算机,又称为通用计算机。冯·诺依曼凭借他的天才和敏锐,高屋建瓴地提出了现代计算机的理论基础,从而规范和决定了计算机的发展方向。

4. 摩尔定律的提出者——高登·厄尔·摩尔(Gordon Earle Moore)

高登·厄尔·摩尔如图 1.11 所示。当人们不断追逐新款 PC 时,殊不知这后面有一只无形的大手在推动,那就是摩尔定律,而这个著名定律的发明人就是高登·厄尔·摩尔。

1965 年的一天,摩尔顺手拿了一把尺子和一张纸,画了一个草图,纵坐标代表不断发展的集成电路,横坐标是时间。他在月份上逐个描点,得到一幅增长的曲线图。这条曲线显示每 24 个月,集成电路由于内部晶体管数量的几何级数的增长,性能翻倍提高,同时集成电路的价格也恰好减少一半。后来高登·厄尔·摩尔把时间调整为 18 个月。摩尔是在集成电路技术的早期做出结论的,那时候,超大规模集成电路技术还远未出现,因此他在 1965 年的预言并未引起世人的注意。

图 1.11　高登·厄尔·摩尔

高登·厄尔·摩尔的另一壮举是在 1968 年与罗伯特·诺伊斯带头"造反",率领一群工程师离开仙童公司,成立了一家叫作集成电子的公司,简称 Intel,这就是今日名震世界的英特尔公司。

在计算机发展史上还有 PC 之父——爱德华·罗伯茨、商用软件之父——布莱克林、电脑界奇才——道格·恩格尔巴特、便携计算机之父——亚当·奥斯本、以太网之父——鲍伯·梅特卡夫等很多位为计算机事业的发展做出突出贡献的科学家与企业家,他们都在计算机发展史上留下了难以磨灭的印记。

【动手实践】

实训项目 1:计算机组装

职业问题技术:望知学大学毕业后被某平面设计公司聘用后,安排在平面广告设计岗位,上班后,主管要给他配备一台计算机,要求本着够用适用的原则写一个适合平面设计的计算机配置方案,报批、采购后还要他自己安装硬件和软件。

职业技能基础:

计算机结构:常见计算机硬件功能及性能指标;市场上计算机配件参数及性价比;平面广告设计软件的硬件要求;组装计算机的方法。

岗位技能实现:

写出下列各项过程步骤和实现结果。

(1)需求分析

(2)市场调研

(3)拟订方案

(4)方案报批

(5) 采购安装

(6) 调试运行

(7) 结果汇报

习　　题

选择题(每题只有一个正确的答案,将正确的答案的标号填写在横线上)

(1) 利用计算机进行图书资料的信息检索,是属于计算机应用中的_____。

　　A. 科学计算　　　　B. 数据处理　　　　C. 自动控制　　　　D. 人工智能

(2) 计算机的主要工作特点是_____。

　　A. 程序存储控制　　　　　　　　　　B. 高速度与高精度

　　C. 智能化　　　　　　　　　　　　　D. 有逻辑判断能力

(3) 在计算机内部,各种信息都是以_____编码形式存储的。

　　A. 十进制数　　　　B. 八进制数　　　　C. 二进制数　　　　D. 信息形式

(4) 通常人们把电子计算机的发展史划分为四代,第二代计算机所采用的电器件是_____。

　　A. 晶体管　　　　　　　　　　　　　B. 集成电路

　　C. 电子管　　　　　　　　　　　　　D. 大规模集成电路

(5) 计算机指令通常由两部分组成:_____和操作数。

　　A. 原码　　　　　　B. 机器码　　　　　C. 操作码　　　　　D. 内码

(6) 十进制数 77.25 转换为八进制数是_____。

　　A. 120.4　　　　　B. 107.5　　　　　　C. 115.2　　　　　D. 141.2

(7) 一个合法数据中出现了 a、b、c 字母,则该数据应该是_____数据。

　　A. 八进制数　　　　B. 十六进制数　　　C. 十进制数　　　D. 二进制数

(8) 下面关于常用术语的叙述中,有错误的是_____。

　　A. 光标是显示屏上指示位置的标志

　　B. 汇编语言是一种面向机器的低级语言,用汇编语言编写的程序计算机能直接执行

　　C. 总线是计算机系统中各部件之间传输信息的公共通路

　　D. 读写磁头是既能将磁表面存储器信息读出,又能把信息写入磁表面存储器的装置

(9) 执行二进制算术运算 11001001＋00100111 的结果是_____。

　　A. 11101111　　　B. 11110000　　　　C. 00000001　　　D. 10100010

(10) 微型计算机硬件系统中最核心的部件是_____。

　　A. 主板　　　　　　B. CPU　　　　　　C. 内存储器　　　　D. I/O 设备

(11) 微型计算机的主机包括_____。

    A. 运算器和控制器   B. CPU 和内存储器

    C. CPU 和 UPS   D. UPS 和内存储器

(12) 微型计算机中控制器的基本功能是_____。

    A. 进行算术运算和逻辑运算

    B. 存储各种控制信息

    C. 保持各种状态

    D. 控制机器各个部件协调一致地工作

(13) 微型计算机存储系统中,PROM 是_____。

    A. 可读写存储器   B. 动态随机存储器

    C. 只读存储器   D. 可编程只读存储器

(14) 在下列几种存储器中,存取周期最短的是_____。

    A. 内存储器   B. 硬盘存储器   C. 光盘存储器   D. U 盘存储器

(15) 在微型计算机内存储器不能用指令修改其内容的是_____。

    A. RAM   B. DRAM   C. ROM   D. SRAM

(16) CPU 中的一个程序计数(又称指令计数器),它用于存储_____。

    A. 正在执行指令的内容   B. 下一条要执行的指令的内容

    C. 正在执行指令的内存地址   D. 下一条要执行的指令的内存地址

第2章

Windows 7操作系统

【岗位对接】

公务员、行政后勤、销售管理及商务、银行、财务审计税务、人力资源、培训咨询、餐饮、百货零售等岗位都需要从业者熟练操作计算机,包括开关机、熟悉Windows 操作系统的基础术语,创建和管理文件和文件夹,设置系统环境,使用办公软件及辅助工具,收发网络邮件等。

【职业引导】

望知学通过与直属领导进行沟通,了解到他作为平面设计助理的日常职责是协助资深设计师进行设计辅助,对设计资料进行搜集、整理、汇总等,协助完成图片整理与美化。除了设计专业能力外,还要利用计算机实现高效的文件存档、分类、查找及处理,资料的数据化和统计也是工作中的重要内容。

【设计案例】

望知学入职后首先要学习公司文化及制度,同时跟随师傅参与一个专案设计。公司提倡无纸化办公,这些资料的电子档全部需要复制到新配置的计算机中,要求为:根据文件的逻辑内容分门别类地组织并保存,在需要使用时能方便快速读取。另外,计算机桌面背景要设置成公司 LOGO。

【知识技能】

2.1 Windows 7操作系统简介

操作系统(Operating System,OS)是一种管理计算机系统资源、控制程序运行的系统软件,它是用户与计算机系统之间的桥梁,它规定用户以什么方式、使用哪些命令来控制和操作计算机。操作系统在计算机系统中处于系统软件的核心地位,已经成为计算机系统中不可分割的一部分。

只有硬件设备,没有安装任何软件的计算机称为裸机。没有操作系统的指挥,无法从输入设备接收操作命令,计算机也就不能正常工作。新购置的计算机一定首先要安装操作系统,才能在其上继续加装其他系统软件和应用软件。

2.1.1 操作系统简介

操作系统的主要目标有两个:一是方便用户使用;二是最大限度地发挥计算机系统资源的使用效率。为实现这两个目标,从用户使用操作系统的方面看,操作系统应该具备作业管理功能;从系统资源管理的方面出发,操作系统应该具备处理器管理、存储器管理、设备管理、文件管理等功能。

1. 处理器管理

处理器管理也叫 CPU 管理或进程管理,它的主要任务是对 CPU 的运行进行有效的管理。当多个任务进程申请使用 CPU 进行处理时,合理分配处理器的处理时间,充分利用 CPU 资源也是操作系统最重要的管理任务。

2. 存储器管理

存储器是重要的系统资源,一个作业要在 CPU 上运行,它的代码和数据就要全部或部分地驻留在内存中,而操作系统本身也要占据相当大的内存空间;在多任务系统中,并发运行的程序都要占有自己的内存空间。

存储器管理的任务是对要运行的作业分配内存空间,当一个作业运行结束时要收回其所占用的内存空间。为了使并发运行的作业相互之间不受干涉,操作系统要对每一个作业的内存空间和系统内存空间实施保护。

3. 设备管理

计算机系统的外围设备种类繁多、控制复杂,相对 CPU 来说,运转速度比较慢,提高 CPU 和设备的并行性,充分利用各种设备资源,便于用户和程序对设备的操作和控制,一直是操作系统要解决的主要任务。设备管理的主要任务有设备的分配和回收、设备的控制和信息传输,即设备驱动。

4. 文件管理

文件是计算机中信息的主要存放形式,也是用户存放在计算机中最重要的资源。文件管理的主要功能有文件存储空间的分配和回收,目录管理,文件的存取操作与控制,文件的安全与维护,文件逻辑地址与物理地址的映像,文件系统的安装、拆除和检查等。

5. 作业管理

请求计算机完成的一个完整的处理任务称为作业,作业管理是对用户提交的多个作业进行管理,包括作业的组织、控制和调度等,尽可能高效地利用整个系统的资源。

现今计算机中配置的操作系统种类有很多,它们的性能、复杂程度和应用场景各有不同,本书主要讨论用于个人计算机上的桌面操作系统。个人计算机市场从硬件架构上可分为 PC 与 Mac 机;从软件上可分为类 UNIX 操作系统和 Windows 操作系统。

　　目前,Windows 操作系统是现今计算机上普遍安装使用的典型操作系统。它以其形象直观、操作简便备受广大用户的青睐。根据百度统计的 2017 年数据显示 Windows 操作系统的市场占有率约为 91.3%,Windows 7 以 51.99% 的份额领先于 Windows 8、Windows 10 和 Windows XP。

　　Windows 7 是微软公司继 Windows Vista 之后推出的一款操作系统,在主要功能方面,跟 Windows Vista 相比做了较大的改进,使得这款操作系统在实用性和易用性上都有了显著提高。

2.1.2　Windows 7 的启动与退出

1. Windows 7 的启动

　　成功安装好操作系统之后,每次打开计算机的电源开关,计算机首先进行自检,然后才引导系统,引导成功后出现欢迎界面。

　　根据使用该计算机的用户账户数目,界面分为单用户登录和多用户登录两种。图 2.1 所示是单用户登录界面,图 2.2 所示是多用户登录界面。单击需要登录的用户名,然后在用户名下方的文本框中输入登录密码,按回车键或单击文本框右侧的按钮,即可开始加载个人配置信息,经过几秒钟之后进入 Windows 7 系统桌面。

图 2.1　单用户登录界面

2. Windows 7 的退出

　　在关闭计算机之前,要确保正确退出 Windows 7,否则可能会破坏一些未保存的文件和正在运行的程序。用户通过关机、休眠、锁定、重新启动、注销和切换用户等操作,都可以退出 Windows 7 操作系统。

图 2.2 多用户登录界面

退出系统前,先关闭所有正在运行的应用程序,返回到 Windows 7 的桌面。单击"开始"按钮,再单击"开始"菜单右侧窗格底部的"关机"按钮,此时就会直接关闭计算机;如果鼠标移动到"关机"按钮右侧的小箭头上,弹出的级联菜单中还包含"切换用户""注销""锁定""重新启动"和"睡眠"命令,如图 2.3 所示。

图 2.3 显示关机选项

1) 切换用户

通过"切换用户"能快速地退出当前用户,并回到"用户登录界面",同时会提示当前登录的用户为"已登录"。此时用户可以选择其他用户账户如 latto 来登录系统,而不会影响到"已登录"用户的账户设置和运行的程序,如图 2.4 所示。

2) 注销

Windows 7 与之前版本的操作系统一样,允许多用户共同使用计算机上的操作系统,每个用户都可以拥有自己的工作环境并对其进行相应的设置。当需要退出当前的用户环境时,可以通过注销方式来实现。

注销功能和重新启动相似,在注销前要关闭当前运行的程序,保存打开的文档,否则会造成数据的丢失。进行此操作后,系统会将个人信息保存到硬盘中,并切换到"用户登

图 2.4　"切换用户"状态

录界面"。

3）锁定

当用户需要暂时离开计算机,但是还在进行某些操作不方便停止,也不希望其他人查看自己计算机里的信息时,就可以使计算机锁定,恢复到"用户登录界面",再次使用时只有输入用户密码才能开启计算机进行操作。

4）重新启动

通过重新启动也能快速退出当前的用户,并重新启动计算机。系统可自动保存相关的信息,然后将计算机重新启动并进入"用户登录界面"。

5）睡眠

选择睡眠后计算机会保存用户的工作并关闭,此时计算机并没有真正关闭,而是进入了一种低耗能锁定状态,再次打开计算机时会还原到原工作状态。

2.2　Windows 7 的基本操作

2.2.1　Windows 7 桌面

Windows 7 正常启动后,首先看到的是它的桌面。桌面是对计算机屏幕(工作区)的形象比喻,通过桌面用户可以有效地管理自己的计算机。Windows 7 的桌面一般由桌面图标、桌面背景、任务栏、"开始"按钮、语言栏和通知区域组成,如图 2.5 所示。

1. 桌面图标

图标是表示对象的一种图形标记,桌面上的图标有的是系统安装完成后就有的,如

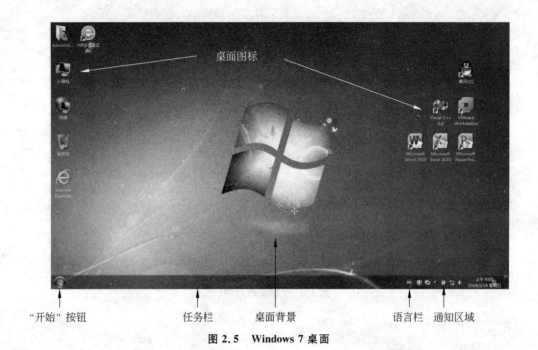

"开始"按钮　　　　任务栏　　桌面背景　　　　语言栏　通知区域

图 2.5　Windows 7 桌面

"回收站",有的是后来添加上去的,如快捷方式等。图标的作用是帮助用户区分不同的任务并使计算机的操作变得更加透明。有时当用户将鼠标置于图标上时,还会出现文字性说明。

1) 排列桌面图标

桌面图标可以有多种排列方式,例如,可以按照图标的名称、大小、类型和修改日期进行排列。

如果要从桌面无序排列的多个图标中找到最近添加的文件夹图标,可按如下操作步骤进行:右击桌面的空白处,在弹出的快捷菜单中选择"排序方式"选项,然后从级联菜单中选择"修改日期",如图 2.6 所示。

2) 查看桌面图标

桌面图标有如下几种不同的显示方式。

(1) 大图标、中等图标、经典图标:用来控制图标显示的大小。

(2) 自动排列:使得图标在桌面的左侧自动对齐,按序依次排列。

图 2.6　图标排列方式

(3) 对齐到网格:使图标对齐到屏幕网格。

(4) 显示桌面图标:使图标在桌面上显示,如果没有选中则只会显示桌面背景而无图标显示。

如果希望移动某图标,用鼠标直接拖动即可。例如,实现图 2.5 按区域组织图标效果,可右击桌面的空白处,在弹出的快捷菜单中选择"查看"选项,然后从级联菜单中选择

"自动排列图标",如图 2.7 所示。

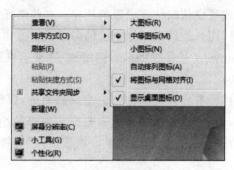

图 2.7　查看图标

2. 任务栏

任务栏是位于屏幕底部的一个矩形长条,如图 2.8 所示,它显示了系统正在运行的程序和当前时间等。通过任务栏用户可以完成许多操作,还可以对它进行一系列自定义设置。

"开始"按钮　　　　应用程序按钮　　　　　　　　　　语言栏　　　通知区域

图 2.8　任务栏

任务栏中各部分功能介绍如下。

（1）"开始"按钮：可以弹出"开始"菜单。

（2）应用程序按钮：该区域中存放了当前所有打开窗口的最小化图标,当前（活动）窗口的图标呈凹下状态,单击各图标可在多个窗口间进行切换。

在任何一个程序按钮上单击鼠标右键,可从弹出的列表中将常用程序"锁定"到"任务栏"上以方便以后访问,如图 2.9 所示。还可以根据需要通过单击和拖曳操作重新排列任务栏上的图标。

Windows 7 的任务栏还增加了 Aero Peek 窗口预览功能,用鼠标指向任务栏图标,可预览已打开文件或者程序的缩略图,如图 2.10 所示,单击任一缩略图,可打开相应窗口。

图 2.9　应用程序按钮列表

图 2.10　Aero Peek 窗口预览

（3）通知区域：通知区域中显示时钟、音量、网络和操作中心等系统图标，还包括一些正在运行的程序图标，或提供访问特定设置的途径。有些图标会显示小弹出窗口（称为通知），通知用户一些信息，用户也可以根据自己的需要设置通知区域的显示内容。

（4）显示桌面：Windows 7 任务栏的最右侧增加了"显示桌面"按钮▌，其作用是快速将所有已打开的窗口最小化。

用鼠标指向该按钮时，所有已打开的窗口会变成透明的，以便显示出桌面内容，当移开鼠标时，窗口恢复原状。单击该按钮可将所有打开的窗口最小化。如果要恢复显示这些已打开的窗口，也不必逐个单击，只要再次单击该按钮，即可将所有已打开的窗口恢复为显示状态。

2.2.2 Windows 7"开始"菜单

Windows 7 的"开始"菜单将用户所要进行的所有操作进行了区域化处理（提供一个选项列表），将常用的程序放在左边。在这里可以启动程序、打开文件、使用"控制面板"、自定义系统、获得帮助和支持、搜索计算机以及完成更多的工作等，如图 2.11 所示。

图 2.11 "开始"菜单

"开始"菜单中各部分的功能介绍如下。

（1）用户名称区域，显示的是当前登录用户的名称及其图标，例如 Administrator。

（2）固定程序区域，显示的是用户使用最频繁的应用程序列表，用户可根据需要增加或删除该区域中的项目。

（3）常用程序区域，显示的是用户最近使用过的应用程序列表。

（4）所有程序区域，可查看系统中安装的所有程序，打开"所有程序"子菜单。

"所有程序"子菜单中包括应用程序和程序组，其中，标有文件夹图标的项为程序组；单击程序组，即可弹出应用程序列表，如图 2.12 所示。

图 2.12　"所有程序"菜单

（5）启动菜单区域，位于"开始"菜单的右侧，包括"系统文件夹区域"和"系统设置程序区域"两个部分。其中列出了一些经常使用的 Windows 程序链接，如"文档""计算机""控制面板"和"设备和打印机"等，通过启动菜单用户可以快速地打开相应的程序，进行相应的操作。

（6）搜索区域，使用搜索框进行搜索是在计算机上查找项目最便捷的方法之一。用户可以在搜索框中遍历所有文件夹及子文件夹中的文件及程序，还可以搜索电子邮件、已保存的即时消息、约会和联系人等。

（7）关机区域，关机区域包含"关机"按钮和"显示更多选项"按钮。

2.2.3　Windows 7 窗口

Window 是"窗口"的意思，而 Windows 则是许多窗口的意思。在 Windows 中将各

37

种不同的任务组织成一个个图标,放在桌面上,每个图标都与一个 Windows 提供的功能相关联。每个图标就像是一扇未打开的窗户。用户用鼠标单击某个图标,就会打开一个新展开的窗口,进入一个新的工作环境,或看到想要了解的具体内容,或得到想要出现的效果。

1. Windows 7 窗口组成

窗口是屏幕上可见的矩形区域,所有操作都是围绕窗口展开的。用户打开的程序、文件或文件夹都会显示在屏幕的窗口中。窗口主要由控制菜单按钮、标题栏、菜单栏、工具栏、边框、状态栏、滚动条以及工作区等部分组成,如图 2.13 所示。

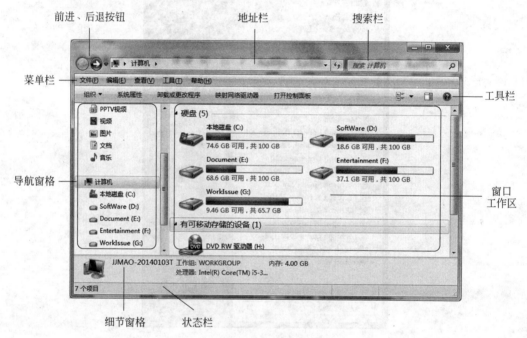

图 2.13 窗口

(1) 前进、后退按钮:可以快速在前一个窗口和后一个窗口间切换。

(2) 地址栏:用于导航至不同的文件夹或库,或者返回上一个文件夹。在地址栏中输入文件路径后,单击"转到"按钮即可打开相应的窗口。

(3) 搜索栏:在"搜索计算机"文本框中输入词或短语可查找当前文件夹中存储的文件或子文件夹。搜索栏的功能与"开始"菜单中"搜索"框的功能相似,但此处只能搜索当前窗口范围内的目标。还可以在搜索栏中添加搜索筛选器,以便更精确、快速地搜索所需的内容。

(4) 菜单栏:位于地址栏下方。菜单可分为下拉菜单和快捷菜单两种,菜单栏中存放的是下拉菜单,每个下拉菜单都是命令的集合,用户可以通过选择其中的选项进行操作。使用鼠标右键单击,弹出的就是快捷菜单。

(5) 工具栏:位于菜单栏下方,用于存放常用的工具命令按钮,让用户能更方便地使用这些工具。

（6）导航窗格：位于工作区的左侧区域，可以方便用户查找所需的文件或文件夹的路径。与以往的 Windows 操作系统版本不同的是，Windows 7 导航窗格包括收藏夹、库、计算机和网络四个部分，单击前面的扩展按钮可打开相应的列表，并打开相应的窗口。

（7）窗口工作区：位于窗口的右侧，是整个窗口中最大的矩形区域，用于显示操作对象以及操作结果。当窗口中显示内容太多而无法在一个屏幕内显示出来时，单击窗口右侧垂直滚动条两端的按钮或者拖动滚动条，都可以使窗口中的内容垂直滚动。

（8）细节窗格：位于窗口的底部，显示所选文件的详细信息。当用户不需要显示详细信息时，可以将细节窗格隐藏起来：单击工具栏上的组织按钮，从弹出的下拉列表中选择"布局"选项的子菜单项"细节窗格"即可。

（9）状态栏：位于窗口的最下方，显示当前窗口的相关信息和被选中对象的状态信息。

另外，窗口右上角有以下 4 个常用按钮。

（1）"最小化"按钮：单击该按钮，将窗口缩小成图标放到任务栏上。

（2）"最大化"按钮：单击该按钮，将窗口放大到它的最大尺寸。

（3）"还原"按钮：当窗口最大化后，"最大化"按钮就变成了"还原"按钮，"还原"按钮可将窗口还原成原来的大小。

（4）"关闭"按钮：单击该按钮，关闭窗口，同时也将该窗口对应的应用程序关闭。

2．Windows 7 窗口的操作

窗口的基本操作包括移动窗口、改变窗口大小、使窗口最小化、使窗口最大化、还原窗口、关闭窗口等。

1）移动窗口

将鼠标指针指向标题栏，按住鼠标左键并移动鼠标，将窗口拖动到新的位置，然后释放鼠标左键。

2）改变窗口大小

将鼠标指向窗口的边框或窗口角上，当鼠标指针变成双箭头形状时，按住鼠标左键并移动鼠标，这时可以看到窗口的边框随鼠标的移动而放大或缩小。当窗口改变到所需要的大小时，释放鼠标。

3）滚动窗口中的内容

为了上下左右观察窗口中的内容，将鼠标指向垂直滚动条并按住鼠标左键，然后上下移动垂直滚动条；如果要左右滚动窗口中的内容，将鼠标指向水平滚动条并按住鼠标左键，然后左右移动水平滚动条。

4）排列窗口

Windows 允许同时打开多个窗口，但活动窗口只有一个。活动窗口的标题栏呈高亮显示，其他窗口的标题栏呈浅色显示。如果要使其中某个窗口成为活动窗口，只要用鼠标单击该窗口的任一部分即可。当同时打开多个窗口时，为了便于观察和操作，可以对窗口进行重新排列。

在任务栏的空白处单击鼠标右键，弹出的快捷菜单中包含显示窗口的 3 种形式，即层

叠窗口、堆叠显示窗口和并排显示窗口,如图2.14所示。用户可以根据需要选择一种窗口的排列形式,对桌面上的窗口进行排列。

5)切换窗口

桌面上窗口较多,又需要查看不同窗口中的内容时,必须对窗口进行切换。

(1)使用任务栏切换窗口

图2.14 任务栏快捷菜单

Windows 7的任务栏在默认情况下会分组显示不同程序窗口。当鼠标指向不同程序图标时,会显示这些窗口的缩略图。当指向其中某一缩略图时,在桌面上会即时显示出该窗口的内容。注意:只有支持Windows Aero的计算机才能查看任务栏缩略图。

(2)使用组合键Alt+Tab

通过按Alt+Tab组合键可以切换到先前显示的活动窗口。如果按住Alt键然后重复按Tab键可以循环切换所有打开的窗口和桌面,当切换到所需窗口时释放Alt键即可显示该窗口。在Windows 7中利用该方法切换窗口时,会在桌面中间显示预览小窗口,如图2.15所示。

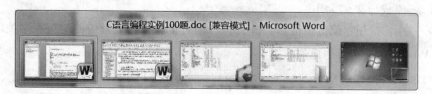

图2.15 切换预览小窗口

(3)使用组合键Alt+Esc

通过按Alt+Esc组合键也可以切换活动窗口,使用这种方法直接在各个窗口之间切换,而不会出现窗口图标方块。

(4)利用Ctrl键

如果用户想打开同类程序中的某一个程序窗口,可以按住Ctrl键,同时重复单击任务栏上程序的图标按钮,就会弹出不同的程序窗口,找到想要的程序窗口后停止单击即可。

6)Aero特效操作

Windows 7提供了几种Aero特效操作,掌握后可更加便捷地对窗口实施操作。

(1)Aero Shake:光标指向标题栏,拖动鼠标摇动窗口两次,其他窗口最小化。

(2)Aero Peek:将鼠标置于任务栏右下角1秒钟,或者按Win+Space组合键,所有窗口将变成透明,只留下边框(Win即Windows键,简称"Win键",是在计算机键盘左下角Ctrl和Alt键之间的按键)。

(3)Aero Snap:提供了大量重置窗口位置和调整窗口大小的方式。例如,Win+↑组合键可以实现窗口最大化,Win+←组合键可以实现窗口靠左显示,Win+→组合键可以实现窗口靠右显示,Win+↓组合键可以实现窗口还原或窗口最小化。

2.2.4 Windows 7 菜单和对话框

1. Windows 7 的菜单

菜单是一种使用频繁的界面元素,是一个程序的重要组成部分。在大多数程序中包含几十个甚至几百个命令,许多命令被组织到不同的菜单中,一个菜单对应一个选择列表。用户可以通过菜单下达命令,完成各项操作。

菜单完成的功能不同,所以命令选项的名称不同,而且有些命令还带有特殊标志,对于不同的标志,有着不同的意义,如图 2.16 所示。

(1) 命令选项呈现灰色字体:表示该命令在当前不能使用。

(2) 命令选项后有…:选择该命令选项后会弹出一个对话框。

(3) 命令选项前有✓:表示该命令在当前状态下已经起作用。

(4) 命令选项前有•:表示该命令已经选用,一般常见于单选项前。

(5) 命令选项后带有▶:表示该命令选项后有子菜单(级联菜单)。

图 2.16 菜单标志示例

2. 对话框

对话框是一种特殊的窗口,它是系统或应用程序与用户进行交互、对话的接口。它由标题栏、选项卡(标签)、单选按钮、复选框、数值框、列表框、下拉列表框、命令按钮、文本框和滑块等元素组成。与其他窗口的最大区别在于它没有菜单栏,窗口大小不能调整,对话框的右上角只有"关闭"和"帮助"按钮。

（1）标题栏：拖动标题栏可以移动对话框。

（2）页面式选项卡：有些对话框窗口中不止一个页面，而是将具有相关功能的对话框组合在一起形成一个多功能对话框，每项功能的对话框称为一个选项卡，选项卡是对话框中叠放的页，单击对话框选项卡标签可显示相应的内容，称为页面式选项卡。

（3）单选按钮：一般用一个圆圈表示，如果圆圈带有一个黑色实心点，则表示该选项为选中状态；如果是空心圆圈，则表示该项未被选定。单选按钮为一组有多个互相排斥的选项，在某一时刻只能由其中一项起作用，单击即可选中其中一项。

（4）复选框：一般用方形框来表示，用来表示是否选定该选项。当复选框内有一个符号"√"时，表示该项被选中。若再单击一次，变为未选中状态。复选按钮为一组可并存的选项，允许用户一次选择多项。

（5）数值框：用于输入数值信息。用户也可以单击该数值框右侧的向上或向下微调按钮来改变数值。

（6）列表框：列出可供用户选择的选项。列表框常带有滚动条，用户可以拖曳滚动条显示相关选项并进行选择。

（7）命令按钮：用来执行某种任务的操作，单击即可执行某项命令。

（8）文本框：是要求输入文字的区域，用户可直接在文本框中输入文字。

（9）滑块：拖曳滑块可改变数值大小。通常向右移动，值将增加；向左移动，值将减小。

（10）帮助按钮：在一些对话框的标题栏右侧会出现一个按钮，单击该按钮，然后单击某个项目，可获得有关该项目的帮助。

思考：如图 2.17 和图 2.18 所示，列出了哪些常见的对话框元素？

图 2.17　对话框 1

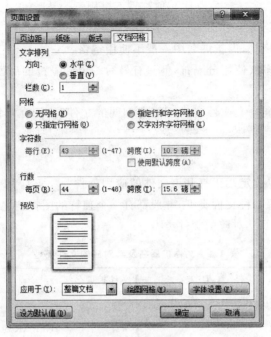

图 2.18　对话框 2

2.3　文件和文件夹管理

文件是计算机存储介质上的一组相关信息的集合,是计算机系统中数据组织的基本存储单位。文件的类型有多种,可以是一个应用程序,也可以是一段文字等。

文件夹是文件和子文件夹的容器,具有某种联系的文件和子文件夹存放在一个文件夹中。文件夹中还可以存放子文件夹,这样逐级地展开,整个文件夹结构就呈现为一种树状的组织结构,因此也称为"树状结构"。

2.3.1　文件和文件夹命名

在计算机中,系统通过文件的名字来对文件进行管理,所以每个文件必须有一个确定的名字。

1. 文件名

文件名一般由主文件名和扩展名两部分组成,主文件名和扩展名之间用"."隔开。主文件名用于表示文件的名称,扩展名说明文件的类型。

在 Windows 中,主文件名可由最长不超过 255 个合法的字符组成,文件名命名要注意以下几方面。

(1) \、/、*、、:、、?、"、<、>、|这 9 种符号不可用。

(2) 文件名中的英文字母不区分大小写。

(3) 允许出现空格符,但扩展名中一般不使用空格。

(4) 文件名中可多次使用分隔符,但只有最后一个分隔符的后面是扩展名,例如,os.docx.txt 中扩展名为 txt。

(5) 系统规定在同一个文件夹内不能有相同的文件名,而在不同的文件夹中则可以重名。

2. 文件类型

借助扩展名,可以确定用于打开该文件的应用软件。一般应用程序在创建文件时自动给出扩展名,对应每一种文件类型,一般都有一个独特的图标与之对应。表 2.1 列出一些常见的文件扩展名及其对应的文件类型。

表 2.1 文件扩展名及其对应的文件类型

文件扩展名	文 件 类 型	文件扩展名	文 件 类 型
asf	声音、图像媒体文件	avi	视频文件
wav	音频文件	rar	WinRAR 压缩文件
ico	图示文件	jpeg、jpg	图像压缩文件
bmp	位图文件(一种图像文件)	mid	音频压缩文件
mp3	采用 MPEG-1 Layout3 标准压缩的音频文件	pdf	图文多媒体文件
zip	压缩文件	txt	文本文件
bat	MS-DOS 环境中的批处理文件	wps	WPS 文本文件
html	超文本文件	inf	软件安装信息文件

文件的种类很多,运行方式各不相同。不同文件的图标也不一样,只有安装了相关的软件才会显示正确的图标。

Windows 7 中,有一类主要用于各种应用程序运行的特殊文件,其中存储着一些重要信息。这些文件的扩展名为 sys、drv 和 dll,这类文件是不能执行的。

3. 文件夹

操作系统中用于存放程序和文件的容器就是文件夹,在 Windows 7 中,文件夹图标是 。

1) 文件夹存放原则

文件夹中可以存放程序、文件以及文件的快捷方式等,文件夹中还可以包括子文件夹。为了能对各个文件进行有效的管理,方便文件的查找和使用,可以将一类文件集中放置在一个文件夹内。

同一个文件夹中不能存放相同名称的文件和文件夹。通常情况下,每个文件夹都存放在一个磁盘空间里,文件夹的路径则指出文件夹在磁盘中的位置。如图 2.19 所示地址栏中，Fonts 文件夹的存放路径为 C：\Windows\Fonts。

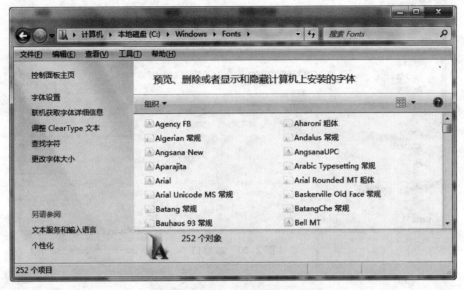

图 2.19 文件及文件夹路径示例

2）文件夹分类

根据文件夹的性质，可以将文件夹分为标准文件夹和特殊文件夹两类。

用户平常所使用的用于存放文件和文件夹的容器就是标准文件夹。当打开标准文件夹时，它会以窗口的形式出现在屏幕上，关闭它时，则会收缩为一个文件夹图标。用户可以对文件夹中的对象进行剪切、复制和删除等操作。

特殊文件夹是 Windows 系统所支持的另一种文件夹格式，其实质就是一种应用程序，例如"控制面板""打印机"和"网络"等。特殊文件夹不能用于存放文件和文件夹，但是可以查看和管理其中的内容。

4. 库的应用

库是 Windows 7 的一个新增功能，有 4 个默认库：文档、音乐、图片和视频，用于管理文档、音乐、图片和其他文件的位置。用户可以使用与在文件夹中浏览文件相同的方式浏览文件，也可以查看按属性（如日期、类型和作者）排列的文件，如图 2.20 所示。

（1）文档库：使用此库可以访问"我的文档"文件夹。此文件夹可用于存储文本文档、Word 文档等与文本有关的文件。默认情况下，移动、复制或保存到文档库的文件都存储在"我的文档"文件夹中。

（2）音乐库：此文件夹可用于存储数字音乐，默认情况下，移动、复制或保存到音乐库的文件都存储在"我的音乐"文件夹中。

（3）图片库：此文件夹可以用于存储数字图片，图片可以从数码相机、扫描仪或互联网获取。默认情况下，移动、复制或保存到图片库的文件都存储在"我的图片"文件夹中。

（4）视频库：此文件夹可存储视频，视频可以从数码相机或摄像机获得剪辑，或从 Internet 下载。默认情况下，移动、复制或保存到图片库的文件都存储在"我的视频"文件

图 2.20　库窗口

夹中。

　　在某些方面,库类似于文件夹,例如,打开库时将看到一个或多个文件。但与文件夹不同的是,库可以收集存储在多个位置中的文件,这是一个细微但重要的差异。库实际上不存储项目,它们监视包含项目的文件夹,并允许用户以不同的方式访问和排列这些项目。例如,为计算机上使用的 PPT 模板新建一个库,包括 3 个位置,如图 2.21 所示。

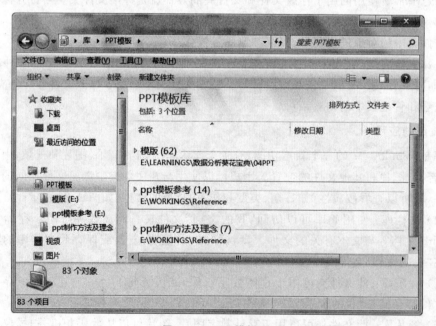

图 2.21　PPT 模板库

　　"库"是一个逻辑概念,把文件(夹)收纳到库中并不是将文件真正复制到"库"这个位置,而是在"库"这个功能中"登记"了那些文件(夹)的位置来由 Windows 管理而已,因此,包含到库中的内容除了它们自己占用的磁盘空间之外,几乎不会再额外占用磁盘空间,并且删除库及其内容时,也并不会影响到那些真实的文件。

2.3.2　文件和文件夹的显示与查看

通过显示文件和文件夹,可以查看系统中所有文件,包括隐藏文件;通过查看文件和文件夹,可以了解指定文件和文件夹的内容和属性。

1. 文件及文件夹的显示

用户可以通过改变文件和文件夹的显示方式进行查看,以满足实际需要。

1) 设置单个文件夹的显示方式

这里以设置 Fonts 文件夹的显示方式为例进行介绍。

(1) 找到 Fonts 文件夹所在位置,双击打开该文件夹,在弹出的 Fonts 窗口中单击 ▦▾ 按钮,即可在不同的选项间进行切换。

(2) 单击 ▦▾ 按钮右侧的下拉箭头,在弹出的下拉列表中有 8 个视图选项,分别为超大图标、大图标、中等图标、小图标、列表、详细信息、平铺和内容。

(3) 按住鼠标左键拖动列表框左侧的小滑块,可以使视图根据滑块所在的选项位置进行切换,如图 2.22 所示。

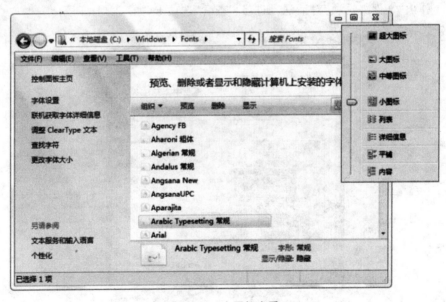

图 2.22　小图标查看

(4) 释放鼠标左键,就可以将 Fonts 窗口中的文件和文件夹以大图标形式显示,如图 2.23 所示。

2) 设置所有文件和文件夹的显示方式

与设置单个文件夹的显示方式不同,若要对所有的文件和文件夹的显示方式进行设置,需要在"文件夹选项"对话框中进行。具体操作步骤如下。

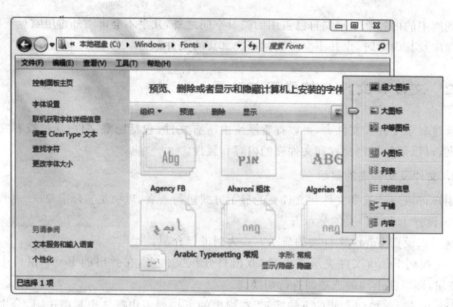

图 2.23 大图标查看

（1）在 Fonts 窗口中单击工具栏上的 组织▼ 按钮，从弹出的下拉菜单中选择"文件夹和搜索选项"。

（2）弹出"文件夹选项"对话框，切换到"查看"选项卡，如图 2.24 所示。

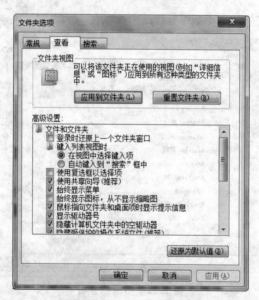

图 2.24 "文件夹选项"对话框

（3）单击"应用到文件夹"按钮，弹出"文件夹视图"对话框，询问"是否让这种类型的所有文件夹与此文件夹的视图设置匹配？"，单击"是"按钮，如图 2.25 所示。返回"文件夹选项"对话框，单击"确定"按钮即可将 Fonts 文件夹使用的视图显示方式应用到所有的这种类型的文件夹中。

图 2.25 "文件夹视图"对话框

2. 文件及文件夹的查看

通过文件和文件夹的属性与内容,可以获得关于文件和文件夹的相关信息,以便对其进行操作和设置。

1) 查看文件和文件夹属性

每一个文件和文件夹都有一定的属性,不同文件类型的"属性"对话框中的信息也各不相同。

(1) 查看文件的属性

这里以查看 system.ini 文件为例,单击鼠标右键,从弹出的快捷菜单中选择"属性"选项,弹出"system 属性"对话框,如图 2.26 所示。

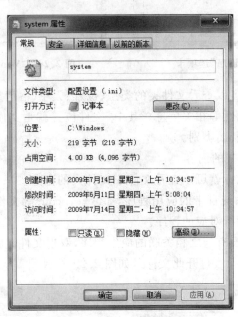

图 2.26 "system 属性"对话框

"常规"选项卡中包括文件类型、打开方式、位置、大小、占用空间、创建时间、修改时间、访问时间和属性等相关信息。通过创建时间、修改时间和访问时间可以查看最近对该文件进行操作的时间。在"属性"组合框的下边列出了文件的"只读"和"隐藏"两个属性复选框。

如果想查看该文件更详细的信息,可切换到"详细信息"选项卡,如图 2.27 所示。

（2）查看文件夹的属性

这里以查看 system 文件夹为例，单击鼠标右键，从弹出的快捷菜单中选择"属性"选项，弹出"Windows 属性"对话框，如图 2.28 所示。

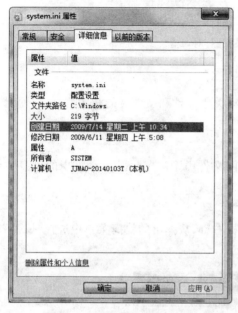

图 2.27 "详细信息"选项卡

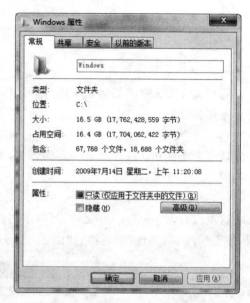

图 2.28 "Windows 属性"对话框

在"常规"选项卡中可以查看文件夹的类型、位置、大小、占用空间、包含文件和文件夹的数目、创建时间以及属性等相关信息。其中，文件位置就是文件的存放路径，而文件夹的属性就是该文件夹的所属类别。

2）查看文件和文件夹的内容

通常情况下，双击鼠标就可以查看文件或文件夹的内容。只有用应用软件创建的文件才可以打开查看；而系统自带的应用程序，如.exe,.com 等文件，双击打开时不能查看其中的内容，而是需要运行对应的程序。

如果要打开的文件没有与之相关联的应用程序，双击文件时就会弹出 Windows 对话框，提示用户"Windows 无法打开此文件"，如图 2.29 所示。

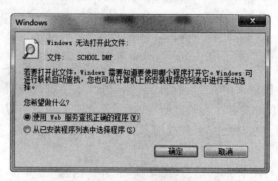

图 2.29 Windows 提示对话框

在 Windows 对话框中,选中"从已安装程序列表中选择程序"单选钮,打开"打开方式"对话框,可以从中选择打开此文件的程序,如图2.30所示。若所选的程序支持该文件格式,就会打开该文件。勾选"始终使用选择的程序打开这种文件"默认以后同类型文件都按此设置打开。

图 2.30 "打开方式"对话框

2.3.3 文件和文件夹的基本操作

熟练掌握文件和文件夹的基本操作,对于利用计算机中的资源是非常重要的。基本操作包括新建文件(文件夹)、文件(文件夹)的重命名、复制与移动、删除和查找等。

1. 创建文件(文件夹)

当用户需要存储一些信息或者将信息分类进行存储时,就需要新建文件或文件夹。文件通常由应用程序来创建,启动应用程序后就进入创建新文件的过程;也可以从应用程序的"文件"菜单中选择"新建"命令新建文件。

在任意文件夹中都可以创建新的空文件或空文件夹。创建文件有以下两种方法。

(1)选定一个文件夹作为要创建文件的位置,然后选择"文件"菜单中的"新建"命令,在展开的级联菜单中选择新建文件类型或新建文件夹,如图2.31所示。

(2)在桌面或某个文件夹中右击,在弹出的快捷菜单中选择"新建"命令,并在下级菜单中选择文件类型或新建文件夹,如图2.32所示。

新建文件(文件夹)时,一般系统会自动为新建的文件(文件夹)取一个名字,默认的文件名类似为"新建文件夹""新建文件夹(2)"等,用户可以修改文件或文件夹的名称。

2. 文件及文件夹的选择

操作文件或文件夹之前,需要先选定相关的文件和文件夹。选定办法有以下几种,可

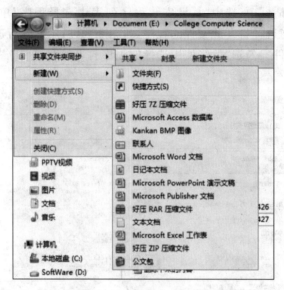

图 2.31　菜单方式新建

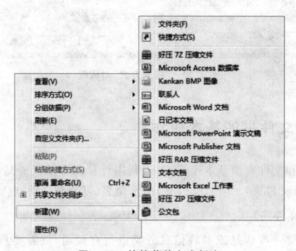

图 2.32　快捷菜单方式新建

以根据需要任选一种进行操作。

1）单个文件或文件夹的选择

找到相应文件或文件夹并用鼠标左键单击即可。

2）连续的多个文件或文件夹的选择

找到相应的多个文件或文件夹，用鼠标左键单击第一个文件或文件夹，再按住 Shift 键，单击最后一个文件或文件夹。

或者，在连续的文件或文件夹区域外按住鼠标左键并拖动光标，用出现的虚线框把要选择的多个连续文件或文件夹框起来，这样相应的对象就都被选中。

3）不连续的多个文件或文件夹的选择

找到相应的多个对象所在位置，先用鼠标左键单击第一个文件或文件夹，再按住 Ctrl

键,逐个选择其他的文件或文件夹。

另外,还可以通过单击工具栏上的"组织"按钮,在下拉菜单中选择"全选"命令选项,或使用组合键 Ctrl＋A 实现全部选定。

4)取消选定的文件或文件夹

要取消已选中的全部对象,可用鼠标左键单击窗口工作区的空白处;如果只取消部分选中的项目,可以按住 Ctrl 键,单击要取消的项目。

3. 重命名文件及文件夹

对于新建的文件和文件夹,系统默认的名称是"新建……",用户可以根据需要改变已经命名的文件或文件夹名称,以方便查找和管理。

有以下三种方法来进行重命名操作。

方法一:选中需要改名的文件或文件夹,单击"文件"菜单中的"重命名"选项或右键快捷菜单中的"重命名"选项,此时文件名处于可编辑状态,直接输入新名称按 Enter 键即可,也可以在窗口空白区域单击鼠标完成新名称设置。

方法二:左键单击选中需改名文件或文件夹,再次单击其名称,使文件名处于可编辑状态,此时即可直接输入新名称。

方法三:选中需要重命名的文件或文件夹,单击工具栏上的"组织"按钮,从弹出的下拉菜单列表中选中"重命名"选项,如图 2.33 所示。

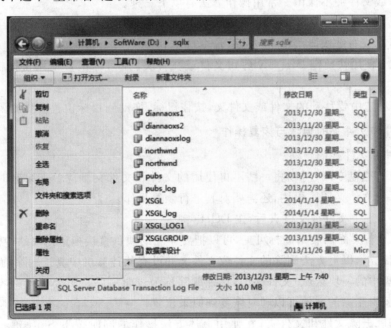

图 2.33 菜单方式重命名

多个类似的文件或文件夹需要重命名时,可使用批量重命名的方法进行操作。比如将多张照片统一命名,操作步骤如下。

(1)在窗口中选中需要重命名的多个文件或文件夹。

(2)单击工具栏上的"组织"按钮,从弹出的下拉列表中选择"重命名"选项,或者右击第 1 个文件,在弹出的快捷菜单中选择"重命名"选项。

(3)此时,所选中的第 1 个文件的文件名处于可编辑状态,输入一个新名称按 Enter 键即可。操作完成后,多个文件会以新名称(1)、新名称(2)、……,依次重命名并按顺序排列。

4. 复制文件或文件夹

复制文件或文件夹的操作是为原文件或文件夹创建一个备份,原文件或文件夹仍然存在。常用操作方法有以下 4 种。

方法一:可以使用窗口编辑菜单或右键快捷菜单中的"复制"选项,在目标位置选择"编辑"菜单或右键快捷菜单中"粘贴"命令选项。

方法二:使用快捷键 Ctrl+C 复制文件或文件夹,在目标位置使用快捷键 Ctrl+V 粘贴。

方法三:按下 Ctrl 键的同时,按住鼠标拖动文件或文件夹到目标位置。

方法四:利用"发送到"命令实现把文件或文件夹发送到可移动磁盘,首先应该先把可移动磁盘插入 USB 接口中。

5. 移动文件或文件夹

移动文件及文件夹操作就是把源文件或文件夹从原来位置移动到新位置,操作后原位置的文件或文件夹不保留。常用操作方法有以下三种。

方法一:可以使用窗口"编辑"菜单或右键快捷菜单中的"剪切"选项,在目标位置选择"编辑"菜单或右键快捷菜单中"粘贴"命令选项。

方法二:使用快捷键 Ctrl+X 剪切文件或文件夹,在目标位置使用快捷键 Ctrl+V 粘贴。

方法三:选中要移动的文件或文件夹,按住鼠标,拖动到目标位置后释放鼠标即可。

6. 文件和文件夹的删除与恢复操作

1)文件和文件夹的删除

为了节省磁盘空间,可以将一些不再使用的文件和文件夹删除。如果有时删除后发现有的文件和文件夹还要再用,还需要对其进行恢复操作。

方法一:选中文件或文件夹后,按 Delete 键。

方法二:若桌面回收站图标可见,可以把要删除的项目直接拖进回收站中。

默认情况下,以上方法删除的文件或文件夹并没有从计算机中真正删除,而是放到了回收站(硬盘中的一块区域)文件夹中,这种删除称为逻辑删除。只要回收站容量未满或未被清空,逻辑删除的文件可以随时恢复到原来位置。

若要彻底删除文件和文件夹,在使用上述方法操作的同时按下 Shift 键。此时会弹出"删除文件"对话框,询问"确定要永久性地删除此文件吗?",单击"是"按钮,如图 2.34 所示,即可完成删除。一旦执行了彻底删除,相当于从存储空间上对文件和文件夹进行物理删除,回收站中不再存放,也无法再恢复。

2)文件和文件夹的恢复

只有进行逻辑删除,暂时存放在回收站中的文件和文件夹才能进行恢复,操作步骤

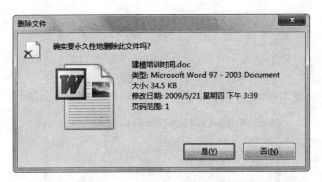

图 2.34 "删除文件"对话框

如下。

（1）双击桌面上的回收站图标，弹出"回收站"窗口，窗口中列出了被删除的所有文件和文件夹。

（2）选中要恢复的项目，然后单击鼠标右键，从弹出的快捷菜单中选择"还原"，如图 2.35 所示，或者单击"工具栏"上的"还原此项目"按钮。

（3）此时，被还原的文件或文件夹就会重新回到原来被存放的位置。

（4）在"回收站"窗口的"工具栏"上单击"还原所有项目"按钮，可以将所有项目还原至原位置。

另：单击"清空回收站"按钮或在桌面回收站图标上右键单击，从快捷菜单中选择"清空回收站"选项，可以彻底删除回收站中的所有项目。

图 2.35 还原文件示例

7. 查找文件和文件夹

计算机中的文件和文件夹会随着时间的推移日益增多，要从大量文件中找到所需的文件是一件非常麻烦的事情。为了提高效率，可以使用搜索功能查找文件。Windows 7 操作系统提供了查找文件和文件夹的多种方法，在不同的情况下可以使用不同的方法。

1）使用"开始"菜单上的搜索框

用户可以使用"开始"菜单上的"搜索"框来查找存储在计算机中的文件、文件夹、程序和电子邮件等。

单击"开始"菜单，选择"搜索"选项，在"开始搜索"文本框中输入想要查找的信息，输入完毕后，与所输入文本相匹配的项都会显示在"开始"菜单上，如图 2.36 所示。

图 2.36　搜索框查找

2）使用文件夹或库中的搜索框

若已知所需文件和文件夹位于某个特定的文件夹或库中，可使用"搜索"文本框进行搜索。"搜索"文本框位于每个文件夹或库窗口的顶部，它根据输入的文本筛选当前的视图。在库中，搜索包括库中包含的所有文件夹及这些文件夹中的子文件夹。

例如，要在库中查找关于"手机"的相关资料，具体操作步骤如下。

打开"库"窗口，在窗口顶部的"搜索"文本框中输入要查找的内容，输入完毕将自动对视图进行筛选，可以看到在窗口下方列出了所有关于"手机"信息的文件，如图 2.37 所示。

如果用户想要基于一个或多个属性来搜索文件，则可在搜索时使用搜索筛选器指定属性，在文件夹或库的"搜索"框中，用户可以添加搜索筛选器来更加快速地查找指定的文件和文件夹。

例如，要在库中按照"修改日期"搜索筛选器来查找符合条件的文件，操作步骤如下。

（1）打开"库"窗口，单击顶部的"搜索"文本框，弹出如图 2.38 所示的"添加搜索筛选器"列表，然后单击其中的"修改日期"按钮，弹出如图 2.39 所示的"选择日期或日期范围"下拉列表。

图 2.37　窗口搜索框查找

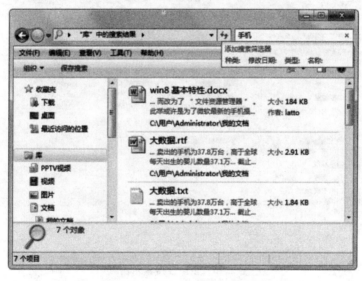

图 2.38　"添加搜索筛选器"列表

（2）可选择一个日期搜索，也可选择"上星期"等选项进行搜索。

（3）随即会在窗口下方列出所有按照"修改日期"搜索筛选器搜索的"上星期"的文件。用户可以重复以上步骤，以建立基于多个属性的复杂搜索，而且每次单击"搜索筛选器"按钮或值时，都会将相关的字词自动添加到搜索框中，如图 2.40 所示。

3）使用在扩展特定库或文件夹之外进行搜索

如果在特定的库或文件夹中无法找到想要查找的文件和文件夹，则可扩展搜索，以便包括其他位置，如任何一个磁盘驱动器、文件夹或可用于存储文件和文件夹的其他空间。

57

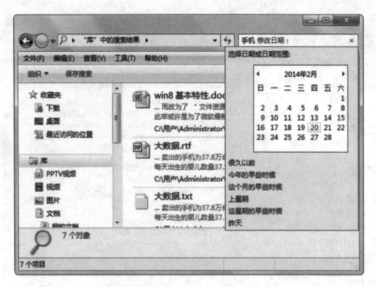

图 2.39　"选择日期或日期范围"选项

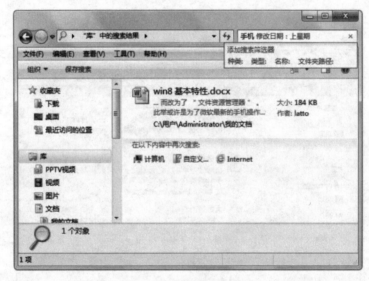

图 2.40　多属性搜索示例

　　当在"搜索"文本框中输入查找内容后,在窗口中间显示"没有与搜索条件匹配的项"的提示信息,如图 2.41 所示,并在其下方显示"在以下内容中再次搜索"信息,包括"库""计算机""自定义"和 Internet 这 4 项。用户可以分别在这 4 个位置进行搜索,直到查找到符合查找条件的文件。

8. 创建文件或文件夹的快捷方式

　　对使用频率较高的文件或文件夹可在桌面上创建快捷方式,快捷方式的图标左下角有一个斜向上的箭头,简称快捷图标。快捷方式是一个扩展名为 lnk 的文件,一般与一个应用程序或文档相关联。双击快捷图标可以快速打开相关联的应用程序或文档,以及访

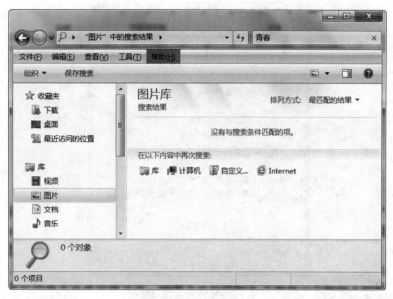

图 2.41　扩展搜索示例

问计算机或网络上任何可访问的项目,而不需要执行菜单或是打开各级目录去找到相应的对象,再去执行。

　　快捷图标是指向这个对象的指针,并不是对象本身。打开快捷方式即意味着打开了相应的对象,删除快捷方式不会影响对象本身。建好的快捷方式图标可以放在"我的电脑"中的任何位置,一般以将图标放在桌面居多。先找到并选中欲创建快捷方式的文件或文件夹,在"文件"菜单中选择"创建快捷方式"选项或是利用右键快捷菜单中的"创建快捷方式",执行指令后,会在当前文件夹中新建一个名为"快捷方式××"的图标,将其拖放到桌面上。也可直接使用右键快捷菜单"发送到"中的"桌面快捷方式"选项。

9. 隐藏与显示文件和文件夹

　　有一些重要的文件和文件夹,为了避免其他人看见,可以将其设置为隐藏属性,这样其他人在使用计算机时就不会看见这些内容。当用户想要查看这些文件和文件夹时,只要设置相应的文件夹选项即可看到文件内容。

　　1) 设置文件和文件夹的隐藏属性

　　在需要隐藏的文件和文件夹上右击,从弹出的快捷菜单中选择"属性"选项。下面以文件夹为例介绍设置隐藏属性的方法,如图 2.42 所示。

　　在"常规"选项卡的"属性"选区勾选"隐藏"复选框,单击"确定"按钮。在弹出的如图 2.43 所示的"确认属性更改"对话框中选中"将更改应用于此文件夹、子文件夹和文件"单选钮,然后单击"确定"按钮,即可完成对所选文件夹的隐藏属性设置。

　　可以看到,如图 2.44 所示属性为隐藏的文件和文件夹呈半透明状态,此时仍然可以看到文件,不能起到保护作用,还需要在文件夹选项中设置不显示隐藏的文件。

　　2) 设置不显示或显示隐藏文件

　　在文件夹窗口中单击工具栏中的"组织"按钮,从弹出的下拉列表中选择"文件夹和搜

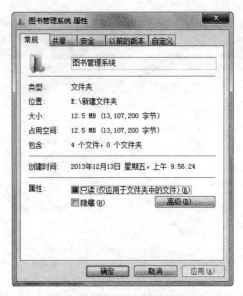

图 2.42　文件夹属性对话框

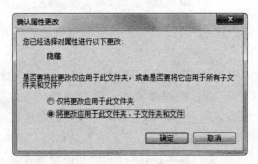

图 2.43　"确认属性更改"对话框

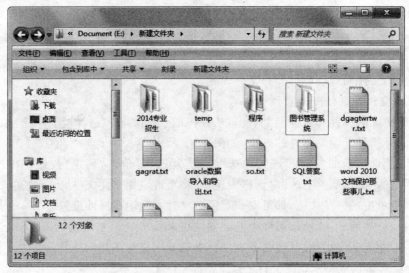

图 2.44　隐藏属性设置示例

索选项”,弹出“文件夹选项”对话框,切换到“查看”选项卡,然后在“高级设置”列表框中选中“不显示隐藏的文件、文件夹和驱动器”单选钮,单击“确定”按钮,如图 2.45 所示。单击后即可隐藏所有设置隐藏属性的文件、文件夹以及驱动器。

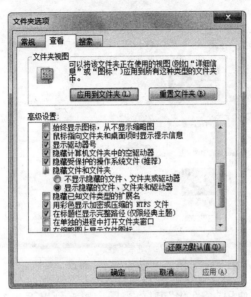

图 2.45 不显示隐藏文件和文件夹

若要显示所有隐藏的文件和文件夹,在“高级设置”列表框中选中“显示隐藏的文件、文件夹和驱动器”单选钮即可。

2.4 计算机个性化设置

用户可以按照自己的使用习惯,定制计算机的工作环境,本节主要介绍桌面环境的设置、用户账户的设置及系统时间的设置。

2.4.1 设置桌面主题

桌面主题是指桌面背景、声音、图标以及其他元素组合而成的集合,显示属性的一个综合设置,它使用户的桌面具有统一的外观,用户可自行定义操作系统环境。

Windows 7 中内置了多种主题供用户使用,不同主题的切换步骤:在桌面空白处右击鼠标弹出“个性化”面板,或从控制面板窗口中选择“外观和个性化”类别中的“更改主题”弹出“个性化”面板,如图 2.46 所示。

Windows 7 内置的主题若不能完全满足用户需求,可以更改掉主题中不要的部分,然后将修改后的主题保存起来,方便以后使用。

图 2.46　"个性化"面板

主题的管理也需要使用"个性化"窗口,主题会影响到以下几个主要设置。

1. 桌面背景

Windows 7 提供了大量的背景图案,并对这些图案进行了分组。背景图案保存在 C:\Windows\Web\Wallpaper 目录的子文件夹中。背景图案可以使用.bmp、.gif、.jpg、.dib和.png 格式的文件。

要设置桌面背景,设置步骤如下。

(1) 在"个性化"面板中单击"桌面背景"按钮,打开"桌面背景"窗口。

(2) 在列表框中选择背景图片。也可以通过右侧的"浏览"按钮,从其他文件夹中选择自己喜欢的图片,如图 2.47 所示。

(3) 因为图片大小各异,还可以通过"图片位置"下拉列表,选择背景图片的显示方式。在"颜色"下拉列表中,可以设置背景图片的颜色。

① 居中:将图案显示在桌面背景的中央,图案无法覆盖到的区域将使用当前的桌面颜色填充。

② 填充:使用图案填满桌面背景,图案的边沿可能会被裁剪。

③ 适应:让图案适应桌面背景,并保持当前比例。对于比较大的照片或图案如果不想看到内容变形,通常可使用该方式。

④ 拉伸:拉伸图案以适应桌面背景,并尽量维持当前比例,不过图案高度可能会有变化以填充空白区域。

⑤ 平铺:对图案进行重复,以便填满整个屏幕,对于小图案或图标,可考虑该方式。

(4) 设置完背景后,单击"保存修改"按钮返回"桌面背景"窗口可在上部的预览框中看到背景图片效果。

图 2.47 "桌面背景"窗口

2．屏幕保护程序

如果用户长时间未对计算机进行操作，Windows 会自动执行屏幕保护程序，从而减低显示器功耗。

设置方法：单击"屏幕保护程序"链接，随后将打开"屏幕保护程序设置"对话框，在这里选择一个屏幕保护程序，如图 2.48 所示；或选择"无"，禁用屏幕保护程序，在"等待"数值框设定等待时间；若选中"在恢复时使用密码保护"选项，执行屏幕保护程序后只能凭密码才能恢复到非保护状态，密码为用户登录时的密码。如图 2.49 所示，最后单击"确定"按钮。

3．鼠标指针

要更改鼠标指针，单击左侧窗格的"更改鼠标指针"链接，在图 2.50 所示的"鼠标属性"对话框的"指针"选项卡下的"方案"列表中，可以选择不同的鼠标指针方案，结果如图 2.51 所示，然后单击"确定"按钮。

4．桌面图标

用鼠标右击桌面空白处，从弹出的快捷菜单中选择"个性化"选项，打开"个性化"控制台。在左侧窗格中单击"更改桌面图标"选项，打开如图 2.52 所示的"桌面图标设置"对话框。

1）显示/隐藏桌面图标

"桌面图标设置"对话框中的每个默认图标都有复选框，选中复选框可以显示图标。

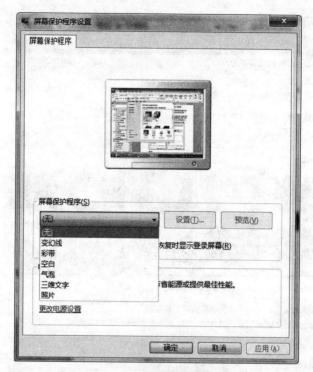

图 2.48　屏幕保护程序选择

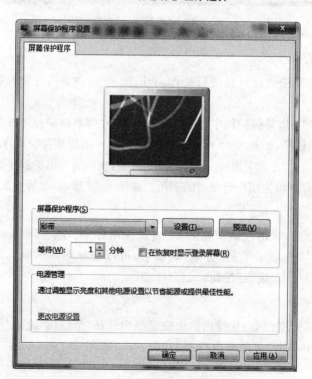

图 2.49　屏幕保护程序设置

图 2.50 鼠标指针方案修改前

图 2.51 鼠标指针方案修改后

取消选中复选框可以隐藏图标。例如,取消"回收站"复选框的选择,单击"应用"按钮,即可将桌面上的回收站图标隐藏起来。选择完毕后单击"确定"按钮。

要想直接隐藏所有桌面图标,可用鼠标右击桌面空白处,选择"查看"选项子菜单中的"显示桌面图标"命令;再次选择"显示桌面图标"命令可恢复隐藏图标。

如果不再需要某个图标或快捷方式显示在桌面上,可以用鼠标右击图标,然后从弹出的快捷菜单中选择"删除"选项,再单击"是"按钮确认操作。要注意的是:如果删除的图标对应着桌面上的文件或文件夹,则文件或文件夹(以及其中的内容)将全部被删除。

2) 修改桌面图标

为了能更好地归类标识桌面项目,用户可以修改默认的桌面图标。在"桌面图标设置"对话框中的预览区选中需要修改的图标,单击下方的"更改图标"按钮,弹出如图 2.53 所示的"更改图标"对话框,在列表中选择将要使用的图标,单击"确定"按钮返回。

图 2.52 "桌面图标设置"对话框　　　　图 2.53 "更改图标"对话框

2.4.2　设置系统用户

在 Windows 操作系统中,通过设置不同种类的用户账户来分配权限和资源。用户账户指的是一种信息集合,这些信息用于通知 Windows 7 该用户可以访问哪些文件和文件夹,可以对计算机和个人首选项进行哪些更改。通过为操作系统分配多个用户账户,可以实现多人共享一台计算机,而且每个人都可以有自己的文件和设置。

1. 用户类型

用户账户有 3 种类型:标准用户账户、管理员用户账户和来宾账户。

1) 标准用户账户

标准用户账户允许用户使用计算机的大多数功能,但是如果用户所进行的更改会影响计算机其他用户或安全,则需要经过管理员的许可。

使用标准用户账户时,用户可以使用计算机上的大多数程序,但是无法安装或卸载软件和硬件,也无法删除计算机正常运行所必需的文件,更无法更改计算机上影响其他用户的设置。如果使用的是标准用户账户,某些程序可能要求提供管理员密码才能正常运行。

2) 管理员用户账户

管理员用户账户可以做影响其他用户的更改,可以更改安全设置,安装或卸载硬件和软件,访问计算机上的所有文件夹,并对其他用户账户进行更改。

如果要设置 Windows 7,则会要求创建用户账户。这时创建的账户就是允许用户设置计算机以及安装所需的所有程序的管理员账户。

一般建议使用标准用户账户登录计算机使用常用程序，只用管理员账户对计算机进行设置，这样可尽最大可能保护计算机的安全。

3）来宾账户

来宾账户是一种临时账户，供在计算机域中没有永久账户的用户使用。来宾账户允许用户使用计算机，但是没有访问个人文件的权限，也无法安装软件和硬件，无法更改设置或创建密码。在使用来宾账户之前必须先添加来宾账户。

2. 通过控制面板设置用户

1）控制面板

控制面板是一个用来对 Windows 系统环境的设置进行控制的工具集，是用来更改计算机硬件、软件设置的专用窗口。通过控制面板可以更改系统的外观和功能，可以管理打印机，添加新硬件，添加/删除程序，并进行多媒体和网络设置等。

常用以下两种方法打开控制面板，如图 2.54 所示。

方法一：单击"开始"按钮，选择"控制面板"选项。

方法二：在"我的电脑"窗口工具栏中单击"打开控制面板"按钮。

图 2.54 "控制面板"窗口

2）设置用户

添加用户的操作可在"控制面板"中选择"用户账户和家庭安全"→"用户账户"→"添加或删除用户账户"→"管理用户"→"创建新用户"，如图 2.55 所示。

如需对用户的名称、密码、图片进行修改，在图中单击需要修改的用户，弹出"更改账户"窗口进行对应设置，如图 2.56 所示。

图 2.55 "管理账户"窗口

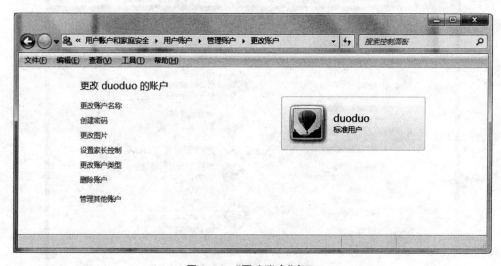

图 2.56 "更改账户"窗口

2.4.3 磁盘管理

　　磁盘是计算机的外存储设备,是物理形态包括硬盘、U盘、移动硬盘和手机等能与计算机连接进行文件读写操作并长期保存信息的设备统称。磁盘管理是一种用于管理硬盘及其所包含的卷或分区的系统实用工具。磁盘管理可以无须重新启动系统或中断用户就能执行与磁盘相关的大部分任务,多数配置可以立即生效。

右键单击桌面上的"计算机"图标,在弹出的快捷菜单中选择"管理"命令。

打开"计算机管理"窗口,选择窗口左侧列表中的"磁盘管理"选项,则右侧会显示出当前磁盘的相关信息,如图 2.57 所示。

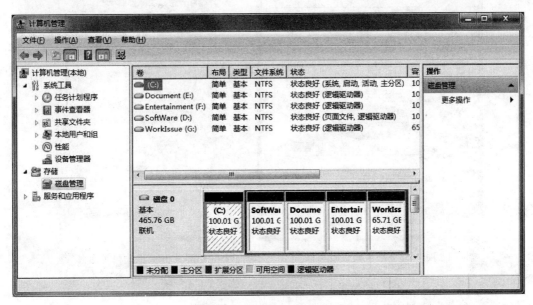

图 2.57　"计算机管理"窗口

1. 查看磁盘属性

通过查看磁盘属性,可以了解到磁盘的总容量、可用空间和已用空间的大小,及该磁盘的卷标(即该磁盘的名字)等信息。还可以为磁盘在局域网上设置共享、进行磁盘压缩等操作。

右键单击磁盘分区,在弹出的快捷菜单中选择"属性",打开"属性"对话框,如图 2.58 所示。

2. 格式化磁盘

格式化磁盘就是对选定的磁盘以指定的文件系统格式进行重新划分,在磁盘上建立可以存放信息的磁道和扇区的一种操作。一个没有经过格式化的磁盘,操作系统将无法向其中写入信息。格式化还是彻底清除病毒的最有效的方法。

目前,用户新买的存储设备都是已经格式化的,若对使用过的磁盘进行重新格式化,一定要慎重,因为格式化将清除磁盘上的全部信息。

格式化磁盘的方法如下。

(1) 右击需要格式化的磁盘,在出现的快捷菜单中选择"格式化"命令。

(2) 在弹出的如图 2.59 所示对话框中,在"文件系统"下拉列表框中选择文件系统。

(3) 如果需要卷标,在"卷标"文本框中输入磁盘的卷标。

(4) 如果需要格式化选项,"快速格式化"在格式化时只删除磁盘上的内容,不检查磁盘中的错误,一般推荐选择此项。压缩表示将以压缩的格式进行格式化。

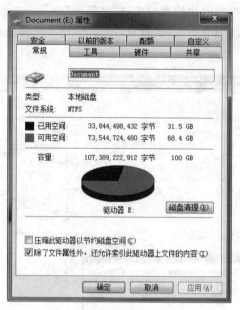

图 2.58　磁盘属性对话框　　　　图 2.59　格式化对话框

2.4.4　软件的安装与卸载

1. 安装

应用程序的安装不是简单的复制和粘贴，而应该使用专门的安装程序。安装程序可以来自光盘或互联网，也可以直接从其他计算机上复制而来，不管来自什么途径，其安装方法都大同小异。

在文件的存储位置中，找到名称为 setup.exe 或 install.exe 的安装程序，然后双击运行，就可根据向导提示一步一步完成安装。一般来说，不同应用程序其安装程序的名称也各不相同，如果没找到前述两个文件名，也可参考应用程序提供的安装说明。

安装过程中常要解决许可协议、安装位置、是否设置"开始"菜单或桌面快捷方式、使用偏好设置等问题。下面以目前应用较多的一款输入法产品——搜狗拼音输入法的安装为例介绍安装过程。

（1）找到计算机中文件的存储位置，双击安装文件 sogou_pinyin_62.exe，弹出提示信息窗口，如图 2.60 所示，单击"下一步"按钮。

（2）在弹出的"许可证协议"对话框中单击"我接受"按钮，如图 2.61 所示，只有接受协议才能进入下一阶段。

（3）弹出"选择安装位置"对话框，使用系统默认的位置即可，如图 2.62 所示，用户如果想安装到其他位置可单击"浏览"按钮在弹出的对话框中设置。

单击"安装"按钮，系统开始安装搜狗拼音输入法。安装过程中可能需要用户设置选择"开始菜单"文件夹及程序快捷方式的设置，如图 2.63 所示。

（4）安装完成后弹出"安装完毕"对话框，用户可以选择是否继续向后进行其他操作，

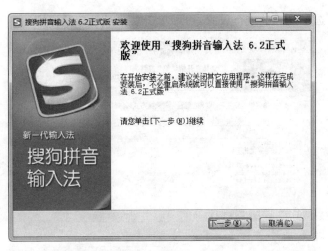

图 2.60　安装向导

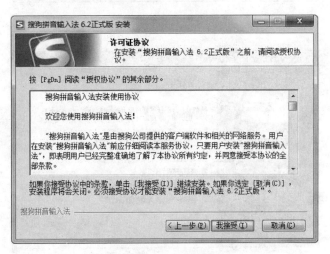

图 2.61　许可证协议

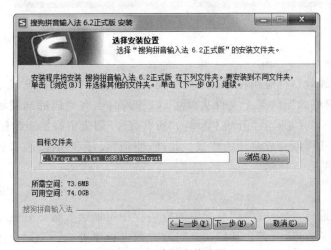

图 2.62　选择安装位置

如图 2.64 所示,选中复选框进行设置,否则单击"完成"按钮结束安装。

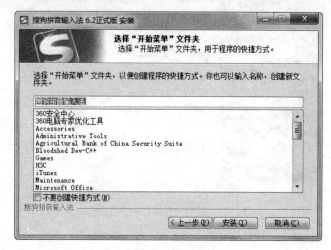

图 2.63　文件夹设置

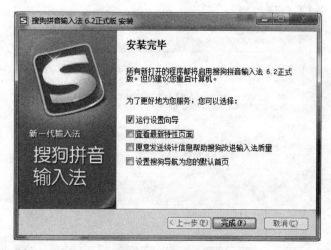

图 2.64　安装完毕

2. 卸载

应用程序的卸载是将应用程序在系统中安装的文件,以及在注册表中所做的设置一并删除,并不是简单地删除某个文件夹就可以,卸载时也有专门的卸载程序。一般情况下,应用程序在安装时都会在"开始"菜单的"所有程序"列表中添加卸载程序的快捷方式,使用这种快捷方式可以完成程序的卸载。此外,使用"程序和功能"窗口也能够安全地卸载应用程序,如图 2.65 所示。

3. 升级

随着时间的推移,已经安装到系统中的应用程序可能会升级。升级指的是应用程序在功能方面进行了改进,或者在某些安全问题方面进行了补充。不同应用程序的升级方法也是不同的,为了更好地使用,一般建议定期升级。

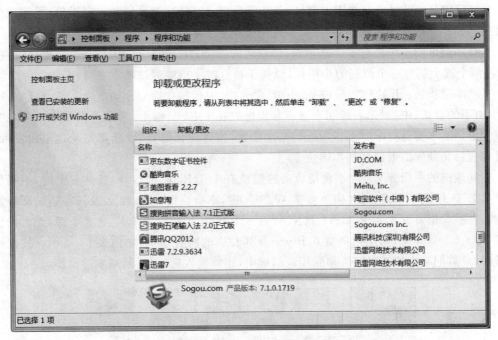

图 2.65 "卸载或更改程序"窗口

2.4.5 中英文输入

1. 键盘功能分区

键盘是计算机最主要的输入设备,常用于向计算机输入文本。按功能划分,如图 2.66 所示键盘总体上可分为四个区,分别为:功能键区,打字键区,编辑键区,小键盘区。

图 2.66 键盘

功能键区:一般键盘上都有 F1～F12 共 12 个功能键,它们最大的特点是按键即可完成一定的功能,这些键的功能因程序而异。不同的操作系统或不同的应用软件给出了功能键不同的定义,甚至在有的情况下用户可以自定义它们的功能。

打字键区：平时最为常用的键区，包括字母键、数字键、符号键和控制键等，可实现各种文字和控制信息的录入。

打字键区的正中央有 8 个基本键，即左边的 A、S、D、F 键，右边的 J、K、L；键，其中的 F、J 两个键上都有一个凸起的小棱杠，以便于盲打时手指能通过触觉定位。

基本键指法：开始打字前，左手小指、无名指、中指和食指应分别虚放在 A、S、D、F 键上，右手的食指、中指、无名指和小指应分别虚放在 J、K、L；键上，两个大拇指则虚放在空格键上。基本键是打字时手指所处的基准位置，按其他任何键，手指都是从这里出发，而且打完后又须立即退回到基本键位。

其他键的手指分工：左手食指负责的键位有 4、5、R、T、F、G、V、B 共 8 个键，中指负责 3、E、D、C 共 4 个键，无名指负责 2、W、S、X 键，小指负责 1、Q、A、Z 及其左边的所有键位。右手食指负责 6、7、Y、U、H、J、N、M 这 8 个键，中指负责 8、I、K，这 4 个键，无名指负责 9、O、L。这 4 个键，小指负责 0、P……及其右边的所有键位，如图 2.67 所示。按任何键时，只需把手指从基本键位移到相应的键上，正确输入后，再返回基本键位即可。

图 2.67　指法示意图

编辑键区：包括 4 个方向键、Home、End、PageUp、PageDown、Delete 和 Insert 等。其中有两个特殊键：PrintScreen 键按下后可将整个桌面复制到计算机内存中的剪贴板里，若使用组合键 Alt＋PrintScreen，则只将当前活动窗口复制到剪贴板里。然后通过"粘贴"操作可将图片复制到其他程序中。Insert 键表示插入并覆盖状态，一般情况下，Windows 系统默认光标位置插入字符，而光标向后移动对光标后字符无影响。但是当 Insert 键按下后再输入，光标后的字符会被当前输入字符替换掉，再次按下后则会还原到默认插入状态。

小键盘区：若使用在打字键区一字排开的数字键进行大量数字录入，操作不便；为了方便集中输入数据，而将数字键集中放置在小键盘区，可实现单手快速输入大量数字。

2. 汉字输入法简介

英文和汉字差异较大，使用计算机处理汉字信息的前提是把汉字输入到计算机中，因此需要利用键盘上的英文键，把一个汉字拆分成几个键位的序列，对汉字代码化，不同的输入法有不同的代码转换方法。

Windows 7 在安装时提供了"微软拼音""全拼""郑码""智能 ABC"等多种中文输入

法,用户还可根据使用需要添加或删除某种输入法。

打开某种输入法后,出现如图 2.68 所示的输入法状态窗口。中文输入法状态窗口由
"中/英文切换""输入方式切换""全角/半角切换""中/英文标点切换"和"软键盘切换"等
按钮组成。

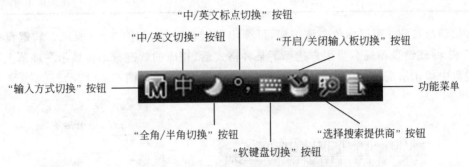

图 2.68 输入法状态窗口

中、英文切换:用鼠标单击该按钮或按 Ctrl+Space 组合键,可在中文和英文输入法
之间进行切换。

输入方式切换:用鼠标单击该按钮或按 Ctrl+Shift 组合键,可在已装入的各种输入
法之间切换。

全角/半角切换:用鼠标单击该按钮或按 Shift+Space 组合键,可在中文输入方式的全
角与半角之间切换。全角是指一个字符占用两个标准字符位置,而半角是指一个字符占用
一个标准的字符位置。Windows 7 系统的初始输入法一般都默认为英文输入法,这时处在
半角状态下,无论是输入英文字母、数字还是标点符号,始终都只占一个英文字符的位置。
若切换到中文输入法状态,就会有全角和半角两种选择。对中文字符来说,这两种选择对其
没有影响,它始终都要占两个英文字符的位置,但对此状态下输入的英文字母、数字还是标
点符号来说,就会有显著不同。其形状为"半月"的是半角,"圆月"的是全角。

中/英文标点切换:用鼠标单击该按钮或按"Ctrl+小数点"组合键,可在中/英文标点
符号之间进行切换。当按钮上显示中文的句号和逗号时,表示当前输入状态为中文。当
按钮上显示英文的句号和逗号时,则表示当前输入状态为英文。中英文标点符号对应关
系如表 2.2 所示。

表 2.2 中/英文标点符号对应

键 面 符	中 文 标 点	键 面 符	中 文 标 点
,	,逗号	.	。句号
<	《左书名号	>	》右书名号
?	?问号	/	、顿号
;	;分号	:	:冒号
'	''单引号	"	""双引号
(	(左括号	)	)右括号

续表

键 面 符	中文标点	键 面 符	中文标点
-	——破折号	^	……省略号
!	!感叹号	$	￥人民币符

软键盘按钮：用鼠标单击该按钮，可弹出软键盘菜单，如图2.69所示。软键盘中提供了13种软键盘布局。当用户选择了某种格式后，相应的软键盘即可显示在屏幕上。在软键盘中单击所需符号对应按钮，即可将其输入到屏幕上，如图2.70所示。

图 2.69　软键盘　　　　　　　　　图 2.70　软键盘布局

对于很多用户来说，习惯只常用一种输入法就可以满足日常需要。为了更加方便高效地使用，可以把不常用的输入法暂时删除掉，只保留一个最常用的输入法即可。要删除不需要的输入法，或者将某输入法重新添加回系统，可按照以下方法操作：控制面板→区域和语言选项→语言→详细信息。在"已安装的服务"中，选择希望删除的输入法，然后单击"删除"按钮。要注意，这里的删除并不是卸载，以后还可以通过"添加"按钮重新添加回系统，如图2.71所示。

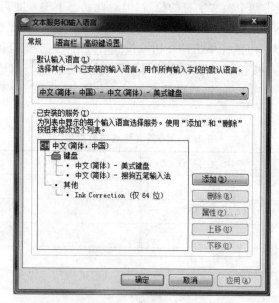

图 2.71　输入法设置

【动手实践】

1. 录入

请按正确的指法规范输入以下文字,并记录自己的录入时间。

2015 年,互联网成为中国政府高层极其重视的一年。据不完全统计,截至 2015 年 12 月 31 日,国务院在 2015 年共召开常务会议 41 次,讨论各种议题 150 余项。其中直接、间接涉及"互联网+"的议题 50 余项,占总体议题的 1/3 左右。"互联网+""大数据"等已成为广大网民熟知的热词,而这些热词也从一个侧面勾勒出中国互联网这一年的发展之路。

"大数据"如此热门,那它究竟是怎样影响我们的生活呢? 简单来说,它会让我们的生活更困难或者更容易——取决于你是否拥有分析大数据的技术。毫无疑问要想在海量数据中理出头绪不是一件容易的事情,如果你不具备分析数据的能力,大数据会让我们的生活更困难。例如每年的"双十一购物节",阿里巴巴利用"大数据"的分析与处理,实现逐年递增的大规模的购物盛况。如果没有很好地掌握大数据,就会像几年前的 12306 春运买票一样,随时随地面临因系统瘫痪而导致购票失败。

在如今这个几乎每个人都在谈论"大数据"的时代,"大数据"不仅是企业趋势,也是一个改变了人类生活的技术创新。大数据对行业用户的重要性也日益突出。2015 年 6 月 17 日,习近平在贵州调研时再次强调"面对信息化潮流,只有积极抢占制高点,才能赢得发展先机。要推动信息化和工业化深入融合,必须在信息化方面多动脑筋、多用实招。我国大数据采集和应用刚刚起步,要加强研究、加大投入,力争走在世界前列。"掌握数据资产,进行智能化决策,已成为企业脱颖而出的关键。因此,越来越多的企业开始重视大数据战略布局,并重新定义自己的核心竞争力。

2. 文件系统

在 D 盘建立一个文件管理体系,分别创建"项目""公司制度""每日事宜""常用工具"等文件夹,将各种文件资料放到不同的文件夹中。并对某些文件或文件夹进行重命名,将不需要的文件删除。

为计算机应用"风景"主题,并设置计算机中的公司 LOGO 图片作为桌面背景,再设置"三维文字"屏幕保护程序,设置等待时间为 10 分钟。

习 题

一、选择题

1. 操作系统的主要功能是( )。

  A. 实现软硬件转换

  B. 管理系统中所有的软硬件资源

  C. 把源程序转换为目标程序进行数据处理

D. 进行数据处理

2. 操作系统的主要功能包括（　　　）。

　　A. 运算器管理、存储器管理、设备管理、处理器管理

　　B. 文件管理、处理器管理、设备管理、存储管理

　　C. 文件管理、设备管理、系统管理、存储管理

　　D. 管理器管理、设备管理、程序管理、存储管理

3. 切换用户是指（　　　）。

　　A. 关闭当前登录的用户，重新登录一个新用户

　　B. 重新启动计算机用另一个用户登录

　　C. 注销当前的用户

　　D. 在不关闭当前登录用户的情况下切换到另一个用户

4. Windows 7"任务栏"上存放的是（　　　）。

　　A. 当前窗口的图标　　　　　　　　　　B. 已启动并正在执行的程序名

　　C. 所有已打开的窗口的图标　　　　　　D. 已经打开的文件名

5. 对话框中的复选框是指（　　　）。

　　A. 一组互相排斥的选项，一次只能选中一项；外形为一个正方形，方框中有"√"
　　　　表示选中

　　B. 一组互相不排斥的选项，一次只能选中其中几项；外形为一个正方形，方框中
　　　　有"√"表示选中

　　C. 一组互相排斥的选项，一次只能选中一项；外形为一个正方形，方框中有"√"
　　　　表示未被选中

　　D. 一组互相不排斥的选项，一次可以选中其中几项；外形为一个正方形，方框中
　　　　有"√"表示被选中

6. 根据文件的命名规则，下列字符串中是合法文件名的是（　　　）。

　　A. ＊ASDF.FNT　　　　　　　　　　　B. AB_F@!.C2M

　　C. CON.PRG　　　　　　　　　　　　D. CD?.TXT

7. 要使文件不被修改和删除，可以把文件设置成（　　　）。

　　A. 存档文件　　　　B. 隐含文件　　　　C. 只读文件　　　　D. 系统文件

8. 在 Windows 中，关于快捷方式的说法，不正确的是（　　　）。

　　A. 删除快捷方式将删除相应的程序

　　B. 可以在文件夹中为应用程序创建快捷方式

　　C. 删除快捷方式将不影响相应的程序

　　D. 可以在桌面上为应用程序创建快捷方式

9. 在"全角"状态下，输入的字符和数字占据（　　　）半角字符的位置。

　　A. 1 个　　　　　　B. 2 个　　　　　　C. 4 个　　　　　　D. 8 个

10. 使用（　　　）可以重新安排文件在磁盘中的存储位置，将文件的存储位置整理到
一起，同时合并可用空间，实现提高运行速度的目的。

　　A. 格式化　　　　B. 磁盘清理程序　　　C. 整理磁盘碎片　　　D. 磁盘查错

`

二、填空题

1. 用鼠标对文件进行拖曳操作,若源位置和目标位置不在同一个驱动器上,则该拖曳操作产生的效果是_____。

2. 不经过回收站,永久删除所选中文件和文件夹时要按_____键。

3. 桌面一般由桌面背景、桌面图标、_____、"开始"按钮等组成。

4. 在 Windows 中,剪切文本可用快捷键_____。

5. 在 Windows 中,复制文本可用快捷键_____。

6. 文件名是由基本名和_____组成,其中基本名不能省略。

7. Windows XP 的菜单主要有_____和快捷菜单两种类型。

8. 在资源管理器中,选中要创建桌面图标的磁盘或光盘,用鼠标_____键拖动至桌面上,即可为之在桌面上创建图标。

9. Windows 7 中有设置、控制计算机硬件配置和修改桌面布局的应用程序是_____。

10. Windows 7 操作系统中的"剪贴板"是_____中的一个临时区域。

三、简答题

1. 什么是操作系统?

2. 对话框要素有哪些? 分别举实例说明。菜单选项的特殊标志各代表什么含义?

3. 如何完成文件及文件夹的新建、重命名、复制、移动和删除等相关操作?

4. 如何设置常用输入法?

第 3 章

Word 2010文字处理

【岗位对接】

为了提高办公的效率和质量,随着办公自动化的迅速发展和普及,作为一名职员,无论涉足任何行业的任何岗位,或多或少都会涉及日常的事务处理,例如,个人日程安排、行文办理、函件处理、公文处理、档案资料的编写和管理、活动策划等事务,这就要求职员入职前必须掌握基本的办公技能,具备基本的文字处理能力。微软公司的办公软件套装之一——Word文字处理软件涵盖了日常文字处理的基本功能,也是目前常用的办公字处理软件。

【职业引导】

小乐是刚考入大学的新生,在人生的职业规划中毕业后有从事行政文秘工作的意向,她通过市场调查了解到该岗位除了具备较强的沟通协调能力、计划和执行等能力外,还必须具备熟练完成公司日常所需的文件、档案、资料的书写和整理能力,因此认真学习办公自动化软件中的字处理软件 Word 势在必行。

【设计案例】

小乐如愿以偿利用业余时间到一家公司实习,职务是公司行政部的一名普通文秘,近期公司为了提高员工的综合素质,需要对员工进行内部培训,小乐接受的培训内容是学会利用 Word 软件实现行政文秘办公,培训的老师准备首先给她进行 Word 2010 基础操作的系统培训,为以后利用该软件进行行政文秘办公打下基础。

【知识技能】

3.1　Word 2010 的工作界面

3.1.1　Word 2010 的工作界面简介

　　Word 2010 工作界面由快速访问工具栏、标题栏、窗口控制按钮、"文件"按钮、功能区、导航窗格、文档编辑区、标尺、滚动条、状态栏等部分组成,如图 3.1 所示。

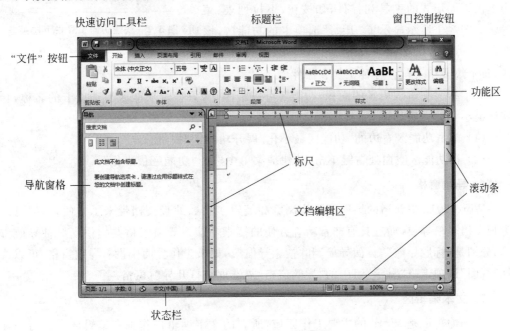

图 3.1　Word 2010 工作界面

1. 快速访问工具栏

　　快速访问工具栏位于工作窗口的顶部,用于快速执行某些常用操作。默认情况下,快速访问工具栏包含"保存""撤销"和"恢复"3 个快捷按钮。单击其右侧的下拉按钮,可以添加和取消快捷操作按钮,如图 3.2 所示。

2. 标题栏

　　标题栏位于窗口的最上面,用于显示当前编辑的文档名称和格式,双击标题栏可以使 Word 窗口在最大化和向下还原状态之间切换。

3. 窗口控制按钮

　　窗口控制按钮在标题栏的最右侧,有三个按钮,分别实现"最小化""最大化/向下还原"和"关闭"窗口的操作。

4. "文件"按钮

"文件"按钮位于窗口的左上角,单击该按钮可弹出
与文档相关的操作菜单。该菜单包括"保存""另存为"
"打开""关闭""信息""打印""选项"等菜单命令。

5. 功能区

功能区位于标题栏的下方,由许多不同的选项卡组
成,默认的选项卡有"开始""插入""页面布局""引用""邮
件""审阅"和"视图"选项卡。每个选项卡都包含若干个
块或组,这些块或组将相关项显示在一起。每个块或组
中提供不同形式的工具和控件,如按钮、下拉列表、菜单
等。如图 3.1 所示显示了"开始"选项卡的功能区,该功

图 3.2 快速访问工具栏下拉菜单

能区由"剪贴板""字体""段落""样式""编辑"等块或组组
成,每个块或组又包含各种工具和控件。

为了扩大文本编辑区的面积,功能区可以最小化,只显示功能区上选项卡的名称,功
能区最小化的方法如下。

(1)单击功能区右边的"功能区最小化/展开功能区"按钮。

(2)在功能区空白处右键单击,从快捷菜单中选择"功能区最小化"。

6. 导航窗格

Word 2010 中新增的导航窗格为浏览和编辑多页数的长文档带来了方便,不但可以
为长文档轻松导航,而且具有非常精确方便的搜索功能。导航窗格共提供了 3 种导航方
式,分别是"标题导航""页面导航"和"搜索导航"。如果工作界面中没有导航窗格,可以选
择"视图"选项卡→"显示"组中的"导航窗格"复选框来打开导航窗格。

7. 文本编辑区

文档编辑区是 Word 的主要工作区域,所有的文字编辑操作都在编辑区中进行。在
此区域有一个闪烁的竖线称为光标(也叫插入符),光标所在的位置也叫插入点,是下一个
输入字符出现的位置。

8. 标尺

标尺包括水平标尺和垂直标尺,用于显示和调整页面边距等。

9. 滚动条

滚动条分为水平滚动条和垂直滚动条,用于横向或纵向滚动页面,方便查看文本编辑
区的内容。如果工作界面中没有水平滚动条或者垂直滚动条,可以单击"文件"按钮→"选
项"命令,弹出"Word 选项"对话框,在该对话框的左侧选择"高级"选项卡,然后在右侧
"显示"选项区勾选"显示水平滚动条"或者"显示垂直滚动条",并单击"确定"按钮,如
图 3.3 所示。

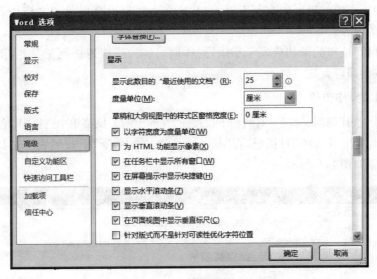

图 3.3　"Word 选项"对话框

10. 状态栏

状态栏位于窗口的最下方,提供了当前文档信息的 20 多个可用选项。在状态栏上右击就会显示状态栏的配置选项,默认状态下,状态栏上从左到右依次显示的选项有"页码""字数统计""语言""改写""视图快捷方式""显示比例"和"缩放滑块",用鼠标在选项上单击,有的会弹出对应的对话框,有的会改变该选项的状态。

3.1.2　办公实战——自定义快速访问工具栏按钮

1. 案例一导读

小乐在工作和学习中发现,很多文档最终都要打印出来,有什么办法可以简化打印操作的步骤,实现快速打印呢?

小乐查阅资料,虚心请教,终于找到了解决问题的办法。实际上只需在"快速访问工具栏"上添加"快速打印"按钮就可以解决问题。

2. 案例一操作步骤

单击"快速访问工具栏"右侧的下拉按钮,在弹出的下拉菜单中选择"快速打印"命令,"快速打印"按钮就会在"快速访问工具栏"中出现,如图 3.4 所示。只要单击该按钮,就能实现快速打印。

3. 案例二导读

小乐在开会的时候,发现有的同事给大家展

图 3.4　添加"快速打印"按钮

示文档内容时,文档编辑区的空间不够大,有什么办法可以全屏显示文档内容,让更多的人看清更多的内容?

"快速打印"按钮的添加启发了小乐,同样地,只需在"快速访问工具栏"上添加"切换全屏视图"按钮即可。

4. 案例二操作步骤

(1) 单击"快速访问工具栏"右侧的下拉按钮,在弹出的下拉菜单中选择"其他命令"命令。

(2) 弹出"Word 选项"对话框,在"从下列位置选择命令"下拉列表中选择"不在功能区中的命令",如图 3.5 所示。

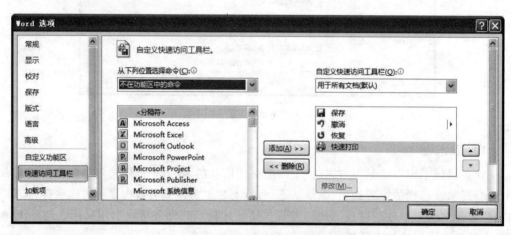

图 3.5　选择"不在功能区中的命令"

(3) 在列表框中选中"切换全屏视图"命令选项,单击"添加"按钮,将其添加到右侧的列表框中,如图 3.6 所示。在"快速访问工具栏"的右侧会出现"切换全屏视图"按钮，只要单击该按钮,就能实现文档内容的全屏显示。

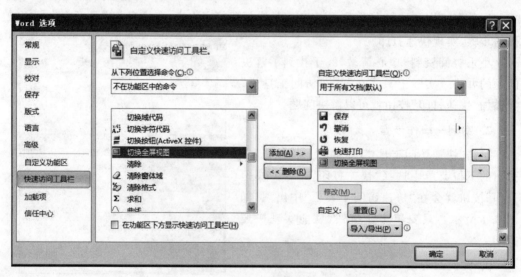

图 3.6　添加"切换全屏视图"命令选项

3.2　文档的基本操作

3.2.1　文档的创建

进行文档编辑之前,首先应该创建新的文档。在 Word 2010 中用户可以创建多种类型的文档,而且文档的创建方法有多种。

1. 新建空白文档

首次启动 Word 2010 时,系统会创建一个文件主名为"文档 1"、扩展名为"docx"的空白文档,用户可以直接输入内容,进行编辑和排版。

创建空白文档的常用方法如下。

(1) 在 Windows 文件夹空白区域单击鼠标右键,从弹出的快捷菜单中选择"新建"→"Microsoft Word 文档"命令。

(2) 启动 Word 2010 后,单击"文件"按钮→"新建"命令,在"可用模板"选项组中选择"空白文档",如图 3.7 所示,再单击"创建"按钮即可;或者双击"空白文档"选项也可快速创建。

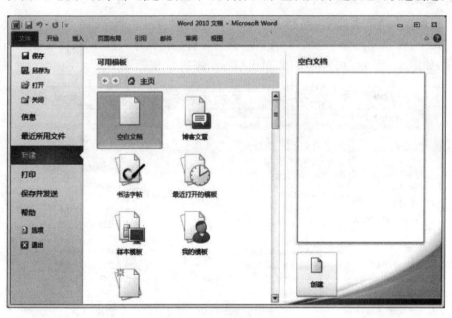

图 3.7　文件"新建"窗口

2. 根据模板新建文档

Word 2010 自带了各种模板,如简历、报告、信函、传真、报表等。模板中包含该类型文档的特定格式,套用模板新建文档后,用户只需在相应位置修改或者添加内容,就可以快速创建各种类型的专业文档。单击"文件"按钮→"新建"命令,在"可用模板"选项组中选择"样本模板",选中合适的模板即可创建,如图 3.8 所示。

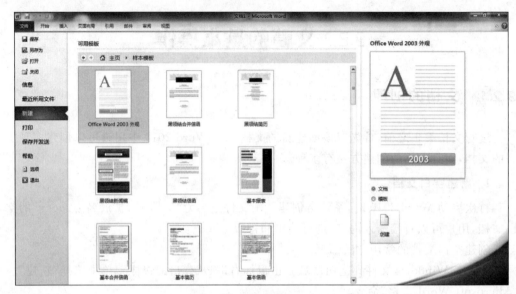

图 3.8　使用"模板"创建

3. 根据现有文档新建文档

根据现有文档新建文档就是利用现有文档的格式建立一个新文档。单击"文件"按钮→"新建"命令,在"可用模板"选项组中选择"根据现有文档新建",打开"根据现有文档新建"对话框,如图 3.9 所示,找到源文档,单击"新建"按钮即可。

图 3.9　"根据现有文档新建"对话框

3.2.2 文本的输入

创建一个新文档后,在文档编辑区会出现闪烁的光标,光标显示的位置就是文档当前正在编辑的位置,此时就可以输入文本了。在 Word 中输入的文本包括中文字符、英文字符和各种符号。在输入文本时要注意以下几点。

(1) 在输入文本前,首先要将光标定位到插入的位置,若当前光标不在插入的位置,只需用鼠标左键单击插入的位置即可。

(2) 如果发现输入的文本有错误,按 Delete 键删除光标右边的文本,按 BackSpace 键删除光标左边的文本。

(3) 随着文本内容的录入,光标会不断向后移动,当移至当前行末尾时,系统会自动换行而不需要按回车键。如果按下回车键,系统会插入一个段落标记↵,并将光标移动到下一行,产生一个新段落。

(4) 在 Word 中,按 Insert 键或单击状态栏上的"插入"按钮,即可实现文本输入时"插入"模式与"改写"模式的切换。在"插入"模式下,将在插入点后插入新的内容,而在"改写"模式下,输入的内容将替换插入点后的内容。

1. 输入中英文字符

输入中英文内容的方法非常简单,只需要切换到相应的输入法,直接在文档中输入即可。如需输入大写英文,还要按下 CapsLock 键。

2. 输入符号

使用键盘可以输入文字、数字、字母和一些符号,但有些符号不能用键盘直接输入如"→""①"等,此时可以通过插入符号的方法来输入。

将光标定位到插入位置,选择"插入"选项卡→"符号"组→"符号"命令,在弹出的下拉菜单中选择需要的符号。如果需要的符号并未列出,则选择"其他符号"命令会弹出"符号"对话框,如图 3.10 所示。在"符号"选项卡中选择需要的符号,单击"插入"按钮,关闭

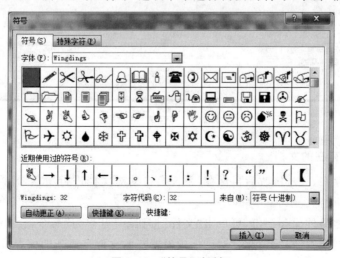

图 3.10 "符号"对话框

对话框即可将选择的符号添加到插入位置。

3.2.3 文档的保存

无论是新建的文档还是修改之后的文档都必须进行保存，以便于以后查看、再次编辑和打印。

1. 保存新文档

保存新文档的方法如下。

（1）单击"快速访问工具栏"中的"保存"按钮。

（2）单击"文件"按钮→"保存"命令。

（3）使用快捷键 Ctrl+S。

这三种方法执行时，都会打开"另存为"对话框，如图 3.11 所示，在这个对话框中需要设置文档的保存位置、文档名和保存类型。默认情况下，系统以".docx"作为文档的扩展名。

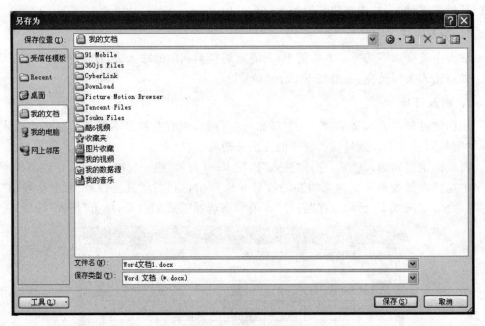

图 3.11 "另存为"对话框

2. 保存已存在的文档

文档已经存在，经过修改后再保存，系统会自动对文档进行覆盖，替换掉原文档的内容，不再弹出对话框提示。

若希望文档另外保存一份，可单击"文件"按钮→"另存为"命令，会打开如图 3.12 所示的"另存为"对话框，在"另存为"对话框中设置新的文件名或新的保存位置。

如果希望将文档保存后能在较早版本的 Word 中打开，可以在如图 3.12 所示的"另存为"对话框中单击"保存类型"右侧的下拉按钮,在下拉列表中选择"Word 97-2003 文档"来替换默认的"Word 文档"类型。

3. 自动保存文档

文档编辑时遭遇意外断电或死机情况会导致文件不能成功保存而带来损失,Word 2010 提供的"自动保存"功能可在后台及时对文档进行保存。

单击"文件"按钮→"选项"命令,弹出"Word 选项"对话框,在对话框左侧选择"保存"选项卡,在右侧的"保存文档"选项区中勾选"保存自动恢复信息时间间隔",在数值框中输入要设置的时间间隔或者单击微调按钮进行设置。默认时间间隔为 10 分钟,如图 3.12 所示。

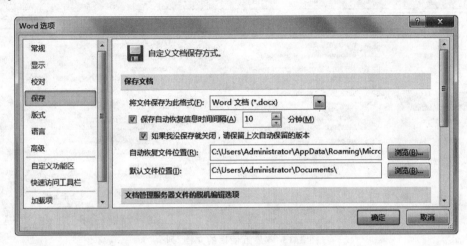

图 3.12　"Word 选项"对话框

3.2.4　文档的关闭

关闭文档既可以关闭当前的文档,也可以关闭所有打开的文档。若关闭的文档还没有保存,在文档关闭前会弹出对话框,询问是否保存。

1. 关闭当前文档

关闭当前文档的方法如下。

(1) 单击窗口右上角的"关闭"按钮。

(2) 在标题栏上右键单击,从快捷菜单中选择"关闭"命令。

(3) 单击"文件"按钮→"关闭"命令。

(4) 使用快捷键 Ctrl+F4。

2. 关闭所有打开的文档

单击"文件"按钮→"退出"命令。

3.2.5　文档的打开

1．打开最近使用的文档

Word 2010 会保存用户最近使用过的文档,用户可以通过快捷方式打开上次使用过的文档,而不必在计算机磁盘中逐一寻找。

启动 Word 程序后,单击"文件"按钮→"最近所用文件"命令,弹出"最近使用的文档"列表,从中单击要打开的文件,如图 3.13 所示。

图 3.13　"最近使用的文档"列表

2．打开其他文档

打开其他文档的方法如下。

(1) 双击要打开的文档图标。

(2) 右键单击要打开的文档图标,从弹出的快捷菜单中选择"打开"或"编辑"命令。

(3) 单击"文件"按钮→"打开"命令,在"打开"对话框中选择目标文件后,单击"打开"按钮即可。

3.2.6　文档的显示

Word 2010 提供了 5 种文档显示的视图方式,不同的视图方式有着不同的用途,用户可以根据编辑文档的不同用途来切换视图。为了方便用户的编辑,不但提供了窗口拆分功能,将同一文档内容显示在不同的窗口中,而且提供了并排查看功能,将两个不同内容的文档同时显示。

1．文档视图

1) 页面视图

页码视图是仿真文档最终效果的视图,可以直观地对页边距、页眉和页脚、图形对象、分栏、表格等元素进行设置,它的显示效果与打印效果基本相同。

2)阅读版式视图

阅读版式视图采用图书翻阅样式,同时分两屏显示文档内容,适合在浏览文档内容的时候使用。切换到该视图后,不论之前窗口大小,都将自动切换为全屏显示。若要关闭阅读版式视图,单击"阅读版式视图"窗口右上角的"关闭"按钮即可。

3)Web 版式视图

Web 版式视图是使用 Word 编辑网页时采用的视图方式。它模拟 Web 浏览器的显示方式,不管正文如何排列都自动折行以适应窗口。

4)大纲视图

大纲视图是一种缩进文档标题的视图显示方式,广泛用于长文档的快速浏览和设置。可以方便地折叠和展开各种层级的文档,能轻松地编辑文档的整章内容。

5)草稿视图

草稿视图是 Word 2010 新增的一种视图模式,仅显示标题和正文,是最节省计算机系统硬件资源的视图方式。

2. 视图的切换

视图的切换方法如下。

(1)选择"视图"选项卡→"文档视图"组中的相关视图。

(2)在状态栏右侧"视图快捷方式"中单击相关的视图按钮。

3. 显示比例的调整

为了在编辑文档时观察得更加清晰,需要调整文档的显示比例,将文档中内容放大。这里的放大并不是内容本身放大,而是在视觉上变大,打印时仍然是原始大小。调整显示比例的方法如下。

(1)单击"视图"选项卡→"显示比例"组→"显示比例"按钮,弹出"显示比例"对话框,如图 3.14 所示,在"显示比例"选项区中选择需要的比例,或在"百分比"数值框中设置显示比例,单击"确定"按钮。

图 3.14　"显示比例"对话框

（2）在状态栏右侧拖动"显示比例"滑块，如图 3.15 所示。

4. 拆分窗口

图 3.15　状态栏视图区

拆分窗口是将一个文本编辑区拆分成两个，方便用户编辑同一文档前后不同位置的文档内容，拆分的方法如下。

（1）选择"视图"选项卡→"窗口"组→"拆分"命令，此时窗口中出现了一条拆分分界线，拖动鼠标至合适位置处单击，即可将窗口进行拆分，如图 3.16 所示。

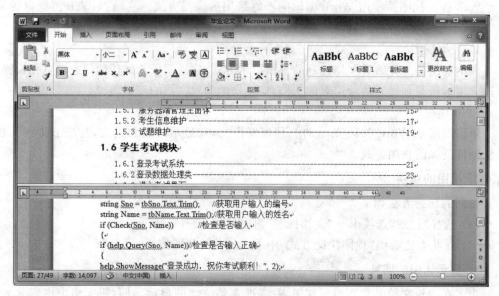

图 3.16　拆分窗口

（2）单击在水平标尺右边的"拆分"按钮，向下拖动到合适位置松开鼠标即可。若要撤销拆分只需双击拆分线或者将拆分分界线拖出文档窗口即可。

5. 并排查看

如果希望将某个文档的内容与另一个文档同时查看，以便于进行对比，可以使用"并排查看"功能。首先需要打开并排查看的文档，选择"视图"选项卡→"窗口"组→"并排查看"命令。如果只有两个文档，可以看到所选择的文档与当前文档同时并排显示，拖动滚动条移动内容时，两个文档同步滚动，如图 3.17 所示；如果有两个以上文档，还会弹出"并排比较"对话框选择需要与当前文档进行比较的多个文档。

3.2.7　办公实战——制作国庆放假通知

1. 案例导读

小乐正在办公室反反复复地巩固 Word 2010 文档的基本操作，这时办公室主任走到小乐身边，告诉她国庆节眼看就要到了，公司需要向客户下发放假通知来告知相关事宜，希望她制作一份国庆放假通知，小乐欣然答应了，心里想着正好活学活用。

该案例涉及的知识点如下：

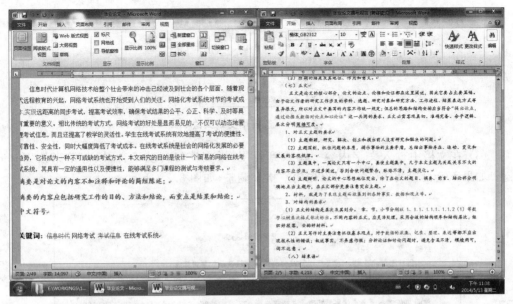

图 3.17　并排比较

（1）创建新文档；

（2）输入文本；

（3）保存文本。

2．案例操作步骤

（1）选择"开始"菜单→"所有程序"→Microsoft Office→Microsoft Word 2010 命令，如图 3.18 所示。启动 Word 2010 后，会自动创建一个空白文档。

图 3.18　启动 Word

（2）单击 Windows 任务栏上的语言栏按钮，选择所需要的中文输入法，如图 3.19 所示。

图 3.19　选择中文输入法

（3）在文档中输入文字内容。输入到行尾时，文档会自动换行，段落结束按 Enter 键。如果不会设置文档格式，可以先用空格来调整，如图 3.20 所示。

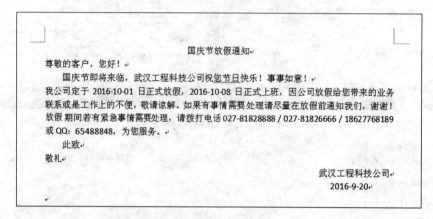

图 3.20　文档内容的输入

（4）文档内容输入完后，必须保存。单击"文件"按钮→"保存"命令，如图 3.21 所示。

图 3.21　"保存"命令

（5）选择"保存"命令后，会弹出"另存为"对话框，在该对话框中选择保存位置为"我的文档"，文件名改为"国庆节放假通知"，保存类型不变，最后单击"保存"按钮完成文档的保存，如图 3.22 所示。

图 3.22　"另存为"对话框

3.3　文本的编辑

3.3.1　文本的编辑操作

文本编辑是指对文档的内容进行移动、复制、删除、查找、替换等操作。在执行这些操作之前,首先要选定操作的内容,然后再执行对应的操作。

1. 文本的选定

在 Word 2010 中,利用鼠标或键盘,可以选定任意长度的文本。其中,被选中的文本均以淡蓝色底色进行标识。

1) 使用鼠标

使用鼠标选定文本操作比较方便。先将光标定位到要选定部分的第一个文字的左侧,然后按住鼠标左键拖动至要选定部分的最后一个文字的右侧,最后松开鼠标左键即可。

2) 使用键盘

Word 2010 提供了一套利用组合键来选定文本的方法,如表 3.1 所示。

表 3.1　选定文本的组合键

键盘快捷键	作　　用	键盘快捷键	作　　用
Shift+→	向右选定一个字符	Shift+←	向左选定一个字符

键盘快捷键	作　用	键盘快捷键	作　用
Shift+↑	向上选定一行	Shift+↓	向下选定一行
Ctrl+Shift+→	向右选定一个单词	Ctrl+Shift+←	向左选定一个单词
Ctrl+Shift+↑	向上选定至段首	Ctrl+Shift+↓	向下选定至段尾
Shift+Home	选定至当前行首	Shift+End	选定至行尾
Shift+PageUp	选定至上一屏	Shift+PageDown	选定至下一屏
Ctrl+ Shift+Home	选定至文档开头	Ctrl+ Shift+End	选定至文档结尾

3）使用选定区

文本选定区在页面左边距以左的区域,在选定区内利用鼠标可以很方便地实现对行和段落的选定操作。

（1）选定一行。在选定区内单击选定箭头所指向的一行。

（2）选定一段。在选定区内双击选定箭头所指向的一段。

（3）选定整篇文档。在选定区内任何位置三击。

4）组合选定

（1）选定一个词。双击该词。

（2）选定一句。先将光标定位在要选定句子的任意位置,然后按住 Ctrl 键,最后单击。

（3）选定连续区域。先将光标定位在要选定区域的起始位置,然后按住 Shift 键,最后在选定区域的结束位置单击。

（4）选定不连续区域。先选定一个区域,然后按住 Ctrl 键,再选定不同的区域。

（5）选定矩形区域。先按住 Alt 键,然后拖动鼠标选择要选定的矩形区域。

（6）选定整篇文档。先将光标移到文本选定区,然后按住 Ctrl 键,最后单击。

2. 文本的移动、复制和删除

1）移动文本

（1）利用鼠标移动。先选定需要移动的文本,接着将鼠标指向该文本区域,然后按下鼠标左键,最后拖动到目标位置后释放鼠标左键。

（2）利用快捷键移动。先选定需要移动的文本,接着按下快捷组合键 Ctrl+X,然后将光标定位到目标位置,最后按下快捷组合键 Ctrl+V。

（3）利用功能区的命令移动。先选定需要移动的文本,接着选择"开始"选项卡→"剪贴板"组→"剪切"命令,然后将光标定位到目标位置,最后选择"开始"选项卡→"剪贴板"组→"粘贴"命令。

（4）利用快捷菜单的命令移动。先选定需要移动的文本,接着将鼠标定位到选定的文本区域内,右键单击,从快捷菜单中选择"剪切"命令,然后将光标定位到目标位置,接着右击,从快捷菜单中选择"粘贴"命令。

2）复制文本

（1）利用鼠标复制。先选定需要复制的文本,接着将鼠标指向该文本区域,然后按住

Ctrl 键,接着按下鼠标左键拖动到目标位置,最后释放鼠标左键和 Ctrl 键。

（2）利用快捷键复制。先选定需要复制的文本,接着按下快捷组合键 Ctrl＋C,然后将光标定位到目标位置,最后按下快捷组合键 Ctrl＋V。

（3）利用功能区的命令复制。先选定需要复制的文本,接着选择"开始"选项卡→"剪贴板"组→"复制"命令,然后将光标定位到目标位置,最后选择"开始"选项卡→"剪贴板"组→"粘贴"命令。

（4）利用快捷菜单的命令复制。先选定需要复制的文本,接着将鼠标定位到选定的文本区域内鼠标右键,从快捷菜单中选择"复制"命令,然后将光标定位到目标位置,接着右击,从快捷菜单中选择"复制"命令。

3）删除文本

（1）删除一个字符。按 BackSpace 键删除光标前的一个字符,按 Delete 键删除光标后的一个字符。

（2）删除较多文本。先选定文本,然后按 Delete 键删除。

3. 选择性粘贴

在 Word 2010 中,当执行完"粘贴"命令后,则会出现"粘贴选项"命令,包括三个命令,如图 3.23 所示。

"保留源格式"命令：被粘贴内容保留原始内容的格式。

"合并格式"命令：被粘贴内容格式为原始内容格式和目标位置格式的合并。

"仅保留文本"命令：被粘贴内容清除原始内容和目标位置的所有格式,仅保留文本。

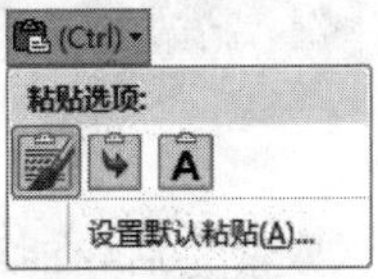

图 3.23　"粘贴选项"命令

4. 撤销和恢复

Word 会自动记录用户执行的每一步操作,在编辑文档的过程中,如果出现误操作,可以使用撤销和恢复操作弥补损失。

1）撤销

（1）撤销单步操作。单击"快速访问工具栏"上的"撤销"按钮或使用组合键 Ctrl＋Z,可以撤销所进行的最后一步操作,逐次单击则可逐步撤销。

（2）同时撤销多步操作。如果要同时撤销多步操作,单击"快速访问工具栏"上"撤销"按钮右边的下拉按钮,打开下拉列表,从中选择要撤销的操作步骤。

2）恢复

恢复操作是撤销操作的逆过程,用于恢复所进行的撤销操作。单击"快速访问工具栏"上的"恢复"按钮或使用组合键 Ctrl＋Y。

5. 查找和替换

使用 Word 提供的查找和替换功能可以快速地在文档中查找到特定内容,或者对某些内容进行替换。

1）查找

查找文本操作步骤如下。

（1）选择"开始"选项卡→"编辑"组→"查找"命令；或者直接使用组合键 Ctrl＋F，都会在文档编辑区左侧弹出"导航"窗格。

（2）在"导航"窗格文本框中输入查找的文本，单击右侧的"搜索"按钮 ，如图 3.24所示。

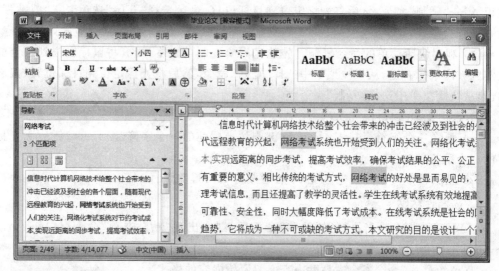

图 3.24 "导航"窗格中的查找

搜索完后，查找到的内容在文本编辑区中会以黄色底色标识，同时也会在导航窗中显示搜寻结果，并以页面或段落等方式来呈现。若要取消查找，在"导航"窗格文本框的右侧单击"取消"按钮 ✖ 即可。

为满足用户更多的查找需求，可以利用高级查找来设置搜索选项和查找格式化文本，操作步骤如下。

（1）单击"开始"选项卡→"编辑"组→"查找"命令右边的下拉按钮，在弹出的下拉菜单中选择"高级查找"命令，弹出"查找和替换"对话框，如图 3.25 所示。

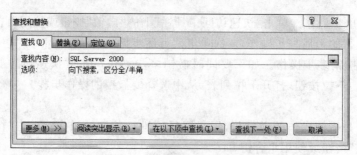

图 3.25 "查找和替换"对话框

（2）在"查找"选项卡的"查找内容"下拉列表中输入需要查找的内容，单击左下角的"更多"按钮。

（3）展开更多区域，如图 3.26 所示，可以在搜索选项区域内选择所需选项。

（4）若查找格式化文本，单击"格式"命令按钮，从下拉菜单中选择"字体"命令，在弹

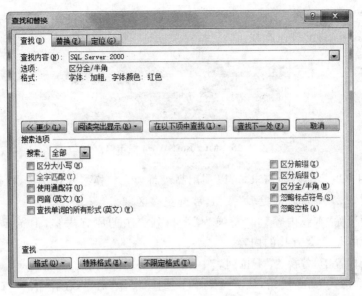

图 3.26　高级查找

出的"查找字体"对话框中根据需要设置,单击"确定"按钮返回"查找和替换"对话框。

（5）单击"查找下一处"按钮,就可查找到满足要求的文本。如果要继续查找,再次单击"查找下一处"按钮。

有时候查找的是特殊格式,例如段落标记,无法在如图 3.26 所示的"查找内容"下拉列表中输入需要查找的内容,可以单击"特殊格式"命令按钮,从下拉菜单中选择所需格式。

2）替换

替换操作就是将当前文档中的指定内容替换为其他内容。替换的操作步骤如下。

（1）选择"开始"选项卡→"编辑"组→"替换"命令,弹出"查找和替换"对话框,如图 3.27 所示。

图 3.27　替换文本

（2）在"替换"选项卡的"查找内容"下拉列表中输入需要查找的内容,在"替换为"下拉列表中输入要替换的内容。

（3）单击"全部替换"按钮,弹出 Microsoft Word 对话框,提示总共替换多少处内容,如图 3.28 所示,单击"确定"按钮完成全部替换。若是对查找到的内容进行有选择的替换,则应单击"查找下一处"按钮逐个查找,找到想要替换的内容时,单击"替换"按钮,否则继续单击"查找下一处"按钮查找。

图 3.28　Microsoft Word 提示信息

为满足用户更多的替换需求,可以利用高级替换来替换格式化文本,操作步骤如下。

(1) 在图 3.27 中,单击"更多"按钮,展开更多区域。

(2) 分别清除"查找内容"和"替换为"下拉列表中的原有内容,将光标置于"查找内容"下拉列表中,输入要查找的内容。

(3) 将光标置于"替换为"下拉列表中,输入要替换的内容。

(4) 单击"格式"命令按钮,从下拉菜单中选择"字体"命令,在弹出的"查找字体"对话框中根据需要设置,单击"确定"按钮返回"查找和替换"对话框,如图 3.29 所示。

单击"全部替换"按钮可全部替换,或单击"替换"按钮一步一步地进行替换。

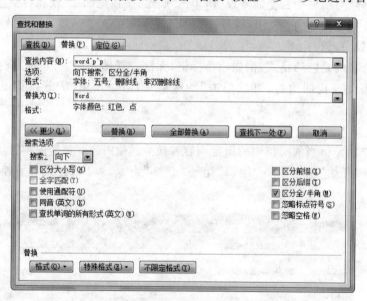

图 3.29　替换格式化文本

有时候替换的是特殊格式,例如段落标记,无法在图 3.29 所示的"替换为"下拉列表中输入需要替换的内容,可以单击"特殊格式"命令按钮,从下拉菜单中选择所需格式。

6. 插入日期和时间

在编辑文档时,经常需要在文档中输入当前的日期和时间,操作步骤如下。

(1) 将光标定位在需要插入日期和时间的位置,选择"插入"选项卡→"文本"组→"日期和时间"命令,弹出"日期和时间"对话框,如图 3.30 所示。

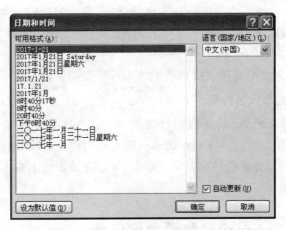

图 3.30　"日期和时间"对话框

（2）在该对话框的列表中选择要插入的日期和时间的格式，单击"确定"按钮。

若插入的日期和时间随着当前计算机的时间自动更新，需要选中如图 3.30 所示的"自动更新"复选框。

7.　自动更正

在输入文本的过程中，经常需要输入一些固定的短语或句子，逐字输入费时费力。此时可使用"自动更正"功能来简化操作，操作步骤如下。

（1）选择"插入"选项卡→"符号"组→"符号"命令，在弹出的下拉面板中选择"其他符号"，弹出"符号"对话框，单击"符号"选项卡左下角的"自动更正"按钮，打开如图 3.31 所示的"自动更正"对话框。

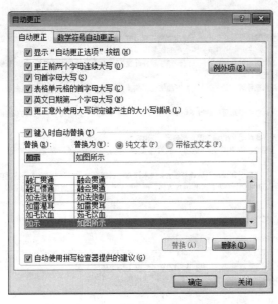

图 3.31　"自动更正"对话框

（2）在"替换"文本框中输入需要替换掉的文字，在"替换为"文本框中输入替换后的文字，并单击"添加"按钮即可在列表框中看到刚添加的文字。同时"添加"按钮转成"替换"按钮。

设置完成后，输入文字后按空格键或继续输入后续文字，即会被自动替换。

8. 自动拼写检查和语法检查

用户输入或编辑文档时，若文档中包含与 Word 2010 自身词典不一致的单词或词语，则该单词与词语用红色波浪下划线表示可能有拼写错误，或者用绿色波浪下划线表示可能有语法错误。若要更正拼写或者语法错误，可以在波浪线上右击，在弹出的快捷菜单中选择一个正确的拼写方式。

3.3.2 办公实战——修改整理会议记录

1. 案例导读

一天，办公室主任交给小乐一份有关会议记录的电子文档，告诉小乐该文档还没有完全整理出来，希望她在今天下班之前整理好。小乐打开文档，开始认真地对文档进行修改和整理。文档内容如图 3.32 所示。

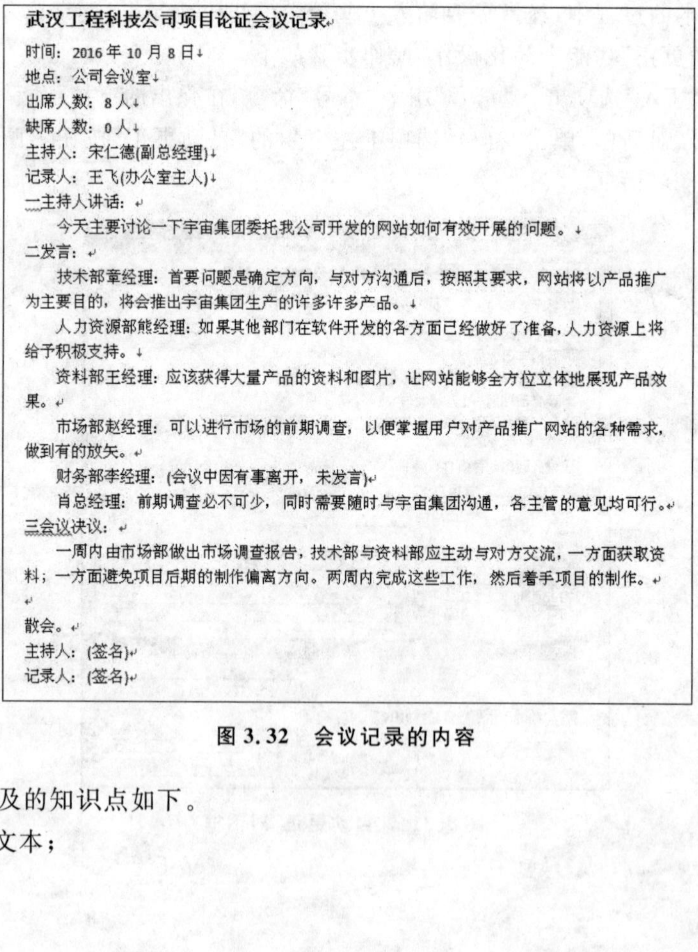

武汉工程科技公司项目论证会议记录

时间：2016 年 10 月 8 日

地点：公司会议室

出席人数：8 人

缺席人数：0 人

主持人：宋仁德(副总经理)

记录人：王飞(办公室主人)

一主持人讲话：

今天主要讨论一下宇宙集团委托我公司开发的网站如何有效开展的问题。

二发言：

技术部韦经理：首要问题是确定方向，与对方沟通后，按照其要求，网站将以产品推广为主要目的，将会推出宇宙集团生产的许多许多产品。

人力资源部能经理：如果其他部门在软件开发的各个方面已经做好了准备，人力资源上将给予积极支持。

资料部王经理：应该获得大量产品的资料和图片，让网站能够全方位立体地展现产品效果。

市场部赵经理：可以进行市场的前期调查，以便掌握用户对产品推广网站的各种需求，做到有的放矢。

财务部李经理：(会议中因有事离开，未发言)

肖总经理：前期调查必不可少，同时需要随时与宇宙集团沟通，各主管的意见均可行。

三会议决议：

一周内由市场部做出市场调查报告，技术部与资料部主动与对方交流，一方面获取资料；一方面避免项目后期的制作偏离方向。两周内完成这些工作，然后着手项目的制作。

散会。

主持人：(签名)

记录人：(签名)

图 3.32　会议记录的内容

该案例涉及的知识点如下。

（1）选择文本；

（2）删除、移动、复制文本；

（3）查找和替换文本。

2. 案例操作步骤

（1）首先设置会议记录的标题格式。将鼠标移到第一行"武汉工程科技公司……"左边选定区，然后单击选中该行，将鼠标移向半透明的浮动工具栏，单击"居中"按钮时该行居中，如图 3.33 所示。

图 3.33　标题居中

（2）接着进行连续文本区域的选择。先将光标定位到要选定区域的第一个文字的左侧，然后按住鼠标左键，拖动至要选定部分的最后一个文字的右侧，如图 3.34 所示。

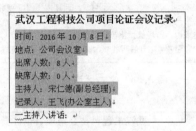

图 3.34　文本区域的选择

（3）将鼠标移向半透明的浮动工具栏，单击"倾斜"按钮，如图 3.35 所示。

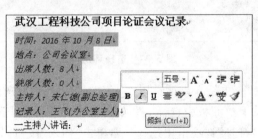

图 3.35　文本区域内容倾斜

（4）接着进行不连续文本区域的选择。将鼠标移到"一主持人讲话："左边选定区，然后单击选中该行，按住 Ctrl 键，再用同样的方法选中另外两行"二发言："和"三会议决定："，释放 Ctrl 键，将鼠标移向半透明的浮动工具栏，单击"加粗"按钮，如图 3.36 所示。

（5）接着进一步检查文档内容，对其进行修改。在"记录人：王飞（办公室主人）"上用鼠标双击词组"主人"，会选中词组"主人"，如图 3.37 所示，按 Delete 键删除词组"主人",接着输入"主任"。

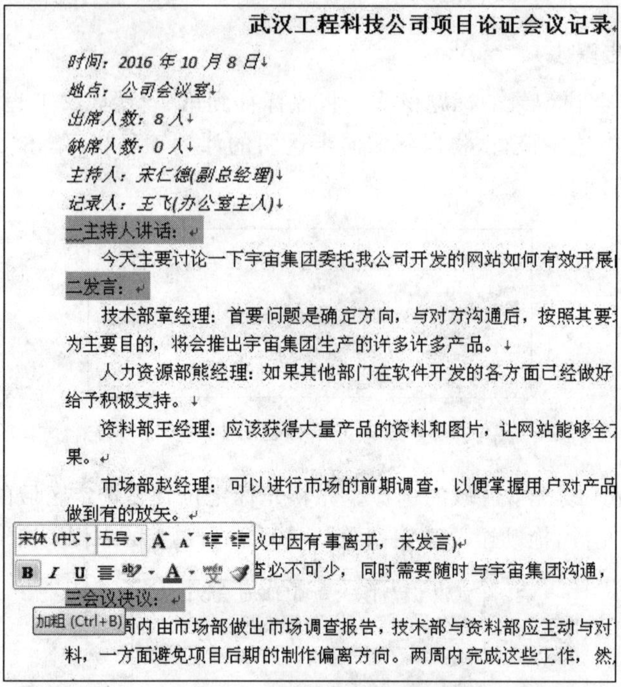

武汉工程科技公司项目论证会议记录

时间：2016 年 10 月 8 日
地点：公司会议室
出席人数：8 人
缺席人数：0 人
主持人：宋仁德(副总经理)
记录人：王飞(办公室主人)
一主持人讲话：
　　今天主要讨论一下宇宙集团委托我公司开发的网站如何有效开展
二发言：
　　技术部章经理：首要问题是确定方向，与对方沟通后，按照其要
为主要目的，将会推出宇宙集团生产的许多许多产品。
　　人力资源部熊经理：如果其他部门在软件开发的各个方面已经做好
给予积极支持。
　　资料部王经理：应该获得大量产品的资料和图片，让网站能够全ス
果。
　　市场部赵经理：可以进行市场的前期调查，以便掌握用户对产品
做到有的放矢。

宋体(中)· 五号 · A⁺ A⁻ 详 详　议中因有事离开，未发言)
B *I* U ≡ ᵃᵇ · **A** · 💥 ✏　查必不可少，同时需要随时与宇宙集团沟通，
三会议决议：
加粗 (Ctrl+B) 周内由市场部做出市场调查报告，技术部与资料部应主动与对
料，一方面避免项目后期的制作偏离方向。两周内完成这些工作，然，

图 3.36　文本区域内容加粗

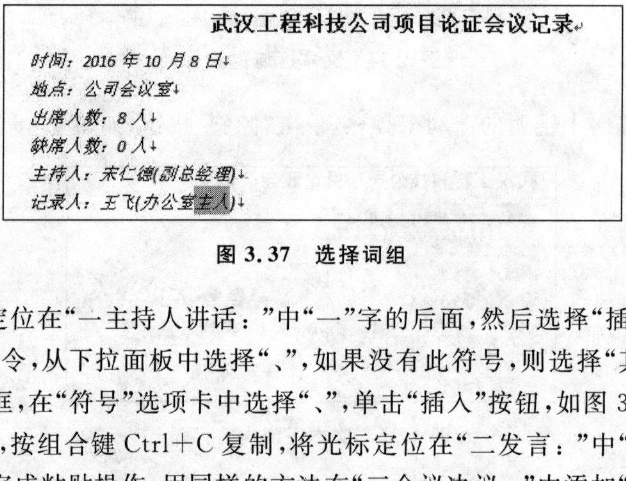

武汉工程科技公司项目论证会议记录

时间：2016 年 10 月 8 日
地点：公司会议室
出席人数：8 人
缺席人数：0 人
主持人：宋仁德(副总经理)
记录人：王飞(办公室主人)

图 3.37　选择词组

（6）将光标定位在"一主持人讲话："中"一"字的后面，然后选择"插入"选项卡→"符号"组→"符号"命令，从下拉面板中选择"、"，如果没有此符号，则选择"其他符号"命令会弹出"符号"对话框，在"符号"选项卡中选择"、"，单击"插入"按钮，如图 3.38 所示。

（7）选中"、"，按组合键 Ctrl+C 复制，将光标定位在"二发言："中"二"字的后面，按组合键 Ctrl+V 完成粘贴操作，用同样的方法在"三会议决议："中添加"、"。

（8）若将市场部赵经理的发言放在技术部章经理之前，要用到移动和粘贴操作。将鼠标移到"市场部赵经理：……."这段的左侧选定区，然后双击选中该段，按组合键 Ctrl+X 剪切。

（9）将光标定位在"技术部章经理：……."这段的开头，接着按组合键 Ctrl+V 完成粘贴操作。

（10）进一步检查文档内容，发现文档中有很多手动换行符"↓"，这不利于文档的

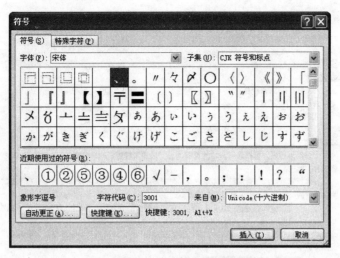

图 3.38 "符号"对话框

编辑排版,需要替换成段落标记。选择"开始"选项卡→"编辑"组→"替换"命令,弹出 "查找和替换"对话框,单击"更多"按钮,展开更多区域。清除"查找内容"下拉列表中 的原有内容,单击"特殊格式"命令按钮,从下拉菜单中选择"手动换行符"命令,如图 3.39 所示。

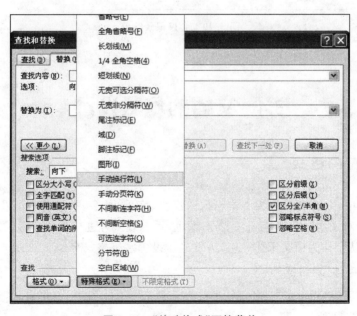

图 3.39 "特殊格式"下拉菜单

(11) 清除"替换为"下拉列表中的原有内容,单击"特殊格式"命令按钮,从下拉菜单 中选择"段落标记"命令,单击"全部替换",弹出提示对话框,单击"是"按钮。修改后的会 议记录终稿如图 3.40 所示。

武汉工程科技公司项目论证会议记录

时间：2016 年 10 月 8 日

地点：公司会议室

出席人数：8 人

缺席人数：0 人

主持人：宋仁德(副总经理)

记录人：王飞(办公室主任)

一、主持人讲话：

今天主要讨论一下宇宙集团委托我公司开发的网站如何有效开展的问题。

二、发言：

市场部赵经理：可以进行市场的前期调查，以便掌握用户对产品推广网站的各种需求，做到有的放矢。

技术部章经理：首要问题是确定方向，与对方沟通后，按照其要求，网站将以产品推广为主要目的，将会推出宇宙集团生产的许多许多产品。

人力资源部熊经理：如果其他部门在软件开发的各方面已经做好了准备，人力资源上将给予积极支持。

资料部王经理：应该获得大量产品的资料和图片，让网站能够全方位立体地展现产品效果。

财务部李经理：(会议中因有事离开，未发言)

肖总经理：前期调查必不可少，同时需要随时与宇宙集团沟通，各主管的意见均可行。

三、会议决议：

一周内由市场部做出市场调查报告，技术部与资料部应主动与对方交流，一方面获取资料；一方面避免项目后期的制作偏离方向。两周内完成这些工作，然后着手项目的制作。

散会。

主持人：(签名)

记录人：(签名)

图 3.40　会议记录终稿

3.4　文档的格式设置

3.4.1　字符的格式

在 Word 中，字符是指作为文本输入的汉字、字母、数字、标点符号以及特殊符号等。字符格式是指对文本的字体、字形、字号、颜色、动态效果等进行设置。

Word 默认字体为中文宋体、字号为五号。设置字符格式有如下方法。

1. 使用“字体”对话框

先选中文字，然后单击“开始”选项卡→“字体”组右下角的对话框启动器，打开“字体”对话框，如图 3.41 所示。

该对话框中包含以下设置。

(1) 字体选项卡：设置“中文字体”“西文字体”“字形”“字号”“字体颜色”“下划线线型”“字体效果”以及其他修饰效果等，对话框下方的“预览”区中可以看到字体设置后的预览效果。

(2)“高级”选项卡：设置字符的“间距”“缩放”“位置”等，如图 3.42 所示。

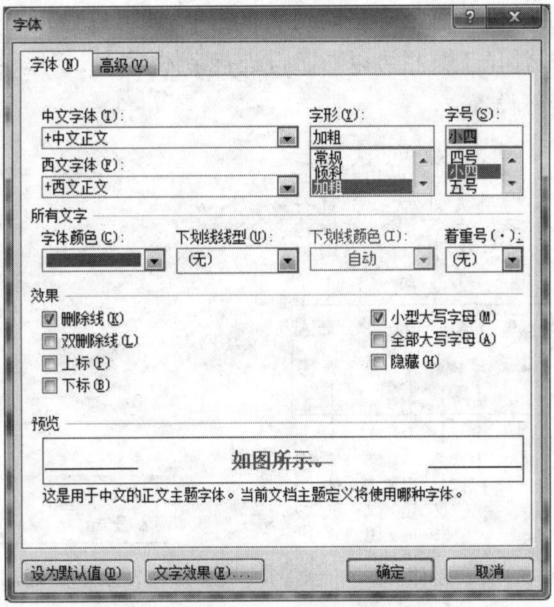

图 3.41　"字体"对话框

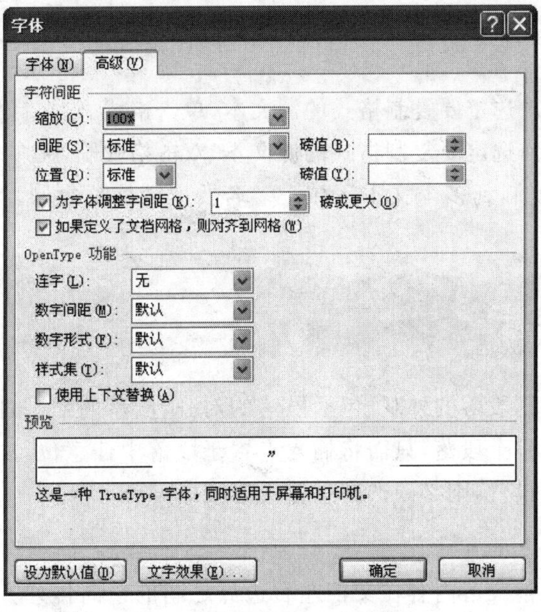

图 3.42　"高级"选项卡

2. 使用"字体"组

先选中文字,然后单击"开始"选项卡→"字体"组中提供的常用功能按钮,如图 3.43 所示,可以对字符进行字体、字号、字形、颜色等设置。

3. 使用浮动工具栏

浮动工具栏使用户更加方便快捷地设置字符的格式。用鼠标选中文本后,会自动弹出一个半透明的浮动工具栏,将鼠标移动到工具栏上,就可以显示出完整的浮动工具栏,如图 3.44 所示。通过浮动工具栏可以对字符进行字体、字号、字形、字体颜色、突出显示、缩进级别和项目符号等设置。

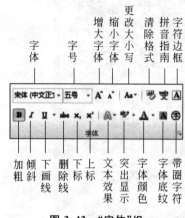

图 3.43 "字体"组

图 3.44 浮动工具栏

4. 使用"格式刷"

利用"格式刷"可以快速地将设置好的文本格式复制到其他文本中。"格式刷"使用方法如下。

(1) 单击格式刷。选定要复制格式的源文本,单击格式刷,在目标文本上拖动鼠标。

(2) 双击格式刷。选定要复制格式的源文本,双击格式刷,在多个目标文本上拖动鼠标,可以将选定格式复制到多个文本区域上。若要取消格式复制,再次单击格式刷或按Esc 键即可。

3.4.2 段落的格式

段落格式用于控制段落的外观,包括段落的对齐、段落的缩进,段落的间距等。设置段落格式时不必选定整个段落,只需将插入点置于段落中任意位置即可。如果需要同时对多个段落进行排版设置,则必须选中这些段落。

1. 段落的对齐

段落对齐方式是指段落内容在文档左右边界之间的横向排列方式,段落对齐方式共有如下 5 种。

(1) 左对齐:将段落与文档的左边界对齐。

(2) 居中:将段落与文档的中心对齐。

(3) 右对齐:将段落与文档的右边界对齐。

(4) 两端对齐:段落中除最后一行外,其他行文本的左右两端与文本的左右边界对齐。

(5) 分散对齐:将段落中所有文本的左右两端与文本的左右边界分散对齐。

设置段落对齐的方法如下。

1）使用"段落"对话框

操作步骤如下。

（1）先选中要设置对齐的段落，单击"开始"选项卡→"段落"组右下角的对话框启动器，打开"段落"对话框。

（2）选择"缩进和间距"选项卡，在"常规"选项区中，选择"对齐方式"下拉列表中的对齐方式，如图 3.45 所示。设置完成后，单击"确定"按钮。

2）使用"段落"组中的功能按钮

段落的 5 种对齐方式如图 3.46 所示。

图 3.45　"对齐方式"列表

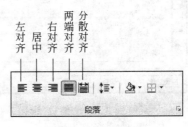

图 3.46　"段落"组

2. 段落的缩进

段落的缩进指的是文本与页边距之间的距离。段落缩进共有 4 种，分别如下。

（1）首行缩进：段落的第一行向右缩进，其余行不缩进。

（2）悬挂缩进：段落的首行不缩进，其余行缩进。

（3）左缩进：将段落整体向左缩进。

（4）右缩进：将段落整体向右缩进。

设置段落缩进的方法如下。

1）使用"段落"对话框

操作步骤如下。

（1）选中需要设置缩进的段落，单击"开始"选项卡→"段落"组右下角的对话框启动器，打开"段落"对话框。

（2）选择"缩进和间距"选项卡，在"缩进"选项区中，在"左侧"和"右侧"数值框中输入要设置的数值或者单击微调按钮进行设置。

（3）在"特殊格式"下拉列表中选择其他缩进方式，在"磅值"数值框中输入要设置的数值或者单击微调按钮进行设置，如图 3.47 所示。设置完成后，单击"确定"按钮。

2）使用"段落"组中的功能按钮

在"段落"组中提供了两个缩进命令，如图 3.48 所示。利用这两个功能按钮可以增加或减少段落的缩进量。

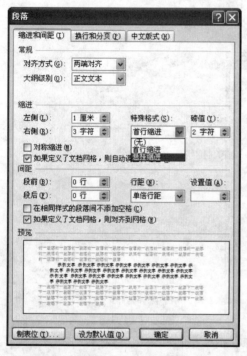

图 3.47 "缩进"设置

图 3.48 "缩进"命令

3）使用标尺

利用标尺可以比较直观简便地设置段落的缩进距离。在标尺栏中有 4 个小滑块，分别代表了 4 种缩进方式，通过移动这些缩进标记可改变段落的缩进方式，如图 3.49 所示。

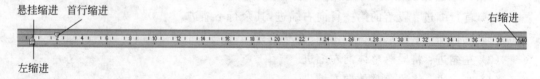

图 3.49 缩进标记

3. 段落间距

段落间距指的是段落与段落之间的距离，操作步骤如下。

选中需要设置段落间距的段落，单击"开始"选项卡→"段落"组右下角的对话框启动器,弹出"段落"对话框,在"间距"选项区中,在"段前"和"段后"数值框中输入要设置的数值或者单击微调按钮进行设置,如图 3.50 所示。单击"确定"按钮。

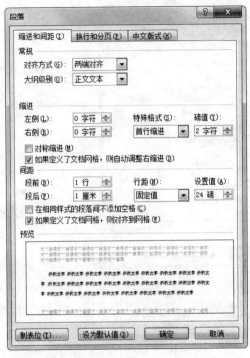

图 3.50　"间距"设置

4. 行间距

行间距指的是一个段落中行与行之间的距离。设置行间距的方法如下。

1）使用"段落"对话框

选中需要设置行距的段落,单击"开始"选项卡→"段落"组右下角的对话框启动器,弹出"段落"对话框,在"间距"选项区中,单击"行距"下拉列表选择行距样式,在"设置值"数值框中输入要设置的数值或者单击微调按钮进行设置,如图 3.51 所示,设置完成后,单击"确定"按钮。

2）使用"段落"组中的功能按钮

单击"开始"选项卡→"段落"组中的"行距"按钮,在下拉菜单中进行选择,如图 3.52 所示。

3.4.3　制表符和制表位

制表位能够实现在同一行中存在多种对齐方式,并且能使同一列数据对齐。如果设置了制表位,输入文字时可以按一次 Tab 键将光标移动到下一个制表位的位置。

1. 制表符的类型

制表位是文字对齐的位置,而制表符则能形象地表示文字在制表位置上的对齐方式,制表符的类型如下。

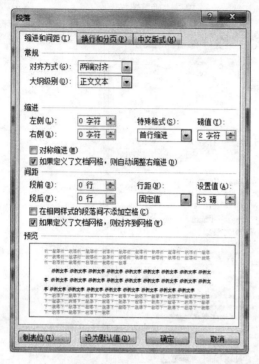

图 3.51 "行距"设置　　　　　　图 3.52 "行距"下拉菜单

（1） ⅃（左对齐）：从制表位开始向右扩展文字。

（2） ⅃（居中对齐）：使文字在制表位处居中。

（3） ⅃（右对齐）：从制表位开始向左扩展文字。文字填满制表位左边的空白后，会向右扩展。

（4） ⅃（小数点对齐）：在制表位处对齐小数点。文字或没有小数点的数字会向制表位左侧扩展。

（5） ⎢（竖线对齐）：这不是真正的制表符，其作用是在段落中该位置的各行中插入一条竖线，以构成表格的分隔线。

2. 设置制表位

设置制表位的方法如下。

1） 使用标尺

在水平标尺的左端有一个"制表符"切换按钮⅃，默认情况下的制表符是左对齐，单击"制表位"按钮可以在制表符间进行切换。使用标尺可以方便快捷地设置，操作步骤如下。

（1） 单击"制表位"按钮，选中需要的制表符类型。

（2） 在标尺中单击想要设置制表位的位置，设置一个制表位。重复前两步，直到完成所有制表位的设置，如图 3.53 所示。

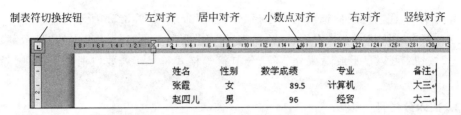

图 3.53　制表符设置示例

2）使用"制表位"对话框

如果想精确设置制表位，或要设置带前导字符的制表位，可使用"制表位"对话框来完成，操作步骤如下。

（1）将光标置于要设置制表位的位置，单击"开始"选项卡→"段落"组对话框启动器，打开"段落"对话框，单击左下角的"制表位"按钮，弹出如图 3.54 所示的对话框。

图 3.54　"制表位"对话框

（2）在"制表位位置"列表框中输入一个制表位位置，在"对齐方式"选项区中指定此制表位上文本的对齐方式；如果要填充制表位左侧的空格，可在"前导符"选项区选择制表位的前导字符。单击"设置"按钮，完成一个制表位的设置。

（3）重复前两步，直到完成所有制表位的设置。

3. 调整和取消制表位

直接在标尺上拖动制表位符号，就可以调整制表位的位置。要删除某个制表位，只要把该制表位符号拖离水平标尺即可；或者使用"制表位"对话框，在"制表位位置"框中指定要删除的制表位，然后单击"清除"按钮。

3.4.4　分页、分栏和分节

1. 插入分页符

插入分页符后，可以将文档中插入分页符以后的内容安排到下一页。首先将光标定位在要进行分页的位置，然后选择"页面布局"选项卡→"页面设置"组中的"分隔符"命令，弹出下拉菜单,在"分页符"选项区中选择"分页符"命令,如图 3.55 所示。

分页符在默认状态下是看不见的,单击"开始"选项卡→"段落"组中的"显示/隐藏编辑标记"按钮 ⁙ 可以显示或隐藏分节符、分节符等格式符号。若要取消分页符,删除分节符即可。

2. 插入分栏符

分栏是排版的一种形式,常见于报纸杂志,是将文档中的文本分成两栏或多栏的编辑方法。操作步骤如下。

(1)选中准备进行分栏排版的文本,单击"页面布局"选项卡→"页面设置"组中"分栏"按钮,在弹出的下拉菜单中选择需要使用的分栏样式,如图 3.56 所示,或者单击"更多分栏"选项,在弹出的"分栏"对话框中进一步设置,如图 3.57 所示。

图 3.55 "分隔符"下拉菜单

图 3.56 "分栏"下拉菜单

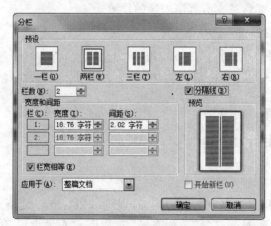

图 3.57 "分栏"对话框

（2）在"预设"选项区中选择分栏样式，在"宽度和间距"选项区，设置每栏宽度及栏间间隔。若要在每栏之间添加分隔线，需要勾选"分隔线"复选框。

若要取消分栏，首先将光标定位在已经分栏的文本中，然后在图 3.56 中选择"一栏"命令，或者在图 3.57"预设"选项区中选择"一栏"，最后单击"确定"按钮。

3. 插入分节符

文档在默认状态下只有一节，如果需要在同一文档中设置不同的节格式，就需要插入分节符将文档分成多节，不同节可以设置成不同的节格式。例如，在同一文档中需要插入不同的页眉和页脚，必须分节才能实现。

Word 中有 4 种不同的分节符，分别如下。

（1）下一页：使新的一节从新的一页开始。

（2）连续：使当前节与下一节共存于同一页中。

（3）偶数页：使新的一节从下一个偶数页开始。如果下一页是奇数页，那么此页将保持空白。

（4）奇数页：使新的一节从下一个奇数页开始。如果下一页是偶数页，那么此页将保持空白。

若要取消分节，删除分节符即可。插入分节符的操作步骤如下。

（1）将光标定位在需要插入分节符的位置。

（2）选择"页面布局"选项卡→"页面设置"组中的"分隔符"命令，弹出下拉菜单，在"分节符"选项区中选择需要插入的分节符。

3.4.5 项目符号和编号

为了使叙述更有层次性，常常需要给一组段落添加项目符号或编号。使用项目符号和编号可以准确地表达内容的并列关系、从属关系以及顺序关系等。

1. 添加项目符号和编号

选中需要添加项目符号或编号的段落，单击"开始"选项卡→"段落"组中的"项目符号"命令或"编号"命令右边的下拉按钮，弹出下拉菜单，从中选择合适的项目符号或编号，如图 3.58 所示。

2. 更改项目符号和编号

对于已经插入的项目符号或编号列表，可以对其进行修改以适应排版要求。选中需要修改的项目符号或编号的段落，单击"开始"选项卡→"段落"组中的"项目符号"命令或"编号"命令右边的下拉按钮，弹出下拉菜单，从中选择合适的项目符号或编号，如图 3.59 所示。

3. 设置多级列表

多级列表就是类似于图书目录或是毕业论文中用到的形如"1.1""1.1.1"等逐段缩进形式，可选择"开始"选项卡→"段落"组中的"多级列表"命令来设置，如图 3.60 所示。常配合 Tab 键和 Alt＋BackSpace 组合键使用，Tab 键用于编号升级，Alt＋BackSpace 组合键用于编号降级。

图 3.58 "项目编号"下拉菜单

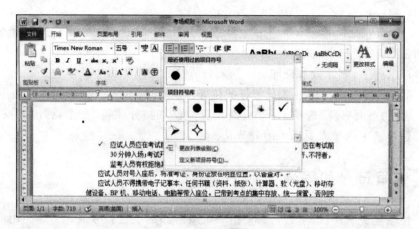

图 3.59 更改"项目符号"

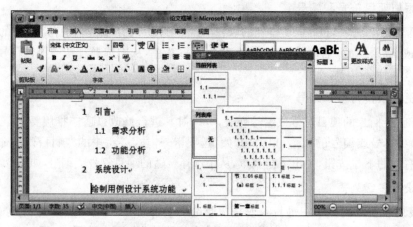

图 3.60 "多级列表"下拉菜单

4. 删除项目符号和编号

对于已不再使用的项目符号和编号,可以将其删除。选中要删除的项目符号或编号的段落,单击"开始"选项卡→"段落"组中的"项目符号"按钮或"编号"命令,就会删除该项目符号或编号;或者是将光标定位在要删除的项目符号或编号的后面,按 BackSpace 键即可。

3.4.6　边框和底纹

为了起到强调或者美化的作用,可以为文字、段落、页码等添加边框和底纹。

1. 设置边框

1) 给文字加单线框

选中需要添加单线框的文字,选择"开始"选项卡→"字体"组中的"字符边框"命令 Ａ 即可。若要取消添加的单线边框,首先选择添加了单线框的文字,然后单击"字符边框"命令即可。

2) 给文字或段落加边框

前一种方法中只能对文字添加单线框,如果需要设置其他样式的边框,操作步骤如下。

(1) 选中需要加边框的文字或段落。

(2) 单击"开始"选项卡→"段落"组中的"边框和底纹"命令右边的下拉按钮,在弹出的下拉菜单中选择列表底部的"边框和底纹"命令,弹出"边框和底纹"对话框,如图 3.61 所示。

图 3.61　"边框和底纹"对话框

(3) 选择"边框"选项卡,在"设置"选项区中选择边框的形式;在"样式"列表框中选择需要的边框样式;在"颜色"和"宽度"下拉列表中设置边框的颜色和宽度;在"应用于"下拉列表中选择边框应用的对象。设置完后,可以在预览区观看设置效果,最后单击"确定"按钮即可。

　　若要取消给文字或段落添加的边框,首先选择添加了边框的文字或段落,然后在图 3.61 中选择"设置"选项区的"无"选项,单击"确定"按钮即可。

　　3)给页面加边框

　　页面边框是为文档的页面添加框,这样可以使文档更加整洁美观。

　　选择"页面布局"选项卡→"页面背景"组中的"页面边框"命令,弹出"边框和底纹"对话框,选择"页面边框"选项卡,根据需要进行设置和预览,如图 3.62 所示。若要取消页面边框,在图 3.62 中选择"设置"选项区的"无"选项,单击"确定"按钮即可。

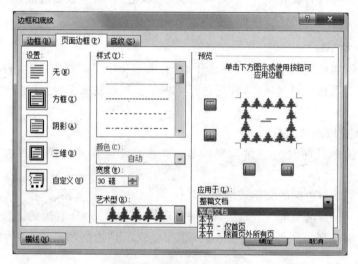

图 3.62　"页面边框"选项卡

2. 设置底纹

　　选中需要添加底纹的文本或段落,同上方法打开"边框和底纹"对话框,选择"底纹"选项卡进行设置,如图 3.63 所示。若要取消给文字或段落添加的底纹,首先选择添加了底

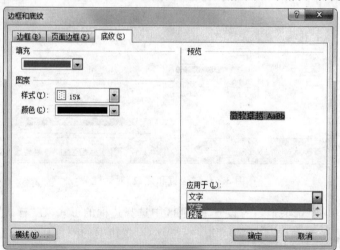

图 3.63　"底纹"选项卡

纹的文字或段落,然后在图 3.63 中从"填充"下拉列表中选择"无颜色",从"样式"下拉列表中选择"清除",单击"确定"按钮即可。

3.4.7　特殊版式

在 Word 2010 中还有许多特殊版式,使用时技巧性很强,在编辑 Word 时经常用到。

1. 首字下沉

首字下沉是指将段落的第一行第一个字的字号变大,并且向下移动一定的距离,段落的其他部分保持不变,在报刊中经常可以看到。设置首字下沉的步骤如下。

(1) 选中要设置首字下沉的段落;或者将光标定位在该段的任何位置。

(2) 选择"插入"选项卡→"文本"组中的"首字下沉"命令,从弹出的下拉菜单中选择需要使用的"下沉"或"悬挂"命令,如图 3.64 所示。如果需要更详细的设置,选择"首字下沉选项"命令,弹出"首字下沉"对话框,根据需要进行设置,如图 3.65 所示。

图 3.64　"首字下沉"下拉菜单

图 3.65　"首字下沉"对话框

若需要取消首字下沉,首先将光标定位在设置了首字下沉的段落中的任何位置,然后选择图 3.64 中的"无"命令,或者选择图 3.65 中"位置"选项区的"无"选项即可。

2. 拼音指南

拼音指南是 Word 中为汉字加注拼音的功能,可明确汉字读音。默认情况下拼音会被添加到汉字的上方,且汉字和拼音将被合并成一行。设置拼音指南的步骤如下。

(1) 选中需要添加汉语拼音的汉字。

(2) 选择"开始"选项卡→"字体"组中的"拼音指南"命令变,弹出"拼音指南"对话框,根据需要设置对齐方式、偏移量、字体和字号,如图 3.66 所示。

若需要删除"拼音指南"的格式,选定字符后,在图 3.66 中单击"清除读音"按钮即可。

3. 带圈字符

输入字符后在其外添加一个圈号称为带圈字符。如果是汉字、全角符号、数字或字母,只能选择一个字符;如果是半角的符号、数字或字母,最多可选择两个,多选的将自动被舍弃。设置带圈字符的步骤如下。

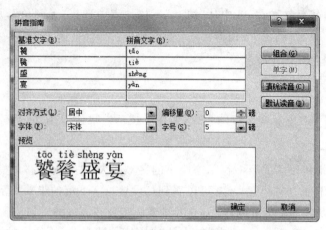

图 3.66 "拼音指南"对话框

（1）选中需要带圈效果的字符。

（2）选择"开始"选项卡→"字体"组中的"带圈字符"命令，弹出"带圈字符"对话框，根据需要设置样式、圈号，如图 3.67 所示。

若要删除字符的圈号样式，选定该字符后，在图 3.67 中的"样式"选项区中选择"无"选项即可。

4. 文字方向

默认的文字排列方向是文字自左向右横向排列，但在请柬和一些仿古书刊中也会使用到竖排文字，这些可以通过调整"文字方向"来实现。设置文字方向的步骤如下。

（1）选择"页面布局"选项卡→"页面设置"组中的"文字方向"命令，弹出"文字方向"下拉菜单，如图 3.68 所示。

图 3.67 "带圈字符"对话框　　　　图 3.68 "文字方向"下拉菜单

（2）在该下拉菜单中选择需要设置的文字方向格式，或者选择"文字方向选项"，弹出

"文字方向-主文档"对话框,如图 3.69 所示。

(3)在该对话框中的"方向"选项组中选择文字方向,在"应用于"下拉列表中选择"所有文字"或"整篇文档"。

按以上步骤设置好文字方向后,就可以输入文本内容了。若要改变文字方向,首先选择需要设置的文字,然后重新设置文字方向即可。

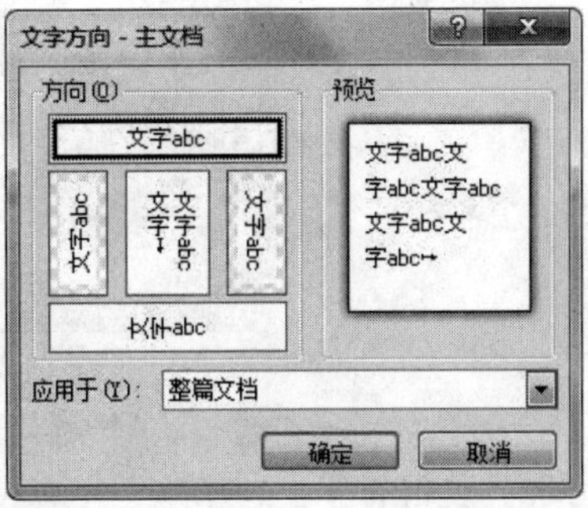

5.中文版式

中文版式可以设置一些特殊的排版效果,如纵横混排、合并字符、双行合一、调整宽度和字符缩放等。

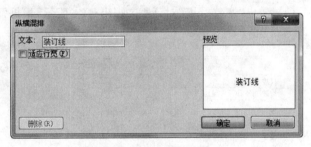

图 3.69 "文字方向-主文档"对话框

1)纵横混排

操作步骤如下。

(1)选中需要纵横混排的文字。

(2)单击"开始"选项卡→"段落"组中的"中文版式"按钮 ,弹出下拉菜单,如图 3.70 所示,从中选择"纵横混排"命令。

(3)弹出"纵横混排"对话框,如图 3.71 所示。若选择的字数较多,在文档中会看不清设置的效果,此时要清除"适应行宽"复选框,单击"确定"按钮后,设置的效果就可以看出来了。

图 3.70 "中文版式"下拉菜单

图 3.71 "纵横混排"对话框

若要取消纵横混排,首先将光标定位在纵横混排处,然后在图 3.71 中单击"删除"按钮即可。

2)合并字符

合并字符功能可以把几个字符集中到一个字符的位置上,操作步骤如下。

(1)选中需要合并字符的文字。

(2)在图 3.70 中选择"合并字符"命令。

(3)弹出"合并字符"对话框,如图 3.72 所示,选择的文字会在"文字"对话框中出现,根据需要设置字体或字号,设置完后,从"预览"区中观看效果,单击"确定"按钮。

若要取消合并字符,首先将光标定位在合并字符处,然后在图 3.72 中单击"删除"按钮即可。

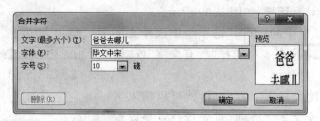

图 3.72 "合并字符"对话框

3) 双行合一

双行合一就是在一行里显示两行文字,操作步骤如下。

(1) 选中需要双行合一的文字。

(2) 在图 3.70 中选择"合并字符"命令。

(3) 弹出"双行合一"对话框,如图 3.73 所示,选择的文字会在"文字"对话框中出现,根据需要勾选"带括号"复选框,设置完后,从"预览"区中观看效果,单击"确定"按钮。

若要取消双行合一,首先将光标定位在双行合一处,然后在图 3.73 中单击"删除"按钮即可。

4) 调整宽度

字符宽度是指字符之间的间距,操作步骤如下。

(1) 选中需要调整宽度的文字。

(2) 在图 3.70 中选择"调整宽度"命令。

(3) 弹出"调整宽度"对话框,如图 3.74 所示,根据需要设置新文字宽度,单击"确定"按钮。

图 3.73 "双行合一"对话框

图 3.74 "调整宽度"对话框

5) 字符缩放

字符缩放是指字符放大或缩小,操作步骤如下。

(1) 选中需要设置字符缩放的文字。

(2) 在图 3.70 中选择"字符缩放"命令。

(3) 弹出级联菜单,在该级联菜单中选择值,或者选择"其他"命令,弹出"字体"对话框,如图 3.75 所示,在"字符间距"选项区中选择"缩放"下拉列表,根据需要选择选项,单击"确定"按钮。

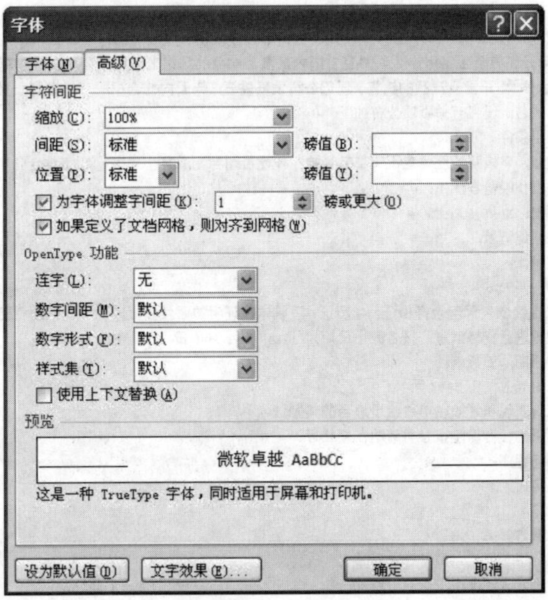

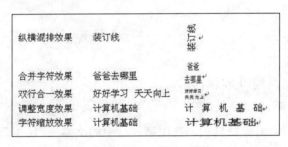

图 3.75　"字体"对话框

5 种中文版式的效果,如图 3.76 所示。

纵横混排效果	装订线
合并字符效果	爸爸去哪里
双行合一效果	好好学习　天天向上
调整宽度效果	计算机基础
字符缩放效果	计算机基础

图 3.76　"中文版式"示例

3.4.8　办公实战——制作招聘简章

1. 案例导读

最近因公司业务发展较好,主管们正在讨论招聘人员的事情。一天,办公室主任交给小乐一个任务,需要她制作一份招聘简章,并把相关材料交给了小乐,要求招聘简章除了文本上表述清楚、准确无误外,在版面格式上的设置应该是清晰的、醒目的、美观的。小乐认真地看了相关材料,写出了招聘简章的内容,如图 3.77 所示,接下来就是排版的问题了。

该案例涉及的知识点如下。

(1) 字符格式;

武汉工程科技公司招聘简章
武汉工程科技公司成立于 2004 年，是宇宙工程科技股份有限公司的核心子公司，注册资本 2.3 亿元，现有员工 800 余人，是目前国内最具影响力的网络工程科技公司，经营范围主要是网络技术开发及产品的销售。现因公司发展需要，特面向社会招聘市场销售员数名、管理人员数名。现将有关事项公布如下。
一、聘用条件
爱岗敬业，有较强的服务意识和奉献精神；能吃苦耐劳，具有全局观念和团结合作精神；
有相关工作经验者优先；
年龄要求：22 周岁以上；
无违法违纪记录；
身体健康。
二、聘任要求
应聘者提供个人简历及身份证、学历证、医院体检证明的原件和复印件一份，公司招聘人员对应聘者进行资格审查。报名截止日期为 2016 年 11 月 1 日。
三、聘任期间的待遇
基本工资为人民币 5000 元
根据工作表现和绩效在年终给予适当的奖励。
受聘期间的社会保险按公司劳动制度执行。
四、聘任程序
个人申请
面试考核
确定拟聘方案
聘任
地址：湖北省武汉市三家路中路 88 号　电话：027-81828888　027-81826666

图 3.77　招聘简章的内容

（2）段落格式；

（3）项目编号；

（4）边框和底纹；

（5）格式刷的使用。

排版后的最终效果如图 3.78 所示。

2. 案例操作步骤

（1）设置招聘简章的标题格式。选中第一行中的文本“武汉工程科技公司”，从浮动工具栏中设置字体为“华文行楷”、字号为“二号”、字体颜色为“红色”，如图 3.79 所示。

（2）选中第一行中的文本“招生简章”，从浮动工具栏中设置字体为“华文细黑”、字号为“小一”、字形为“加粗”，段落对齐方式为“居中”，结果如图 3.80 所示。

（3）为了标题的美观，将“武汉工程科技公司”这几个字符提升位置，使其和“招生简章”四字的顶端对齐。选中“武汉工程科技公司”，单击“开始”选项卡→“字体”组右下角的对话框启动器。

（4）弹出“字体”对话框，选择“高级”选项卡，在“字符间距”选项区中，选择“位置”下拉列表中的“提升”选项，在“磅值”数值框中输入“2 磅”或者单击微调按钮进行设置，如图 3.81 所示，单击“确定”按钮。

（5）不连续选择“一、聘用条件”“二、聘任要求”“三、聘任期间的待遇”“四、聘任程序”这 4 段，设置字体为“宋体”、字号为“四号”、字形为“加粗”、颜色为“深红”。

（6）选中“武汉工程科技公司成立于 2004 年……”这一段，设置字体为“楷体”、字号为“小四”。单击“开始”选项卡→“段落”组右下角的对话框启动器。

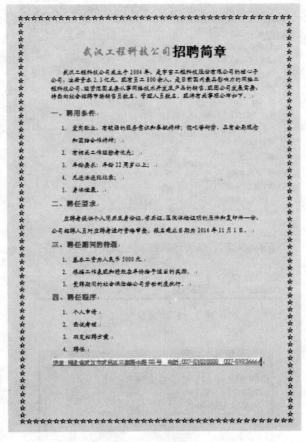

图 3.78　招聘简章

图 3.79　设置字体、字号和颜色

图 3.80　招聘简章标题格式

（7）弹出"段落"对话框，在"特殊格式"下拉列表中选择"首行缩进"，在后面的"磅值"数值框中输入"2 字符"或者单击微调按钮进行设置。在"段前"和"段后"数值框中输入"0.5 行"或者单击微调按钮进行设置，单击"确定"按钮，如图 3.82 所示。

（8）选择"应聘者提供个人简历及身份证……"这一段，设置字体为"楷体"、字号为"小四"，在图 3.82 中设置特殊格式为"首行缩进"，磅值为"2 字符"，行距为"固定值"，设

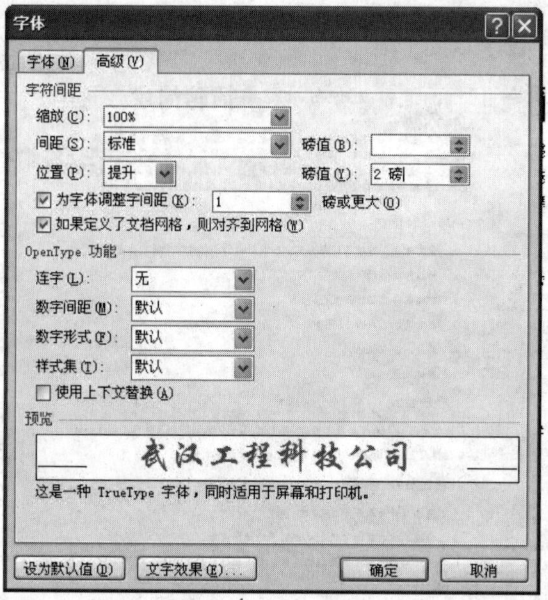

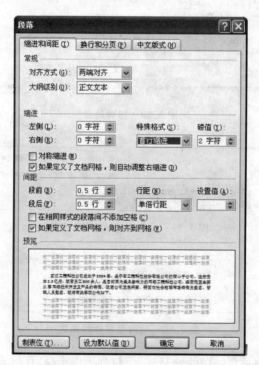

图 3.81　"高级"选项卡

图 3.82　"缩进和间距"选项卡

置值为"24 磅",单击"确定"按钮。

　　(9)选择从"爱岗敬业……"开始到"身体健康。"结束共 5 段,设置字体为"楷体"、字号为"小四",行距为"固定值",设置值为"24 磅"。

(10) 选择“开始”选项卡→“段落”组→“编号”命令，弹出下列菜单，从编号库选项区中选择一种编号格式。

(11) 为了让条理更加清楚，再对选中文本进行缩放设置。选择“开始”选项卡→“段落”组→“增加增量”命令，设置完后如图 3.83 所示。

一、聘用条件
1. 爱岗敬业，有较强的服务意识和奉献精神；能吃苦耐劳，具有全局观念和团结合作精神；
2. 有相关工作经验者优先；
3. 年龄要求：年龄 22 周岁以上；
4. 无违法违纪记录；
5. 身体健康。

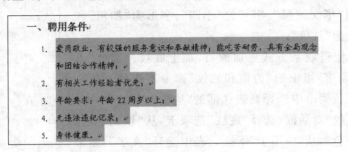

图 3.83　文本缩放结果

(12) 利用“格式刷”将其他的段落设置为与图 3.83 一样的格式。选择“开始”选项卡→“剪贴板”组→双击“格式刷”命令，然后将格式刷从“基本工资为……”开始到“受聘期间的社会保险按公司劳动制度执行。”结束共 3 段的文本上刷一下，再将格式刷从“个人申请”开始到“聘任”结束共 4 段的文本上刷一下，单击“格式刷”命令取消格式复制，结果如图 3.84 所示。

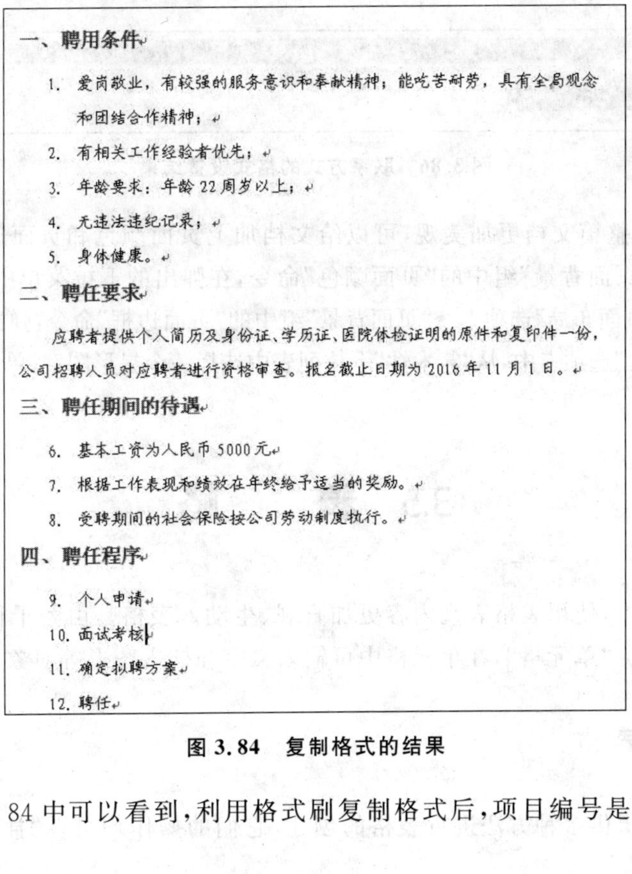

一、聘用条件
1. 爱岗敬业，有较强的服务意识和奉献精神；能吃苦耐劳，具有全局观念和团结合作精神；
2. 有相关工作经验者优先；
3. 年龄要求：年龄 22 周岁以上；
4. 无违法违纪记录；
5. 身体健康。
二、聘任要求
应聘者提供个人简历及身份证、学历证、医院体检证明的原件和复印件一份，公司招聘人员对应聘者进行资格审查。报名截止日期为 2016 年 11 月 1 日。
三、聘任期间的待遇
6. 基本工资为人民币 5000 元
7. 根据工作表现和绩效在年终给予适当的奖励。
8. 受聘期间的社会保险按公司劳动制度执行。
四、聘任程序
9. 个人申请
10. 面试考核
11. 确定拟聘方案
12. 聘任

图 3.84　复制格式的结果

(13) 从图 3.84 中可以看到，利用格式刷复制格式后，项目编号是按照顺序编下去的,若要重新编号,将光标定位在需要重新编号的位置处,例如,将光标定位在编号"6."的后面,单击鼠标右键,从快捷菜单中选择"重新开始于1"命令,如图 3.85 所示。

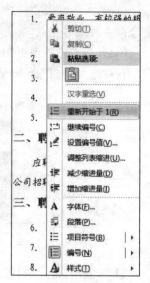

图 3.85　快捷菜单

(14) 对联系方式进行格式设置。选中"地址:……"这一段,设置字体为"华文细黑"、字号为"小四"、字形为"加粗"和"下划线"、颜色为"红色"。

(15) 为了使得联系方式更加醒目,加上底纹。选择"开始"选项卡→"段落"组中的"边框和底纹"命令右边的下拉按钮,在弹出的下拉菜单中选择列表底部的"边框和底纹"命令,弹出"边框和底纹"对话框,选择"底纹"选项卡,从"填充"下拉列表中选择"橙色",从"应用于"下拉列表中选择"文字",结果如图 3.86 所示。

(16) 从图 3.86 中发现,联系方式因为字符较多,自动换行为两行,若只有一行,看起来会美观许多,缩小字符间距可以解决此问题。选中该段,单击"开始"选项卡→"字体"组右下角的对话框启动器,弹出"字体"对话框,打开"高级"选项卡,在"字符间距"选项区中,选择"间距"下拉列表中的"紧缩"选项,在"磅值"数值框中输入"0.3 磅"或者单击微调按钮进行设置。

地址:湖北省武汉市武昌区三家路中路 88 号　电话:027-81828888
027-81826666

图 3.86　联系方式的格式设置结果

(17) 为了让整篇文档更加美观,可以给文档加上页面颜色和页面边框。选择"页面布局"选项卡→"页面背景"组中的"页面颜色"命令,在弹出的下拉菜单中选择"橄榄色"。

(18) 选择"页面布局"选项卡→"页面背景"组中的"页面边框"命令,弹出"边框和底纹"对话框,在"页面边框"选项卡中,从"艺术性"下拉列表中选择一个星形图案,单击"确定"按钮。

3.5　表　　格

在日常办公中,使用表格表现内容更加直观、生动。表格是由若干行和列组成的,行列的交叉区域称为"单元格",在单元格中可输入文字和插入图形等对象。

3.5.1　插入表格

Word 2010 提供多种方法进行表格的创建,它们的操作均可在"插入"选项卡的"表格"组中进行。

1. 使用"表格"菜单

使用"表格"菜单,适合于创建一个少于 8 行 10 列的简单表格,操作步骤如下。

(1) 将光标定位在要建立表格的位置。选择"插入"选项卡→"表格"组中的"表格"命令,弹出下拉菜单,在"插入表格"下方的预设表格中移动鼠标选择合适的行和列,选中表格的行列规模会同步显示在"插入表格"位置,如图 3.87 所示。

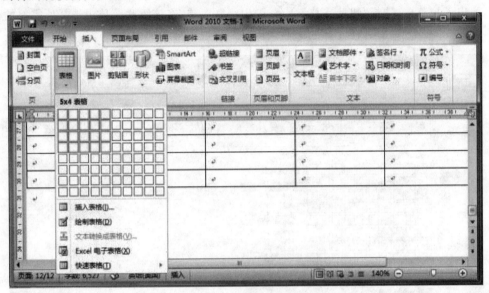

图 3.87　选择表格的行列数

(2) 选定所需的单元格数量后,单击鼠标,即可完成表格的创建。Word 将在光标处插入一个空表格。

2. 使用"插入表格"命令

若要制作更大的表格,需要使用"插入表格"命令,操作步骤如下。

(1) 将光标定位在要建立表格的位置。选择"插入"选项卡→"表格"组中的"表格"命令,弹出下拉菜单,选择"插入表格"命令,弹出"插入表格"对话框,如图 3.88 所示,在"表格尺寸"选项区中根据需要设置行数和列数。

(2) 在"'自动调整'操作"选项区中选择一种定义列宽的方式。

① 固定列宽:给列宽指定一个确切的值,将按指定的列宽创建表格。默认设置为自动,表示表格宽度与正文区的宽度相同。

② 根据内容调整表格:表格列宽随着每一列输入的内容多少而自动调整。

③ 根据窗口调整表格:表格的宽度将与正文区的宽度相同,列宽等于正文区的宽度除以列数。

图 3.88　"插入表格"对话框

（3）若勾选"为新表格记忆此尺寸"复选框，对话框中的设置将成为以后新建表格的默认设置。单击"确定"按钮。

3. 使用表格模板

创建表格及设置格式的工作比较烦琐，Word 提供了表格模板，以便用户快捷制作，操作步骤如下。

（1）将光标定位在要建立表格的位置。选择"插入"选项卡→"表格"组中的"表格"命令，弹出下拉菜单，选择"快速表格"命令，弹出级联菜单，在该级联菜单中选择所需要的模板，如图 3.89 所示，即可在光标处快速插入一个设置了格式的表格。

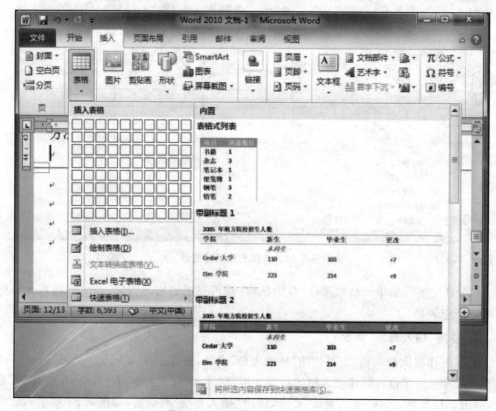

图 3.89　利用模板快速插入表格

（2）将表格模板中各个单元格的数据替换为需要的数据，即可完成表格的创建，如图 3.90 所示。

4. 手工绘制表格

对一些复杂的表格可以使用手工绘制，操作步骤如下。

（1）选择"插入"选项卡→"表格"组中的"表格"命令，弹出下拉菜单，选择"绘制表格"命令，此时鼠标指针呈现铅笔形状。

（2）单击要建立表格的位置，按住鼠标左键并拖动，当到达合适的位置后释放鼠标左键，即可绘制出表格的矩形边框。此时，

项目	所需数目
书籍	1
杂志	3
笔记本	1
便笺簿	1
钢笔	3
铅笔	2
荧光笔	2 色
剪刀	1 把

图 3.90　表格示例

在功能区的最后添加"表格工具"功能区。

（3）拖动鼠标在矩形框中画出从上到下、从左到右或从左上到右下的虚线后释放鼠标，便可自由绘制表格的竖线、横线或斜线。重复上述操作，直到绘制出需要的表格为止，按 Esc 键结束表格绘制。

（4）如果要擦除画错的线条，单击"表格工具"功能区→"设计"选项卡→"绘图边框"组中的"擦除"按钮，鼠标指针变成橡皮擦形状。将鼠标在要擦除的线条上拖动，即可删除该线条，若要退出擦除状态，可再一次单击"擦除"按钮。

3.5.2　编辑表格

为了更好地满足用户的工作需要，Word 提供了多种方法来编辑已经创建的表格。

1. 表格的选定

要对表格进行操作，首先要选定相应的操作对象。表格中的操作对象有单元格、行或列，以及整个表格。选定方法如下。

1）使用"选择"命令

选择"表格工具"功能区→"布局"选项卡→"表"组中的"选择"命令，弹出下拉菜单，下拉菜单中有 4 个菜单命令，如图 3.91 所示。

（1）选择单元格：选中光标所在的单元格。

（2）选择列：选中光标所在的列。

（3）选择行：选中光标所在的行。

（4）选择表格：选中光标所在的整个表格。

2）快捷选定

Word 中提供了多种在表格中直接进行选定的快捷方法。常用的选定方法如下。

（1）选中单元格。将鼠标移到要选定单元格的左侧，当光标变成指向右上方的实心箭头时，单击鼠标左键即可选中该单元格。

（2）选中一行。将鼠标移到要选定行左侧的选定区，当光标变成指向右上方的空心箭头时单击鼠标左键。

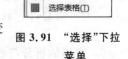

图 3.91　"选择"下拉菜单

（3）选中一列。将鼠标移到要选定列的顶端，当光标变成向下的实心箭头后，单击鼠标左键。

（4）选中连续的单元格区域。选中一个单元格后，不松开鼠标左键，直接拖动鼠标选定连续的单元格区域。

（5）选中连续的几行或几列。选中一行或一列后，不松开鼠标左键，直接拖动鼠标选定连续的多行或多列。

（6）选中不连续的单元格区域。选中一个单元格后，按住 Ctrl 键，再选择其他的单元格区域。

（7）选中不连续的几行或几列。选中一行或一列后，按住 Ctrl 键，再选择其他的行或列。

（8）选择整个表格。单击表格左上角的 ⊞ 按钮，可以选中整个表格。

2. 单元格的拆分与合并

单元格的拆分是把一个单元格拆分为多个单元格。单元格的合并是把相邻的多个单元格合并成一个单元格。

1）拆分单元格

选中要拆分的单元格，选择"表格工具"功能区→"布局"选项卡→"合并"组中的"拆分单元格"命令，弹出"拆分单元格"对话框，如图 3.92 所示，或者在选中的单元格上右键单击，从弹出的快捷菜单中选择"拆分单元格"命令。在"拆分单元格"对话框中，分别在"列数"和"行数"数值框中输入要设置的数值或者单击微调按钮进行设置。若用户选中多个单元格同时进行拆分，可以根据需要选中或取消"拆分前合并单元格"，设置完后，最后单击"确定"按钮。

（1）"拆分前合并单元格"被选中：首先将所有选中的单元格合并成一个单元，然后再根据行列数进行拆分。

（2）"拆分前合并单元格"未选中：对选中的每一个单元格按行列数进行拆分。

2）合并单元格

选中要合并的多个单元格，选择"表格工具"功能区→"布局"选项卡→"合并"组中的"合并单元格"命令，如图 3.93 所示；或者在选中的多个单元格上右键单击，从弹出的快捷菜单中选择"合并单元格"命令。

图 3.92 "拆分单元格"对话框

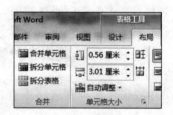

图 3.93 "合并"组

3. 表格的拆分与合并

拆分表格是指将一个表格一分为二拆成两个独立的表格。合并表格是指将两个独立的表格合并成一个表格。

1）拆分表格

首先将光标定位在要成为第二个表格的首行上（任何单元格都可以），选择"表格工具"功能区→"布局"选项卡→"合并"组中的"拆分表格"命令，即可将表拆分成两部分。

如果将光标定位在要拆分表格的第一行中的任一单元格，选择"拆分表格"命令后，则在表格的上方可插入一个空行。

2）合并表格

只需要将两个表格之间的内容删除即可。

4. 单元格、行或列的插入

在制作表格过程中，可以根据需要在表格内插入单元格、行或列。要进行插入操作，先要确定插入位置。

1) 插入单元格

(1) 将光标定位在要插入单元格的位置,或者选中多个单元格。

(2) 单击"表格工具"功能区→"布局"选项卡→"行和列"组右下角的对话框启动器,弹出"插入单元格"对话框,如图 3.94 所示;或者在选中的单元格上右键单击,从弹出的快捷菜单中选择"插入"命令,弹出级联菜单,再选择"插入单元格"命令,也会弹出"插入单元格"对话框。

① 活动单元格右移:在所选单元格的左侧插入新单元格。

② 活动单元格下移:在所选单元格的上方插入新单元格。

③ 整行插入:在所选单元格的上方插入新行。

④ 整列插入:在所选单元格的左侧插入新列。

(3) 选择需要的设置,单击"确定"按钮。

2) 插入行和列

(1) 将光标定位在要插入行(列)的位置,或者要插入几行(列)就选定几行(列)。

(2) 选择"表格工具"功能区→"布局"选项卡→"行和列"组中需要的命令,如图 3.95 所示;或者在选中的行或列上右键单击,从弹出的快捷菜单中选择"插入"命令,弹出级联菜单,选择需要的命令。

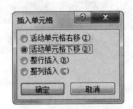

图 3.94　"插入单元格"对话框

图 3.95　"行和列"组

① 在上方插入:在所选行上方添加新行。

② 在下方插入:在所选行下方添加新行。

③ 在左侧插入:在所选列左侧添加新列。

④ 在右侧插入:在所选列右侧添加新列。

在表格中插入行还有其他常用的方法。

(1) 将光标定位在表格某行最后的段落标记之前,接着按 Enter 键,会在该行下方添加一行。

(2) 将光标定位在表格最后一行最后的段落标记之前,接着按 Tab 键,也会在该行下方添加一行。

5. 单元格、行、列、表格的删除

1) 删除行、列或表格

方法如下。

(1) 选中要删除的行(列)或表格,选择"表格工具"功能区→"布局"选项卡→"行和列"组中的"删除"命令,弹出下拉菜单,如图 3.96 所示,选择需要的命令;或者在选中的行

（列）或表格上右键单击，从弹出的快捷菜单中选择需要的命令。

（2）选中要删除的行（列）或表格，按 BackSpace 键。

2）删除单元格

（1）选中要删除的单元格。

（2）在图 3.96"删除"下拉菜单中，选择"删除单元格"命令，弹出"删除单元格"对话框，如图 3.97 所示，或者在选中的单元格上右键单击，从弹出的快捷菜单中选择"删除单元格"命令，也会弹出"删除单元格"对话框。

① 右侧单元格左移：删除选中的单元格并将剩余的单元格左移。

② 下方单元格上移：删除选中的单元格并将剩余的单元格上移。

③ 删除整行：删除所选单元格所在的整行。

④ 删除整列：删除所选单元格所在的整列。

图 3.96 "删除"下拉菜单

图 3.97 "删除单元格"对话框

（3）选择需要的设置，单击"确定"按钮。

6. 绘制斜线表头

在实际工作中，经常会用到斜线表头，在单元格中绘制一个斜线，操作步骤如下。

（1）将光标定位在要绘制斜线的单元格中。

（2）单击"表格工具"功能区→"设计"选项卡→"表格样式"组中"边框"命令右侧的下拉按钮，在弹出的下拉菜单中选择"斜下框线"，如图 3.98 所示。

要绘制多条表头斜线，只能通过插入基本形状来完成。选择"插入"选项卡→"插图"组→"形状"命令→"直线"命令进行绘制，如图 3.99 所示。

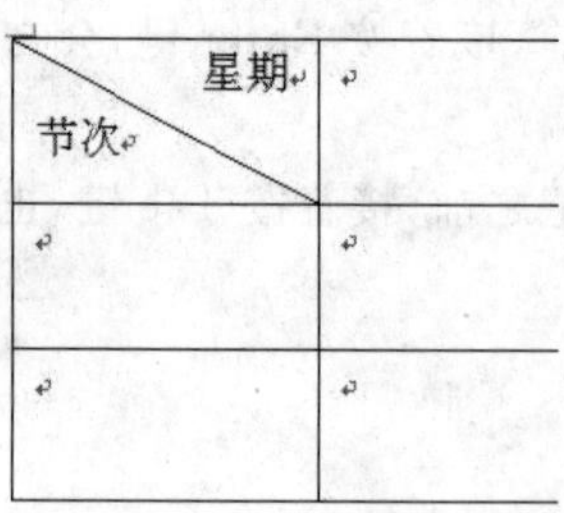

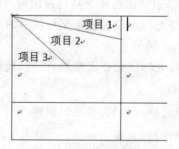

图 3.98 绘制单斜线表头

图 3.99 绘制多斜线表头

7. 输入和编辑文本

表格是由若干个单元格组成的,在表格中输入和编辑文本,实际上就是在单元格中输入和编辑文本。

1) 在表格中移动光标

用鼠标左键在单元格上单击,就可以将光标定位在单元格中。可以使用快捷键在相邻单元格中移动光标,如表 3.2 所示。

表 3.2　表格中文本选定方式

键盘快捷键	作　用	键盘快捷键	作　用
Tab	移到同一行下一个单元格中	Shift＋Tab	移到同一行前一个单元格中
↑	移到上一行	↓	移到下一行
Alt＋PageUp	移到表格的首行尾部	Alt＋PageDown	移到表格的最后一行尾部
Alt＋Home	移到当前行第一个单元格中	Alt＋End	移到当前行最后一个单元格中

2) 输入和编辑文本

在单元格中定位了光标就可以输入文本。单元格内容的编辑操作和文本的编辑操作是一样的。在单元格中增加或删除内容不会影响其他单元格中的内容,在进行编辑操作时要特别注意选定单元格的内容和选定单元格的区别。

8. 标题行重复

如果表格超过了一页,系统会自动添加分页符,用户可能需要在后续页上重复表格的标题。要重复显示表格的标题,首先要选择作为表格标题的文字,必须包括表格的第一行,然后选择"表格工具"功能区→"布局"选项卡→"数据"组中的"重复标题行"命令。

9. 文本与表格的相互转换

1) 表格转换成文本

(1) 选定欲转换成文本的行或者表格。

(2) 选择"表格工具"功能区→"布局"选项卡→"数据"组中的"转换成文本"命令,弹出"表格转换成文本"对话框,如图 3.100 所示。

(3) 在"文字分隔符"选项区中选择一项作为转换后分隔每个单元格内容的字符。

(4) 单击"确定"按钮。

2) 文本转换成表格

文本转换成表格之前,必须将文本用逗号、制表符、段落标记或其他字符隔开,作为不同单元格内容的分隔符。

(1) 选定欲转换成表格的文本。

(2) 选择"插入"选项卡→"表格"组中的"表格"命令,弹出下拉菜单,选择"文本转换成表格"命令,弹出"将文字转换成表格"对话框,如图 3.101 所示。

(3) 在"文字分隔位置"选项区中选择一个分隔符。

图 3.100　"表格转换成文本"对话框

图 3.101 "将文字转换成表格"对话框

（4）单击"确定"按钮。

3.5.3 表格的格式设置

表格的格式设置主要包括调整表格的行高和列宽、对齐方式、自动套用格式、边框和底纹以及混合排版等操作。

1. 调整表格行高或列宽

Word 创建表格时，使用默认的行高与列宽，实际应用中，则需要对其进行调整。调整行高与列宽的方法如下。

1）使用边框线

将鼠标定位在行（列）边框线上直到鼠标指针变成夹子形状，按住鼠标左键拖动到需要的行高（列宽）即可。

2）使用标尺

首先将光标定位在表格内，然后把鼠标定位在欲改变行高（列宽）的垂直（水平）标尺处的行列标志上，直到鼠标指针变成一个垂直（水平）的双向箭头，此时按住鼠标左键拖动到需要的行高（列宽）即可

3）使用"表格属性"对话框

使用"表格属性"对话框可以精确设置表格的行高或列宽，操作步骤如下。

（1）选中要改变行高（列宽）的行（列）。

（2）单击"表格工具"功能区→"布局"选项卡→"单元格大小"组右下角的对话框启动器，弹出"表格属性"对话框，如图 3.102 所示；或者选择"表格工具"功能区→"布局"选项卡→"表格"组中的"属性"命令也会弹出"表格属性"对话框。

（3）选择行（列）选项卡，根据需要进行设置。

① 指定高度：输入要设置的行高数值或者单击微调按钮进行设置。

② 行高值是：为"最小值"或"固定值"。

③ "上一行"按钮：自动选定相邻的上一行，继续进行行高设置。

④ "下一行"按钮：自动选定相邻的下一行，继续进行行高设置。

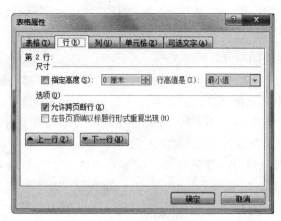

图 3.102 "表格属性"对话框

⑤ 允许跨页断行：允许对所选中的行跨页断行。

⑥ 在各页顶端以标题行形式重复出现：此复选项只有当用户选择了表格中自第一行开始的一行或多行时才有效。当表格被分成多页时，当前选中的一行或多行会以标题形式出现在表格每一页的顶端。

⑦ 指定宽度：输入要设置的列宽数值或者单击微调按钮进行设置。

⑧ 度量单位：为"厘米"或"百分比"。

⑨ "前一列"按钮：自动选定相邻的上一列，继续进行列宽设置。

⑩ "后一列"按钮：自动选定相邻的下一列，继续进行列宽设置。

（4）单击"确定"按钮。

4）使用"自动调整"命令

将光标定位在表格内，单击"表格工具"功能区→"布局"选项卡→"单元格大小"组中的"自动调整"按钮，在弹出的列表中，如图 3.103 所示，选择要使用的修改方式，即可修改表格。"自动调整"命令的子菜单集中包含以下修改表格的命令。

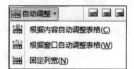

图 3.103 "自动调整"选项

（1）根据内容自动调整表格：表格列宽随着每一列输入的内容多少而自动调整。

（2）根据窗口自动调整表格：表格的宽度将与正文区的宽度相同。

（3）固定列宽：按指定的列宽进行调整。

5）使用平均分布各行（列）命令

使用平均分布各行（列）命令可以快速将选中的行（列）调整为相同的行高（列宽），操作步骤如下。

（1）选中连续的行（列）。

（2）选择"表格工具"功能区→"布局"选项卡→"单元格大小"组中的"分布行"命令（"分布列"命令）。

6）使用单元格的设置

对所选的单元格调整高度和宽度，等同于为单元格所在的行和列调整行高和列宽。

选中一个单元格或连续的单元格,选择"表格工具"功能区→"布局"选项卡,在"单元格大小"组中设置高度和宽度。

2. 设置表格中文本的对齐方式

表格中单元格内的文字可以横排或竖排,默认状态下,文字都是横向排列的。若要改变文字方向,首先选中单元格,然后选择"表格工具"功能区→"布局"选项卡→"对齐方式"组中的"文字方向"命令,如图 3.104 所示;或者在选中的单元格上右键单击,从弹出的快捷菜单中选择"文字方向"命令,弹出"文字方向-表格单元格"对话框,根据需要进行设置。

无论文字是横排还是竖排,都会有 9 种文字在单元格中的对齐方式,如图 3.104 所示。选中单元格,然后选择"表格工具"功能区→"布局"选项卡→"对齐方式"组中所需的文本对齐方式命令;或者在选中的单元格上右键单击,从弹出的快捷菜单中选择"单元格对齐方式"命令,从级联菜单中选择需要的对齐方式。

图 3.104 "对齐方式"组

3. 设置表格的边框和底纹

为使表格更具表现力,更突出表格中的内容,可为表格添加边框和底纹效果,类似于为文字、段落添加边框和底纹。

1) 设置表格边框

(1) 选定整个表格或者单元格,单击"表格工具"功能区→"设计"选项卡→"表格样式"组中"边框"命令右边的下拉按钮,在弹出的下拉菜单中选择列表底部的"边框和底纹"命令,弹出"边框和底纹"对话框,如图 3.105 所示;或者在选中的表格上右键单击,从弹出的快捷菜单中选择"边框和底纹"命令,也会弹出"边框和底纹"对话框。

图 3.105 "边框和底纹"对话框

（2）选择"边框"选项卡,在"设置"选项区中选择相应的边框形式,在"样式"列表框中设置边框线的样式,在"颜色"和"宽度"下拉列表中分别设置边框的颜色和宽度,在"预览"区中单击预览区域左侧和下方的按钮可以分别设置相应的边框,在"应用于"下拉列表中选择应用范围。

（3）设置完成后,单击"确定"按钮。

2）设置表格底纹

（1）选定要设置底纹的单元格。

（2）选择"表格工具"功能区→"设计"选项卡→"表格样式"组中的"底纹"命令,从下拉菜单中选择颜色;或者在选中的单元格上右键单击,从弹出的快捷菜单中选择"边框和底纹"命令,弹出"边框和底纹"对话框,选择"底纹"选项卡,如图 3.106 所示。

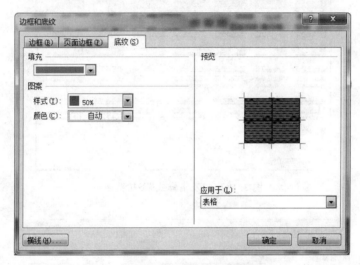

图 3.106 "底纹"选项卡

（3）根据需要在填充选项区或图案选项区设置,单击"确定"按钮。

4. 表格的自动套用格式

Word 为用户提供了很多预先设置好的表格样式,这些样式可供用户在编辑表格时直接套用,可节省设计表格格式的时间,操作步骤如下。

（1）将光标定位在要设置格式的表格内。

（2）选择"表格工具"功能区→"设计"选项卡→"表格样式"组中的表格样式;或者单击右侧的下拉按钮,弹出下拉菜单,从中选择要使用的表格样式,如图 3.107 所示。

（3）在下拉菜单中单击"修改表格样式"命令,打开如图 3.108 所示的"修改样式"对话框,利用该对话框,可以在选定表格样式的基础上,再进行一些自定义设置。

5. 表格与文字混排

在实际工作中,经常会碰到文字和表格混排的情况。Word 2010 的文字环绕表格功能,可在表格的四周环绕文字,从而实现表格和文字混排,操作步骤如下。

（1）将光标定位在表格内。

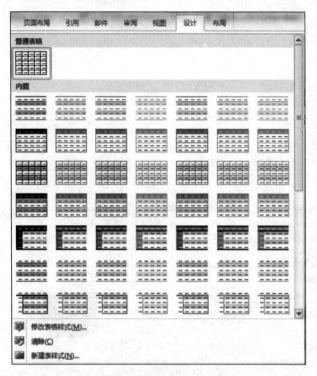

图 3.107 "表格样式"下拉菜单

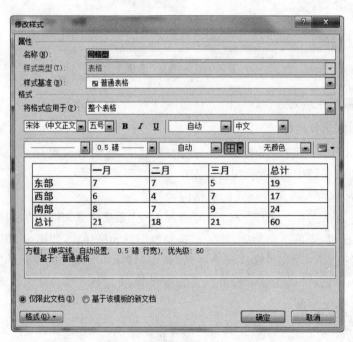

图 3.108 "修改样式"对话框

（2）选择"表格工具"功能区→"布局"选项卡→"表格"组中的"属性"命令，弹出"表格属性"对话框，如图 3.109 所示。

图 3.109 "表格属性"对话框

（3）选择"表格"选项卡，在"文字环绕"选项区选中"环绕"项，在"对齐方式"选项区选择一种对齐方式，单击"确定"按钮。

表格设置了环绕方式后，如果表格后面有正文内容，Word 会按照选定的环绕方式将正文内容环绕在表格周围。这时若想要调整表格位置，可以拖动调整表格和正文内容的相对位置。

3.5.4 表格的数据处理

在 Word 表格中，除了可以存放数据外，还可以对表格中的数据进行排序和计算。

1. 表格中的数据排序

在 Word 中，可以按照升序或降序把表格中单元格的内容按数值、笔画、拼音及日期等类型进行排序。若按照主要关键字排序后有相同的值时，可以根据次要关键字排序，以此类推，最多可以选择 3 个关键字排序的次序，操作步骤如下。

（1）选定需要排序的列或者单元格。

（2）选择"表格工具"功能区→"布局"选项卡→"数据"组中的"排序"命令，弹出"排序"对话框，如图 3.110 所示。

（3）根据需要设置排序关键字的优先次序、类型及排序方式等。

（4）设置完毕，单击"单击"按钮。

2. 表格中的数据计算

表格是由行和列组成的，不同的行用数字 1，2，…标识，不同的列用 A，B，…标识，每一个单元格的名字由它所在的行和列的编号组合而成，以一个 4 行 4 列的表格为例，表中

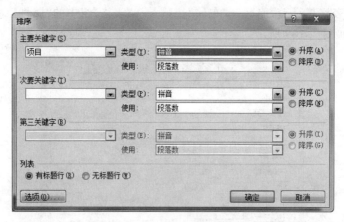

图 3.110　"排序"对话框

所有单元格的名称如图 3.111 所示。

　　单元格中实际输入的内容称为单元格的值。如果单元格为空或不以数字开始,则该单元格的值等于 0。如果单元格以数字开始,后面还有其他非数字字符,该单元格的值等于第一个非数字字符前的数字值。

A1	B1	C1	D1
A2	B2	C2	D2
A3	B3	C3	D3
A4	B4	C4	D4

图 3.111　单元格名称

　　下面列出几个典型的单元格值的使用方式,如表 3.3 所示。

表 3.3　单元格值的使用

使 用 方 式	含　义
B3＝5	第 3 行第 2 列的单元格中值为 5
A1:B2	由 A1、B1、A2、B2 四个单元格组成的区域
A1,B2	A1、B2 两个单元格
3:3	整个第 3 行
D:D	整个第 4 列

　　利用公式命令,用户可以对表格中的数据进行多种计算,操作步骤如下。

　　(1)把光标定位在要保存计算结果的单元格。

　　(2)选择"表格工具"功能区→"布局"选项卡→"数据"组中的"公式"命令,打开如图 3.112 所示对话框。

图 3.112　"公式"对话框

在"公式"文本框中若显示"＝SUM(LEFT)"公式,表示对光标左侧各单元格中的数值求和。若显示"＝SUM(ABOVE)"公式,表示对光标上方各单元格中的数值求和。

(3) 删除"公式"文本框中除"＝"以外的内容,从"粘贴函数"列表中选择一个需要的函数,并在括号内输入要运算的参数值;或者直接在等号后面输入公式。

(4) 若要对计算的结果设置格式,选择"编号格式"下拉列表中的所需选项。

(5) 设置完毕,单击"确定"按钮。

3.5.5 办公实战——制作员工档案表

1. 案例导读

公司招聘员工的事情正在火热进行中,办公室主任又交给小乐一个任务,要求制作一份员工档案表。

该案例涉及的知识点如下。

(1) 插入表格;

(2) 表格的修改;

(3) 表格属性的设置;

(4) 表格边框的设置。

最终效果如图 3.113 所示。

2. 案例操作步骤

(1) 启动 Word 2010 后,新建一个文档。在文档中输入表格标题"员工档案"。

(2) 将光标定位在需要插入表格的位置,选择"插入"选项卡→"表格"组中的"表格"命令,弹出下拉菜单,选择"插入表格"命令。

(3) 弹出"插入表格"对话框,在表格尺寸选项区中输入表格的列数 5、行数 24,单击"确定"按钮,则在文档光标处插入一个 24 行 5 列的二维表格,如图 3.114 所示。

(4) 用鼠标选中第一列的第 1～8 行。选择"表格工具"功能区→"布局"选项卡→"合并"组中的"合并单元格"命令,则所选单元格合并成一个单元格。

(5) 用同样的方法将第一列的第 9～14 行,15～23 行单元格分别合并。

(6) 由于第一行需要放置"姓名""性别"和"民族"三项内容,所以需要重新对第一行的单元格进行划分。选中第一行的第 3～5 列单元格,选择"布局"选项卡→"合并"组中的"合并单元格"命令。

(7) 然后选择"表格工具"功能区→"设计"选项卡→"绘图边框"组中的"绘制表格"命令。当鼠标指针呈现铅笔形状后,按住鼠标左键,在需要添加表格线的位置移动,如图 3.115 所示。表格线添加完毕后,再一次单击"绘制表格"命令取消手动绘制。若画线错误,选择"设计"选项卡→"绘图边框"组中的"擦除"命令,光标指针变成橡皮擦形状。将光标在要擦除的线条上拖动,即可删除该线条,若要退出擦除状态,再一次选择"擦除"命令。

(8) 重复以上步骤,将其他需要合并的单元格合并,需要绘制表格线的地方绘制表格线,然后输入所需的文本信息。

(9) 单击表格左上角的按钮,选中整个表格,在浮动工具栏中将表格文本设置为"宋

员 工 档 案

	姓名，	，	性别，	，	民族，		，	，
基本信息，	出生日期，	，	身份证号，		，			，
	政治面貌，	，	婚姻情况，		()已()未，			
	毕业学校，	，	学历，		，			，
	专业，	，	户口所在地，		，			，
	籍贯，	，	城镇户口，		()是()否，			
	地址，	，	邮政编码，		，			，
	备注，			，				，

	所属部门，		担任职务，	
入公司情况，	入公司时间，		转正时间，	
	合同到期时间，		续签时间，	
	是否已调档，		聘用形式，	
	如未调档，档案所在地，		，	
	备注，		，	

	文件名称，	，	文件名称，	，
档案所含资料，	个人简历，	，	求职人员登记表，	，
	应聘人员面试结果，	，	身份证复印件，	，
	学历证书复印件，	，	劳动合同，	，
	员工报到派遣单，	，	员工转正审批表，	，
	员工职务变更审批表，	，	员工工资变更审批表，	，
	员工续签合同申报审批表，	，	，	，
	，	，	，	，
	，	，	，	，

备注，	，

图 3.113 员工档案表

员工档案，

图 3.114 24 行 5 列的二维表格

体""小四"号字，如图 3.116 所示。

（10）注意到在表格中有些单元格的文本内容较多，所在列的宽度不够，出现折行现象，而有些列的宽度又过宽，需要进行调整。

员工档案

图 3.115 绘制了表格线的效果

员工档案					
基本信息	姓名		性别		民族	
	出生日期		身份证号		
	政治面貌		婚姻情况	( )已 ( )未
	毕业学校		学历		
	专业		户口所在地		
	籍贯		城镇户口	( )是 ( )否
	地址		邮政编码		
	备注			
入公司情况	所属部门		担任职务		
	入公司时间		转正时间		
	合同到期时间		续签时间		
	是否已调档		聘用形式		
	如未调档,档案所在地			
	备注			
档案所含资料	文件名称		文件名称		
	个人简历		求职人员登记表		
	应聘人员面试结果		身份证复印件		
	学历证书复印件		劳动合同		
	员工报到派遣单		员工转正审批表		
	员工职务变更审批表		员工工资变更审批表		
	员工续签合同申报审批表			
备注			

图 3.116 设置文本字体格式后的表格

(11) 选中需要加宽列宽的单元格,如图 3.117 所示。

档案所含资料	文件名称	
	个人简历	
	应聘人员面试结果	
	学历证书复印件	
	员工报到派遣单	
	员工职务变更审批表	
	员工续签合同申报审批表	

图 3.117 选中需要加宽的列

（12）然后单击"表格工具"功能区→"布局"选项卡→"单元格大小"组中的"宽度"数值框右边向上的微调按钮，直到选中单元格内的文本不再折行，如图 3.118 所示。

（13）选中需要调小列宽的单元格，如图 3.119 所示。

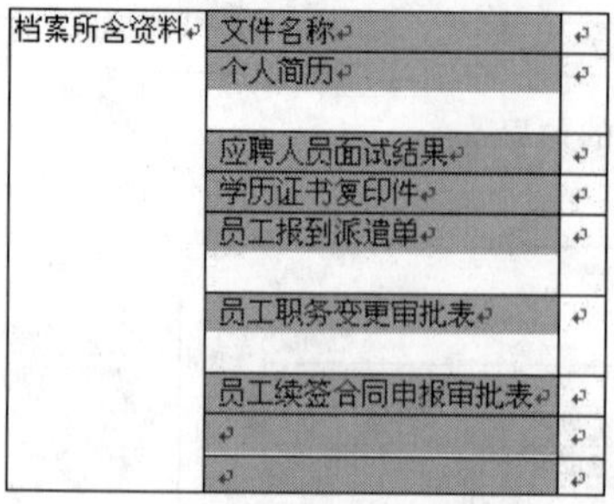

图 3.118　加宽后的效果

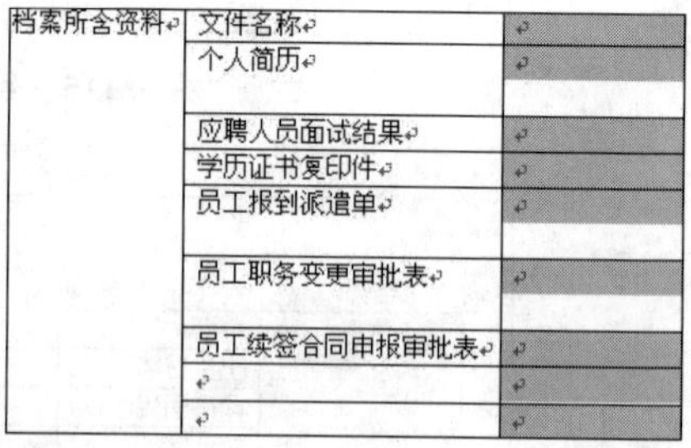

图 3.119　选中需要调小列宽的列

（14）然后单击"表格工具"功能区→"布局"选项卡→"单元格大小"组中的"宽度"数值框右边向下的微调按钮，将选中的单元格宽度调小，如图 3.120 所示。

图 3.120　调小列宽后的效果

（15）重复以上过程，将后面两列的列宽进行调整，使得超出表格外边框的部分单元格回到正常位置，如图 3.121 所示。

（16）表格基本修改好后，还要考虑文本在单元格中的位置、行高和列宽等，使得表格整体美观。

（17）将光标移到第一列的顶端，当光标变成向下的实心箭头后，单击鼠标左键，选中该列。

（18）选择"表格工具"功能区→"布局"选项卡→"单元格大小"组，在"宽度"数值框中输入列宽的值为 1.2 厘米。

（19）选中整个表格，选择"表格工具"功能区→"布局"选项卡→"单元格大小"组，在"行高"数值框中输入行高的值为 0.7 厘米。单击"表格工具"功能区→"布局"选项卡→"对齐方式"组中的"水平居中"按钮，则表格中的所选文本在水平和垂直方向均居中。

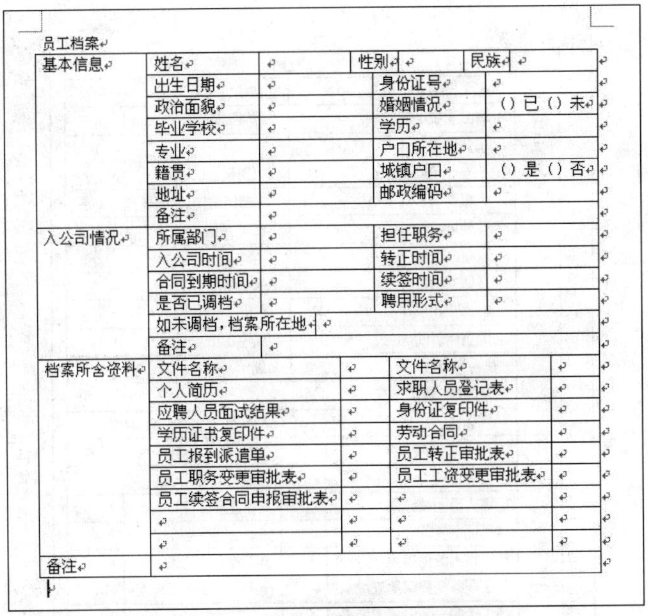

图 3.121 调整列宽后的效果

（20）再用光标选中单元格内容左对齐的文本，如图 3.122 所示。

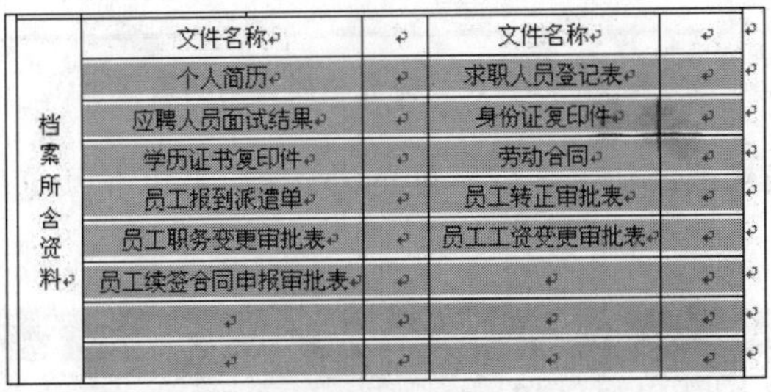

图 3.122 选中单元格内容左对齐的文本

（21）单击"表格工具"功能区→"布局"选项卡→"对齐方式"组中的"中部两端对齐"按钮。

（22）由于最后一行备注信息较多，利用以上方法将最后一行的行高设为 2 厘米。设置完表格属性后的效果如图 3.123 所示。

（23）接下来还需对表格标题进行格式化设置，为表格设置边框。

（24）选中表格标题"员工档案"，在"浮动工具栏"中将标题设置为"宋体""三号""加粗""居中"。通过添加空格的方法或者利用加宽字符间距的方法，调整标题文本的字符间距。

（25）接下来设置表格边框。先选中整个表格，单击"表格工具"功能区→"设计"选项卡→"表格样式"组中"边框"命令右边的下拉按钮，在弹出的下拉菜单中选择列表底部的"边框和底纹"命令，弹出"边框和底纹"对话框。

（26）在"边框"选项卡中，将"宽度"下拉列表中的值设置为 3.0 磅。在"设置"选项区

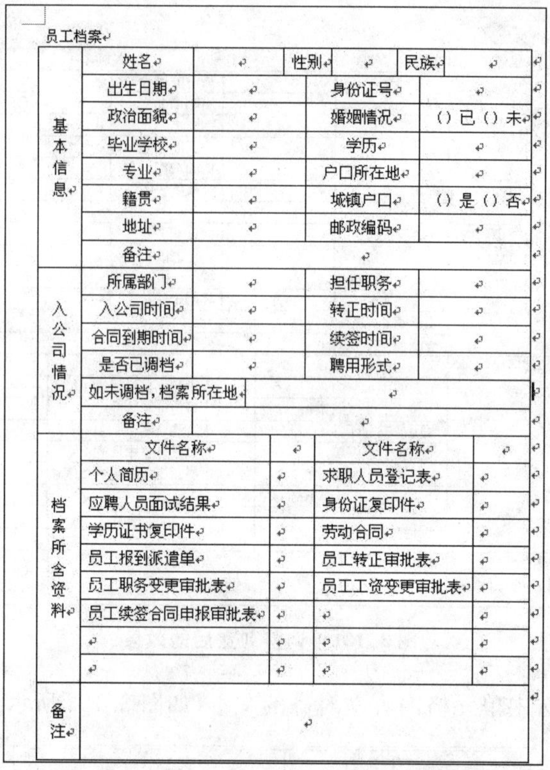

员工档案					
基本信息	姓名		性别		民族
	出生日期		身份证号		
	政治面貌		婚姻情况	( )已( )未	
	毕业学校		学历		
	专业		户口所在地		
	籍贯		城镇户口	( )是( )否	
	地址		邮政编码		
	备注				
入公司情况	所属部门		担任职务		
	入公司时间		转正时间		
	合同到期时间		续签时间		
	是否已调档		聘用形式		
	如未调档,档案所在地				
	备注				
档案所含资料	文件名称		文件名称		
	个人简历		求职人员登记表		
	应聘人员面试结果		身份证复印件		
	学历证书复印件		劳动合同		
	员工报到派遣单		员工转正审批表		
	员工职务变更审批表		员工工资变更审批表		
	员工续签合同申报审批表				
备注					

图 3.123　设置完表格属性后的表格

单击"网络"按钮,则表格被添加了 3 磅宽度的外边框,可以在预览区中看到设置结果,如图 3.124 所示。

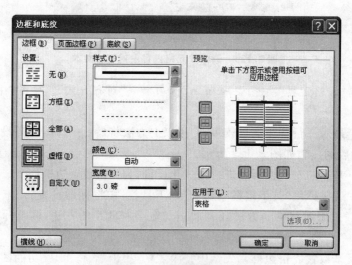

图 3.124　设置表格外边框

（27）再选中第一列,然后单击"表格工具"功能区→"设计"选项卡→"表格样式"组中"边框"命令右边的下拉按钮,在弹出的下拉菜单中选择"右框线"命令,则表格第一列右框线也设置为 3 磅宽度,如图 3.125 所示。

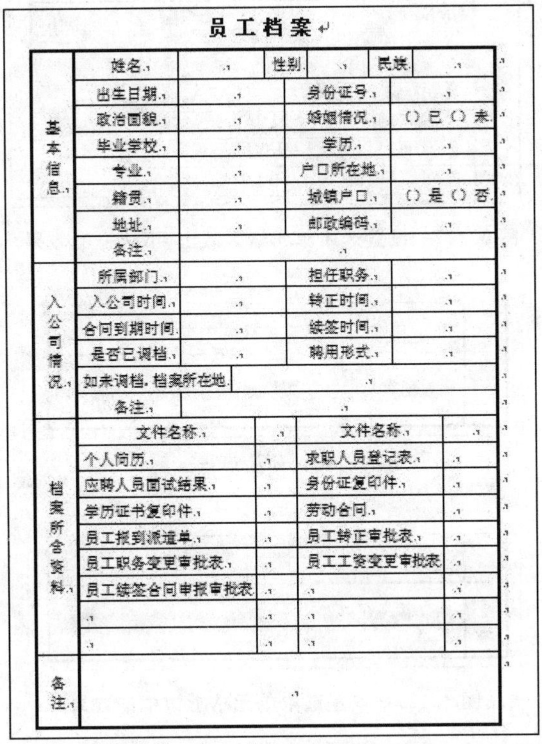

图 3.125　加 3 磅宽度的效果

(28) 接下来对表格内单元格边框进行设置。选中需要进行边框设置的单元格区域,如图 3.126 所示。

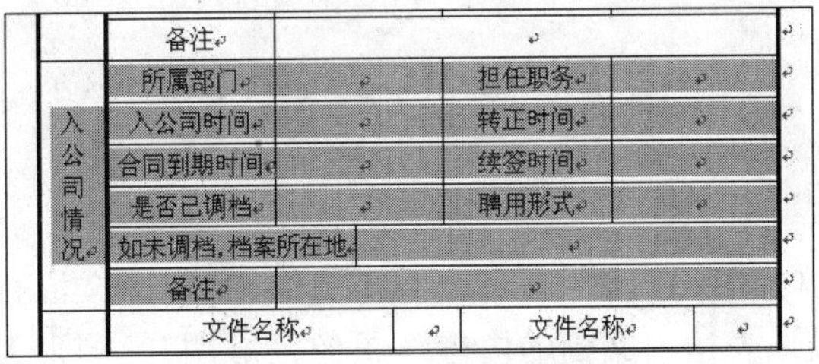

图 3.126　选中单元格区域

(29) 再次打开"边框和底纹"对话框中的"边框"选项卡,将"宽度"下拉列表中的值设置为 2.25 磅。然后在"预览"区中两次单击图示的上边框和下边框位置;或者两次单击图示右侧的第一个和第三个按钮,则所选单元格区域上、下边框均为 2.25 磅的宽度。设置后的效果如图 3.127 所示。

(30) 继续对表格内边框进行设置。选中表格最后一行,如图 3.128 所示。

(31) 然后单击"表格工具"功能区→"设计"选项卡→"表格样式"组中"边框"命令右边的下拉按钮,在弹出的下拉菜单中选择"上框线"命令,则选中的最后一行上边框线也设

图 3.127 设置选中单元格区域上、下边框的效果

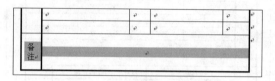

图 3.128 选中最后一行

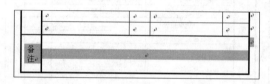

图 3.129 设置选中单元格上边框的效果

置为 2.25 磅宽度,如图 3.129 所示。

(32) 若将整个表格置于文档的中间位置,先选中整个表格,然后单击"开始"选项卡→"段落"组中的"居中"按钮即可。

3.6 图文混排

使用 Word 编辑文档时,在其中适当地插入图像,实现图文混排,不但能增强文档的美观性,还可以更有效地表达出文档的内容。图像是对图片、图形及艺术字、公式等图形对象的总称。

3.6.1 图片

1. 图片的插入

1) 插入剪贴画

Word 附带了一个非常丰富的剪贴画库,在使用 Word 2010 输入和编辑文档时,用户可以通过剪贴画功能,搜索并插入绘画、影片、声音、照片等信息,操作步骤如下。

(1) 选择"插入"选项卡→"插图"组中的"剪贴画"命令。

（2）在窗口右侧弹出"剪贴画"任务窗格，在"搜索文字"文本框中输入搜索的内容，在"结果类型"中选择插入插图、照片、音频或视频，单击"搜索"按钮。

（3）在窗格下方显示搜索到的剪贴画，移动鼠标到每个剪贴画上，会出现该剪贴画的有关信息。右键单击准备使用的剪贴画，从弹出的快捷菜单中选择"复制"选项，然后在文本中插入光标，"粘贴"剪贴画；或者先将光标定位到要插入剪贴画的位置，然后在"剪贴画"任务窗格中双击剪贴画，如图 3.130 所示。直接拖动也可将剪贴画插入到文档中。

图 3.130　"插入剪贴画"示例

2）插入图片文件

可以把外部的图片文件直接插入到文档中，该图片文件可以在本地磁盘上，也可以在移动存储器上或者在 Internet 上，插入图片的操作步骤如下。

（1）将光标定位到要插入图片的位置。

（2）选择"插入"选项卡→"插图"组中的"图片"命令。

（3）弹出如图 3.131 所示"插入图片"对话框，选择打开图片的路径，然后选择准备插入的图片，单击"插入"按钮即可将选定图片插入到文档中。

3）插入屏幕截图

Word 2010 提供了"屏幕截图"功能，可方便截取屏幕图像，并直接插入文档中，操作步骤如下。

（1）将光标定位到要插入截图的位置。

（2）打开需要截图的窗口。

（3）选择"插入"选项卡→"插图"组中的"屏幕截图"命令，弹出下拉菜单，如图 3.132 所示。如果想对当前的某个窗口进行截取，则直接在"可用视窗"选项区中选择即可。如果想对窗口的部分区域进行截取，单击"屏幕剪辑"命令，快速切换到相应的窗口，当整个

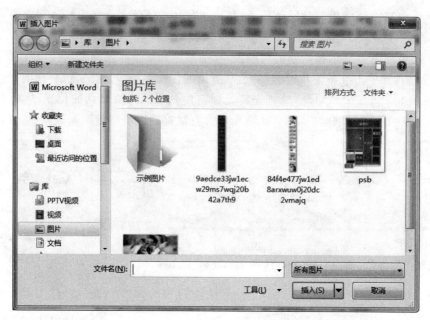

图 3.131 "插入图片"对话框

桌面变得透明度较高时,按住鼠标左键拖动,选择要截取的区域即可。

图 3.132 "屏幕截图"下拉列表

2. 图片的编辑

插入图片后,Word 2010 会自动出现"图片工具"功能区,图片设置的相关命令都会集中在该功能区的"格式"选项卡上,分为"调整""图片样式""排列""大小"4 个组,如图 3.133 所示。

图 3.133 "图片工具"格式选项卡

1）改变图片的颜色、亮度、对比度和背景

（1）改变图片的颜色。首先选中需要处理的图片，然后选择"图片工具"功能区→"格式"选项卡→"调整"组中的"颜色"命令，弹出下拉菜单，从"重新着色"选项区中选择需要的设置。

（2）图片更正。图片更正可以锐化和柔化图片，以及改变图片的亮度和对比度。首先选中需要处理的图片，然后选择"图片工具"功能区→"格式"选项卡→"调整"组中的"更正"命令，弹出下拉菜单，从"亮度和对比度"选项区中选择需要的设置；或者单击"图片样式"组右下角的对话框启动器，打开"设置图片格式"对话框，如图 3.134 所示，在"图片更正"选项卡中根据需要设置。

图 3.134 "设置图片格式"对话框

（3）改变背景。图片的背景可以用纯色、渐变色、图片、纹理和图案来填充。在"设置图片格式"对话框中，选择左侧的"填充"选项卡，在右侧根据需要进行设置。

2）缩放和旋转图片

（1）利用鼠标。要缩放图片，首先选中图片，图片的周围会出现 8 个灰色的句柄。将鼠标指向某句柄，当指针变为双向箭头时，按住鼠标左键拖动到合适的大小即可。

要旋转图片，首先选中图片，图片的上方会出现一个绿色实心的圆点。将鼠标指向该圆点，当指针变成一个圆弧状箭头时，按住鼠标左键旋转到合适的角度即可。

（2）利用"大小"选项卡。利用对话框可以精确地缩放和旋转图片。首先选中图片，然后单击"图片工具"功能区→"格式"选项卡→"大小"组右下角的对话框启动器，弹出"布局"对话框，如图 3.135 所示；或者右键单击图片，从快捷菜单中选择"大小和位置"命令，也会弹出"布局"对话框。在"大小"选项卡中根据需要设置图片的高度和宽度，在"缩放"选项区中设置高度和宽度的缩放比例或者在"旋转"选项区中设置图片旋转的角度。

（3）利用"格式"选项卡中的命令。缩放图片时，首先选中图片，然后选择"图片工具"

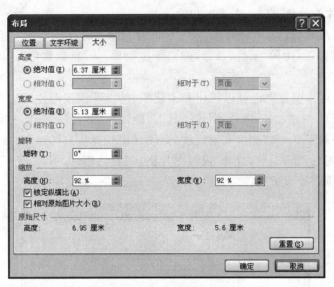

图 3.135　"布局"对话框

功能区→"格式"选项卡→"大小"组,在"高度"和"宽度"数值框中输入要设置的数值或者单击微调按钮进行设置。

　　旋转图片时,首先选中图片,然后选择"图片工具"功能区→"格式"选项卡→"排列"组中的"旋转"命令,从弹出的下拉菜单中根据需要选择相应命令。

　　3) 图片样式

　　图片的样式包括图片边框、图片效果和图片版式。设置方式主要是使用"图片工具"功能区→"格式"选项卡中的"图片样式"组。

　　选中图形后,可使用如图 3.136 所示的"图片轮廓"下拉菜单,从中选择图形边界的颜色、宽度及线性。也可以使用如图 3.137 所示的"图片效果"下拉菜单,设置各种视觉效果。还可在如图 3.138 所示的"图片版式"下拉菜单中将图片转换成 SmartArt 图形。

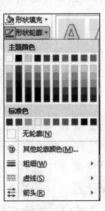

图 3.136　"图片轮廓"下拉菜单

图 3.137　"图片效果"下拉菜单

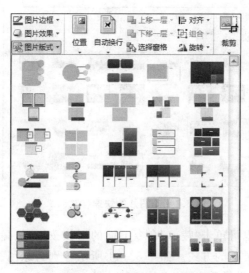

图 3.138 "图片版式"菜单

如要对图片的样式进行精确设置,单击"绘图工具"功能区→"格式"选项卡→"图片样式"组右下角的对话框启动器按钮,弹出"设置图片格式"对话框,如图 3.139 所示,根据需要进行设置。

图 3.139 "设置图片格式"对话框

如果用户不愿费时进行逐一设置,还可使用 Word 2010 提供的快速样式功能,如图 3.140 所示,选中图片后,在样式列表中找到所需的样式单击即完成设置。

4) 裁剪图片

首先选中图片,然后选择"图片工具"功能区→"格式"选项卡→"大小"组中的"裁剪"命令,光标指针变成裁剪形状,在图片周围的 8 个句柄上,按住鼠标左键,向图片内部移

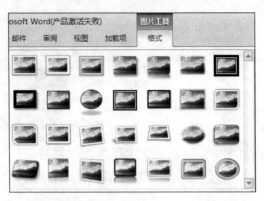

图 3.140　图片的快速样式列表

动,就裁掉相应部分。也可单击"裁剪"命令下面的下拉按钮,从弹出菜单中选择"裁剪为形状""纵横比"等更加灵活的方式。如图 3.141 所示分别为原图、裁剪为形状(箭头总汇中的右箭头)、裁剪以及纵横比为 1∶1 的四种效果。

图 3.141　原图与裁剪后的图片对比

5) 设置图片的位置和环绕方式

图形插入在文档中的位置有两种类型:嵌入式和浮动式。嵌入式图片直接放置在文本中的插入点处,占据了文本处的位置。浮动式图片可以插入在图形层,可以在页面上自由移动,并可将其放在文本或其他对象的上面或下面。默认情况下,Word 2010 插入的图片为嵌入式,插入的图形为浮动式。嵌入式图片和浮动式图片的效果如图 3.142 所示。

Word 提供了 7 种文本与图片的环绕方式。设置图片的环绕方式方法如下。

(1) 首先选中图片,然后选择"图片工具"功能区→"格式"选项卡→"排列"组中的"自动换行"命令,从下列菜单中选择需要的环绕方式。

(2) 首先选中图片,然后单击"图片工具"功能区→"格式"选项卡→"大小"组右下角的对话框启动器,弹出"布局"对话框,选择"文字环绕"选项卡,如图 3.143 所示,在"环绕方式"选项区选择需要的环绕方式。

6) 图片的删除、复制和移动

图片的删除、复制和移动操作和文本的操作类似,此处不再重复。

(a) 嵌入式 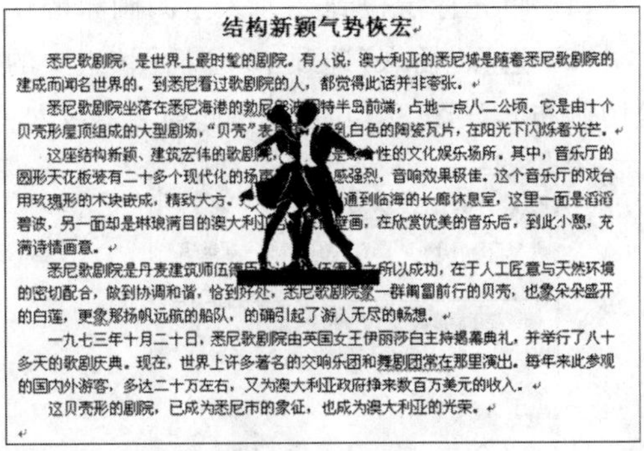　　　　　　　　　　　　　　　　(b) 浮动式

图 3.142　嵌入式图片和浮动式图片的效果

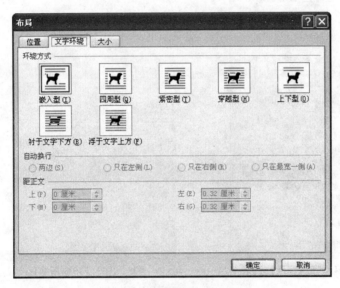

图 3.143　"文字环绕"选项卡

3.6.2　图形

Word 中提供了一些预设的矢量图形对象,如矩形、圆、箭头、线条、流程图符号、标注等,用户可将其进行组合绘制出各种更复杂的图形。

1. 添加画布

在 Word 中插入图形对象时,可以将图形对象放置在绘图画布中,以便更好地在文档中排列绘图。绘图画布在绘图和文档的其他部分之间提供了一条框架式边界。在默认情况下,绘图画布没有背景或边框,但可以同处理图形对象一样,对绘图画布应用格式,并且它还能帮助用户将绘图的各个部分进行组合,适用于多个图形的组合情况。

插入和设置绘图画布的步骤如下。

157

（1）将光标定位到要插入绘图画布的位置。

（2）选择"插入"选项卡→"插图"组中的"形状"命令,在弹出的下拉菜单中选择"新建绘图画布",如图 3.144 所示,此时将在文档中出现如图 3.145 所示的画布区域。

图 3.144 "形状"下拉列表

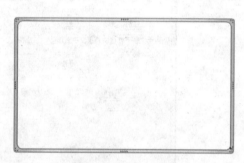

图 3.145 画布区域

（3）将光标移到画布的边界或四个角处,单击鼠标左键拖动鼠标可调整画布的大小。

（4）切换到"绘图工具"功能区→"格式"选项卡,单击"形状样式"组中的一种形状样式,可更改画布的外观。

2. 绘制图形

Word 提供了一百多种能够任意改变形状的自选图形,绘制图形的操作步骤如下。

（1）单击"插入"选项卡→"插图"组中的"形状"按钮,从弹出的下拉列表中根据分类选择所需的形状。

（2）此时鼠标指针变成"十"字形,单击要插入图形的位置即可绘制一个默认大小的形状;或者在要插入图形的位置按住鼠标左键同时拖动鼠标到合适的位置,松开鼠标左键,可以绘制出所需大小的形状。

（3）以同样的方法绘制其他多个图形,如图 3.146 所示。

在绘图图形中有一个常用的技巧,在绘制图形时按住 Shift 键,可以绘制特殊的形

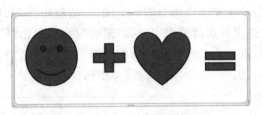

图 3.146　绘制自选图形

状。单击"插入"选项卡→"插图"组中的"形状"按钮,从弹出的下拉列表中选择了"矩形",按住 Shift 键的同时,拖曳鼠标绘制出的图形是正方形。选择了"椭圆",按住 Shift 键的同时,拖曳鼠标绘制出的图形是圆形。选择了"直线"或"箭头",按住 Shift 键的同时,拖曳鼠标可分别绘制水平、垂直或者固定角度的直线或箭头。

3. 编辑图形

1) 在图形中添加文字

在各类自选图形中,除了直线、箭头等线条图形外,其他所有图形都允许向其中添加文字。为此,可在绘制图形后,右击所绘的图形,然后从弹出的快捷菜单中选择"添加文字"选项,如图 3.147 所示。

对于向图形中添加的文字,用户可像设置正文一样设置其字体和段落格式,如图 3.148 所示。要编辑图形中的文字,直接单击这些文字即可进入编辑状态。

图 3.147　"图形"快捷菜单

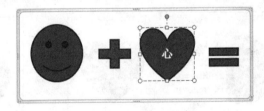

图 3.148　"添加文字"示例

2) 缩放和旋转图形

缩放和旋转图形和图片操作方法一样,在此不再重复。

3) 图形的组合

在文档中,经常需要将绘制的多个自选图形组合成一个图形,以固定它们之间的相对位置,便于图形的整体操作。

首先按住 Shift 键,依次单击要组合的多个图形,然后松开 Shift 键,在选择的任何一个图形上右键单击,从弹出的快捷菜单中选择"组合"命令,弹出级联菜单,再选择"组合"命令,如图 3.149 所示;或者选中多个要组合的图形后,选择"绘图工具"功能区→"格式"选项卡→"排列"组中的"组合"命令,从下拉菜单中选择"组合"命令。

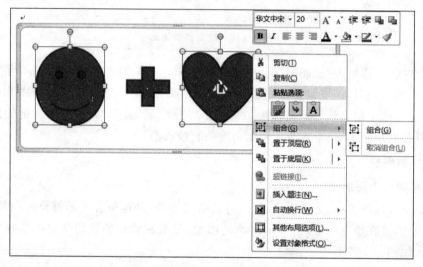

图 3.149　组合图形

要取消组合,可右键单击组合图形对象,从弹出的快捷菜单中选择"组合"命令,弹出级联菜单,再选择"取消组合"命令;或者选中组合的图形,然后选择"绘图工具"功能区→"格式"选项卡→"排列"组中的"组合"命令,从下拉菜单中选择"取消组合"命令。

4) 图形的叠放次序

当在文档中绘制多个图形时,按绘制的顺序有叠放的次序,先绘制的图形在最下面,最后绘制的图形在最上面。根据需要,也可以改变图形的叠放次序。

右键单击选定图形,从弹出的快捷菜单中根据需要选择"置于顶层"或"置于底层"命令,弹出相应的级联菜单,再选择合适的命令,如图 3.150 所示;或者首先选中图形,然后

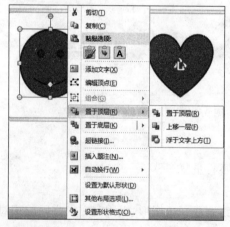 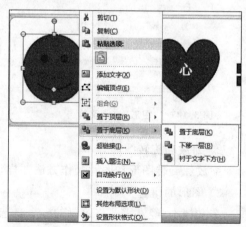

图 3.150　叠放图形

选择"绘图工具"功能区→"格式"选项卡→"排列"组中的"上移一层"或"下移一层"命令，再从相应的下拉菜单中选择需要的命令。

5）图形的形状样式

图形的形状样式包括形状填充、形状轮廓和形状效果。设置方式主要使用"绘图工具"功能区→"格式"选项卡中的"形状样式"组。

选中图形后，可使用如图 3.151 所示的"形状填充"下拉菜单，从中选择向图形区域中填充的颜色、图片、渐变或纹理效果；也可以使用如图 3.152 所示的"形状轮廓"下拉菜单，从中选择图形边界的颜色、宽度及线性。为丰富图形的视觉效果，还可在如图 3.153 所示的"形状效果"下拉菜单中，选择不同效果设置。

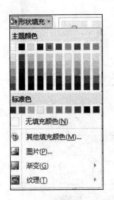

图 3.151 "形状填充"菜单

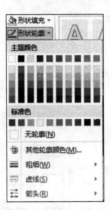

图 3.152 "形状轮廓"菜单

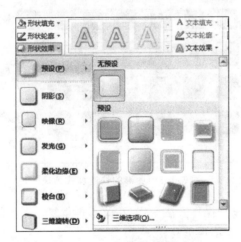

图 3.153 "形状效果"菜单

如要对图形的形状样式进行精确设置，单击"绘图工具"功能区→"格式"选项卡→"形状样式"组右下角的对话框启动器按钮，弹出"设置形状格式"对话框，如图 3.154 所示，根据需要进行设置。

如果用户不愿费时进行逐一设置，还可使用 Word 2010 提供的快速样式功能，如图 3.155 所示，选中图形后，在样式列表中找到所需的样式单击即完成设置。

图 3.154 "设置形状格式"对话框

图 3.155 图形的快速样式列表

　　缩放和旋转图形和图片操作方法一样,在此不再重复。图形的删除、复制和移动操作和文本的操作类似,此处也不再重复。

3.6.3 艺术字

　　为了使文档更加美观,可以使用艺术字来制作特殊的文字效果。

1. 插入艺术字

在文档中插入艺术字操作步骤如下。

(1) 选择"插入"选项卡→"文本"组中的"艺术字"命令,在弹出的下拉菜单中选择插入艺术字的样式,如图 3.156 所示。

(2) 在弹出的文本框中输入需要的文字即可,如图 3.157 所示。

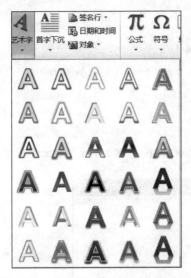

计算机基础

图 3.156 "艺术字"下拉列表　　　　图 3.157 插入艺术字示例

也可首先选中要设置成艺术字的文本,选择"插入"选项卡→"文本"组中的"艺术字"命令,在弹出的下拉菜单中选择插入艺术字的样式即可。

2. 编辑艺术字

1) 修改艺术字大小

首先选中需要修改大小的艺术字,然后选择"开始"选项卡→"字体"组中的所需字号。

2) 设置文字环绕方式

在 Word 2010 的默认状态下,插入的艺术字环绕方式是浮于文字上方,重新设置文字环绕的操作方法和图片一样,在此不再重复。

3) 艺术字样式

艺术字样式包括文本填充、文本轮廓和文本效果。设置方式主要使用"绘图工具"功能区→"格式"选项卡中的"艺术字样式"组。

选中艺术字后,可使用如图 3.158 所示的"文本填充"下拉菜单,从中选择向文本填充的颜色、图片、渐变或纹理效果;也可以使用如图 3.159 所示的"文本轮廓"下拉菜单,从中选择文本轮廓的颜色、宽度及线性。为丰富文本的视觉效果,还可在如图 3.160 所示的"文本效果"下拉菜单中,选择不同的效果设置。

如要对艺术字样式进行精确设置,单击"绘图工具"功能区→"格式"选项卡→"艺术字样式"组右下角的对话框启动器按钮,弹出"设置文本效果格式"对话框,如图 3.161 所示,根据需要进行设置。

如果用户不愿费时进行逐一设置,还可使用 Word 2010 提供的快速样式功能,如图 3.162 所示,选中图形后,在样式列表中找到所需的样式单击即完成设置。

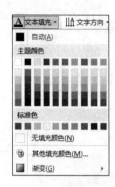
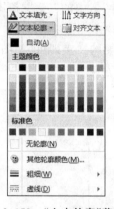

图 3.158 "文本填充"菜单　　图 3.159 "文本轮廓"菜单　　图 3.160 "文本效果"菜单

图 3.161 "设置文本效果格式"对话框

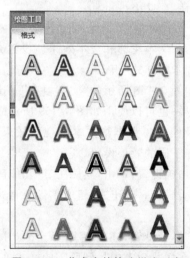

图 3.162 艺术字的快速样式列表

　　缩放和旋转艺术字和图片操作方法一样,在此不再重复。艺术字的删除、复制和移动操作和文本的操作类似,此处也不再重复。

3.6.4　文本框

　　文本框是指一种可移动、可调整大小的文字和图形容器。文本框中的字体、字号和排版格式与文本框外的文本无任何联系。作为一种图形对象,文本框可放置在页面的任何位置上,并可随意调整文本框的大小。

　　文本框有两种:横排文本框和竖排文本框。

1. 插入文本框

　　根据样式插入文本框的操作步骤如下。

　　(1) 选择"插入"选项卡→"文本"组中的"文本框"命令,在弹出的下拉菜单中选择所需的内置文本框样式,如图 3.163 所示。

　　(2) 文本框会以浮于文字上方的环绕方式显示在文档中,如图 3.164 所示,文本框中有一些提示信息。

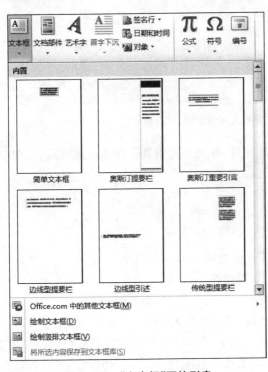

图 3.163　"文本框"下拉列表

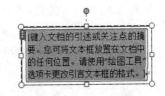

图 3.164　"简单文本框"示例

　　(3) 在文本框中输入需要的文字内容。

　　直接插入文本框的操作步骤如下。

　　(1) 选择"插入"选项卡→"文本"组中的"文本框"命令,在弹出的下拉菜单中根据需要选择"绘制文本框"或"绘制竖排文本框"。

（2）此时光标指针变成"十"字形，在要插入文本框的位置按住鼠标左键同时拖动鼠标到合适的位置，松开鼠标左键，可以绘制出所需大小的文本框。

（3）在文本框中输入需要的文字内容。

2．设置文本框效果格式

选中准备设置样式的文本框，单击"绘图工具"功能区→"格式"选项卡→"艺术字样式"组右下角的对话框启动器按钮，弹出如图 3.165 所示"设置文本效果格式"对话框。

在对话框左侧选择"文本框"选项卡，在右侧根据需要进行设置。

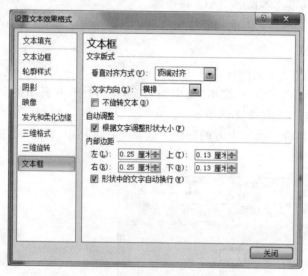

图 3.165　"设置文本效果格式"对话框

缩放和旋转文本框和图片操作方法一样，在此不再重复。文本框的删除、复制和移动操作和文本的操作类似，此处也不再重复。

3.6.5　公式

利用 Office 中的"公式"工具，可以方便地插入和编辑数学公式、化学方程式等特殊对象。要在文档中插入公式，可按如下步骤操作。

（1）将光标定位到插入公式的位置。

（2）单击"插入"选项卡→"符号"组的"公式"命令下面的下拉按钮，弹出"公式"下拉列表，如图 3.166 所示，从中选择一种所需的公式类型即可。如果没有找到所需的公式，可以选择"插入新公式"命令，此时将在功能区中显示"公式工具"功能区，该功能区有一个"设计"选项卡，如图 3.167 所示。

（3）根据需要在"结构组"中选择运算方式，如果需要输入符号，可以在"符号"组中选择一个插入。公式建立结束后，在 Word 文档窗口中单击，即可回到文本编辑状态，建立的公式就插入到光标指定位置。如果需要重新编辑公式，只需单击公式，"公式工具"功能区"设计"选项卡就会再次出现。

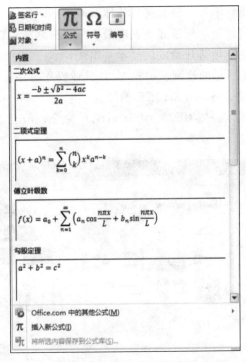

图 3.166 "公式"下拉列表

图 3.167 公式工具"设计"选项卡

3.6.6 SmartArt 图形

SmartArt 图形是信息和观点的视觉表示形式,能够快速、轻松、有效地传达信息。在 Word 2010 中,通过创建 SmartArt 图形,可以制作出专业的列表、流程、循环的关系等不同布局的专业图形。

SmartArt 图形的类型共分为 8 种,在每个类型中包含着对应类型的多种 SmartArt 图形的布局。

(1) 列表:用于创建显示无序信息的图示。

(2) 流程:用于创建在流程或时间线中显示步骤的图示。

(3) 循环:用于创建显示持续循环过程的图示。

(4) 层次结构:用于创建结构图,以反映各种层次关系。

(5) 关系:用于创建对连接进行图解的图示。

（6）矩阵：用于创建显示各部分如何与整体关联的图示。

（7）棱锥图：用于创建显示与顶部或底部最大一部分之间比例关系的图示。

（8）图片：用于从某个角落开始成块显示一组图片。

下面介绍 SmartArt 图形的绘制和编辑方法，具体操作方法如下。

（1）将光标定位到插入 SmartArt 图形的位置。

（2）选择"插入"选项卡→"插图"组中 SmartArt 命令，弹出"选择 SmartArt 图形"对话框，如图 3.168 所示。

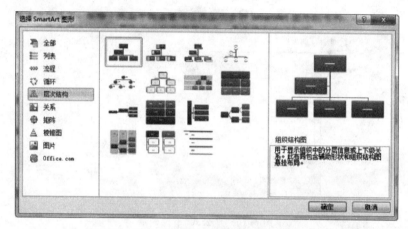

图 3.168　"选择 SmartArt 图形"对话框

（3）在对话框左侧选择一种类型，从中间选择准备使用的 SmartArt 图形布局结构，单击"确定"按钮，创建如图 3.169 所示图形。左侧为文本窗格，可在该窗格内直接输入文本，完成文字的添加。

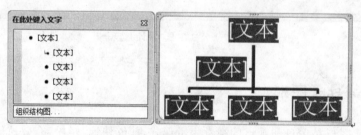

图 3.169　"SmartArt 图形"示例

（4）插入 SmartArt 图形后，还可以对其进行编辑操作。通过如图 3.170 所示"设计"选项卡，可以对 SmartArt 图形的布局、颜色、样式等进行设置。

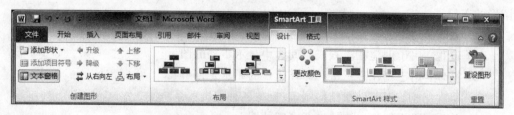

图 3.170　SmartArt 工具"设计"选项卡

（5）通过如图 3.171 所示"格式"选项卡，可对 SmartArt 图形的形状、形状样式、艺术字样式、排列、大小等进行更改。

图 3.171 SmartArt 工具"格式"选项卡

3.6.7 办公实战——制作公司宣传报

1. 案例导读

为了提高公司的知名度，办公室主任又交给小乐一个任务，要求制作一份公司宣传报。该案例涉及的知识点如下。

（1）插入形状、SmartArt 图形、文本框和艺术字。

（2）对形状、SmartArt 图形、文本框和艺术字进行格式设置。

最终效果如图 3.172 所示。

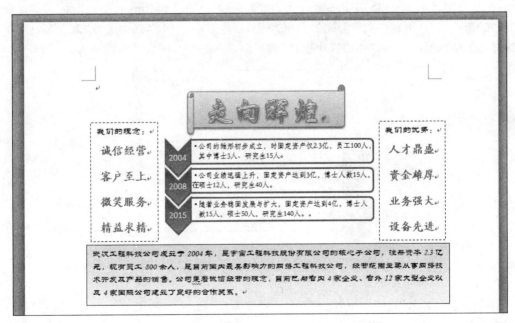

图 3.172 公司宣传报

2. 案例操作步骤

（1）启动 Word 2010 后，新建一个文档。选择"插入"选项卡→"插图"组中的"形状"命令，弹出下拉列表，在"星与旗帜"选项区中选择"横卷形"命令。然后在文档中拖动鼠标光标绘制形状。

（2）接着在"绘图工具"功能区→"格式"选项卡→"形状样式"组中的样式列表中选择"细微效果-水绿色-强调颜色5"样式，如图3.173所示。

（3）选择"插入"选项卡→"文本"组中的"艺术字"命令，在弹出的下拉菜单中选择"填充-橙色，强调颜色6，暖色粗糙棱台"艺术字样式，会在文档中弹出一个文本框。在文本框中输入"走向辉煌"。选中文字"走向辉煌"，将格式设置为"华文行楷""36磅""加粗"。

（4）将艺术字移动到前面绘制的图形上方，然后拖动控制点调整艺术字的大小，如图3.174所示。

图 3.173　"横卷形"形状

图 3.174　艺术字和图形效果

（5）选择"插入"选项卡→"插图"组中SmartArt命令，弹出"选择SmartArt图形"对话框，在对话框左侧选择"列表"选项卡，从中间选择"垂直V形列表"样式，单击"确定"按钮，SmartArt图形就会出现在文档中。

（6）调整SmartArt图形的整体大小和位置，在图形中输入对应的文本。利用Shift键，分别选中SmartArt图形中左侧的三个箭头图形，然后选择"SmartArt工具"功能区→"格式"选项卡→"形状样式"组中的"形状填空"命令，弹出下拉菜单，选择"渐变"命令，从级联菜单中的"深色变体"选项区中选择"线性向下"样式，如图3.175所示。

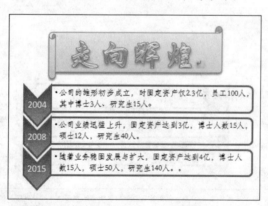

图 3.175　SmartArt 图形效果

（7）选择"插入"选项卡→"文本"组中的"文本框"命令，在弹出的下拉菜单中选择"绘制文本框"命令。此时鼠标指针变成"十"字形，在要插入文本框的位置按住鼠标左键同时拖动鼠标到合适的位置，松开鼠标左键，绘制出文本框。

（8）选择"绘图工具"功能区→"格式"选项卡→"形状样式"组中的"形状轮廓"命令，弹出下拉菜单，选择"虚线"命令，从级联菜单中选择"短划线"命令，文本框的边框变成虚线框。

（9）接着在文本框中输入内容，第一行文本格式设置为"华文隶书""11 磅"，其他行文本格式设置为"楷体""14 磅""深红"。复制该文本框到 SmartArt 图形的右侧，更改其中的文本，如图 3.176 所示。

图 3.176　左右文本框效果

（10）在 SmartArt 图形下方再绘制一个文本框，输入相应的文本，将文本格式设置为"华文隶书""11 磅"。

（11）选中该文本框，然后选择"绘图工具"功能区→"格式"选项卡→"形状样式"组中的"形状填空"命令，弹出下拉菜单，从"主题颜色"选项区中选择"绿色"。

（12）接着再选择"SmartArt 工具"功能区→"格式"选项卡→"形状样式"组中的"形状填空"命令，弹出下拉菜单，选择"渐变"命令，从级联菜单中的"浅色变体"选项区中选择"线性向下"样式。

3.7　Word 高级应用

样式是 Word 中最有效的工具之一，它可以简化操作，节省时间。一个设计好的样式可以重复使用，多人协同完成一个复杂的项目时制定一个统一的样式，可以很容易地保持整个文档格式和风格的一致性，并使版面更加整齐、美观。

3.7.1　样式

样式是一系列排版命令，可分为字符样式和段落样式两种。字符样式保存了对字符的格式化，如字体、字形、字号、字符颜色及其他效果。段落样式保存了字符和段落的格式，如字体、段落对齐方式、行间距、段间距以及边框等。

1. 应用已有样式

应用已有样式的操作步骤如下。

（1）选中要应用样式的段落或字符。

（2）选择"开始"选项卡→"样式"组，在列表框中选择需要的样式，还可单击样式列表右侧的下拉按钮，在展开的列表框中选择，如图 3.177 所示。

图 3.177 "样式"列表

（3）选择样式后则当前段落或字符便快速格式化为所选样式定义的格式。

2. 创建新样式

当 Word 已有的样式不能满足排版需要时，用户可以建立自己的样式，操作步骤如下。

（1）单击"开始"选项卡→"样式"组右下角的对话框启动器，打开"样式"任务窗格，如图 3.178 所示，在"样式"任务窗格中单击"新建样式"按钮，弹出"根据格式设置创建新样式"对话框，如图 3.179 所示。

图 3.178 "样式"任务窗格

图 3.179 "根据格式设置创建新样式"对话框

（2）在"名称"文本框中输入新样式名称，在"样式类型"下拉列表中选择所创建的样式类型，在"样式基准"下拉列表中选择该样式的基准样式，在"后续段落样式"下拉列表中选择要应用于下一段落的样式。如要更详细的设置效果，可通过对话框左下角的"格式"按钮设置，效果显示在预览框中。

（3）设置完毕，单击"确定"按钮即可。

3. 修改样式

修改样式主要有两种方法：一种是直接修改样式的属性，另一种是使用已有的样式修改样式属性。

1）直接修改样式的属性

（1）单击"开始"选项卡→"样式"组右下角的对话框启动器，打开"样式"任务窗格，选中需要修改的样式后右击，弹出样式的快捷菜单，如图 3.180 所示。选择"修改"命令，弹出"修改样式"对话框，如图 3.181 所示。

（2）在"修改样式"对话框中更改所需的格式选项，操作方法和新建样式相同。

2）使用已有的样式修改样式属性

首先选定要修改样式的字符或段落，然后单击"开始"选项卡→"样式"组右下角的对话框启动器，打开"样式"任务窗格，选择所需的样式即可。

图 3.180 "样式"快捷菜单

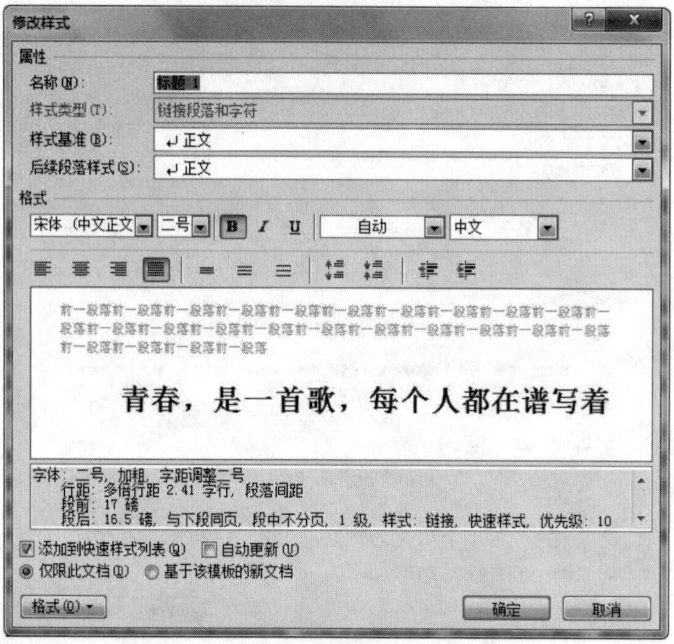

图 3.181 "修改样式"对话框

4. 删除样式

如果要删除一种样式,单击"开始"选项卡→"样式"组右下角的对话框启动器,打开"样式"任务窗格,选中需要删除的样式后右键单击,弹出样式的快捷菜单,从出现的快捷菜单中选择"删除××"命令。选择后会弹出如图 3.182 所示提示信息框,用户可根据需要选择。

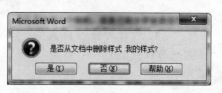

图 3.182 Microsoft Word 提示信息

5. 清除格式或样式

对于已经应用了样式或已经设置了格式的 Word 2010 文档,用户可以随时将其样式或格式清除,只保留纯文本,操作方法如下。

(1)首先选中需要清除样式或格式的文本块或段落,单击"开始"选项卡→"样式"组右下角的对话框启动器,打开"样式"任务窗格,在"样式"任务窗格中单击"全部清除"命令即可。

(2)首先选中需要清除样式或格式的文本块或段落,选择"开始"选项卡→"样式"组,单击样式列表右侧的下拉按钮,展开样式列表,从中选择"清除格式"命令即可。

3.7.2 目录

目录的作用是列出文档中的各级标题以及每个标题所在的页码,通过它用户可以快速了解文档内容及找到需要阅读的文档内容。

Word 提供的自动生成目录功能,使目录的创建变得非常简便,而且在文档发生了改变时可更新目录来适应内容变化。

1. 创建目录

只有文档中的标题才可以在目录中出现,因此,创建目录之前必须在文档中将出现在目录中的内容设置为标题。标题样式分为 1 级到 9 级,目录中出现的标题一般是 1 级、2 级和 3 级。利用大纲视图可以方便地将文档中的内容设置为标题,操作步骤如下。

(1)选择"视图"选项卡→"文档视图"组中的"大纲视图"命令,在功能区会出现"大纲"选项卡;或者在状态栏右侧"视图快捷方式"中单击"大纲视图"按钮,也会在功能区出现"大纲"选项卡,如图 3.183 所示。

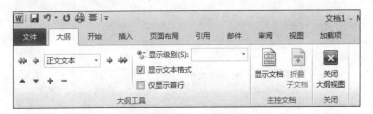

图 3.183 "大纲"选项卡

(2)在文档中选中需要设置为标题的文本。

(3)选择"大纲"选项卡→"大纲工具"组中的"大纲级别"下拉列表,根据需要选择大纲级别,如图 3.184 所示。

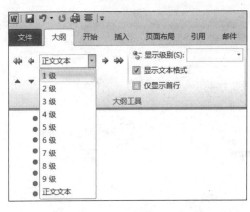

图 3.184 "大纲级别"下拉列表

(4)若要回到原来的视图状态,选择"大纲"选项卡→"关闭"组中的"关闭大纲视图"命令即可。

接下来就可以创建目录了，创建目录的具体操作步骤如下。

（1）将光标定位到插入目录的位置。

（2）选择"引用"选项卡→"目录"组中的"目录"命令，弹出下拉菜单，如图 3.185 所示。

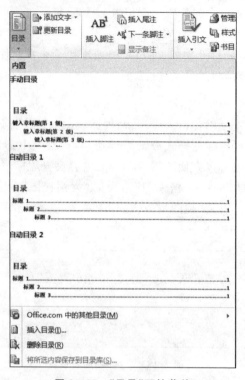

图 3.185 "目录"下拉菜单

（3）根据需要在内置选项区中选择一种目录样式。如果内置的目录样式不能满足需求，选择"目录"下拉菜单中的"插入目录"命令，弹出如图 3.186 所示的"目录"对话框。

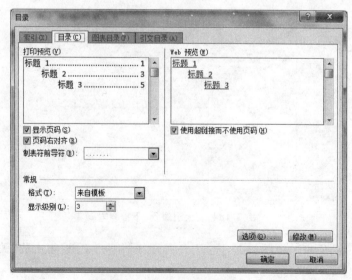

图 3.186 "目录"对话框

（4）在"目录"选项卡中，如果选中"显示页码"和"页码右对齐"复选框，便可在目录中的每个标题后边显示页码并右对齐；在"制表符前导符"下拉列表中可以选择一种分隔符样式；在"常规"选区中的"格式"下拉列表中可以选择一种目录风格；在"打印预览"区中可以看到设置后的打印预览效果；在"Web 预览"区中可以看到设置后在 Web 中的预览效果；在"显示级别"数值框中输入要显示的标题级别数或者单击微调按钮进行设置。

（5）设置完成后，单击"确定"按钮，即可将目录插入到文档中。插入目录后的实例结果如图 3.187 所示，同一级别的标题在目录中是垂直对齐的。

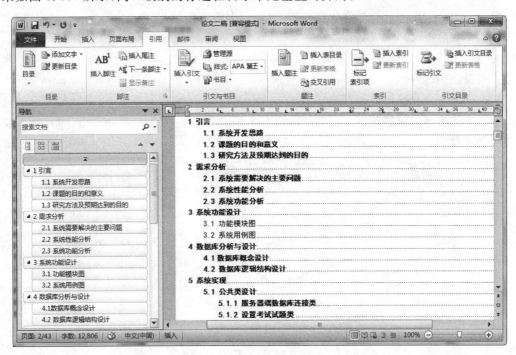

图 3.187 "插入目录"示例

2. 更新目录

使用目录时，如果对文档进行了修改，则必须更新目录。具体操作步骤如下。

（1）将光标定位在需要更新的目录中。

（2）选择"引用"选项卡→"目录"组中的"更新目录"命令，弹出"更新目录"对话框，如图 3.188 所示；或者在目录上单击鼠标右键，从弹出的快捷菜单中选择"更新域"命令，也会弹出"更新目录"对话框。

（3）在"更新目录"对话框中选中"只更新页码"单选按钮，则只更新现在目录的页码而不影响目录的增加或修改；选中"更新整个目录"，则重新创建目录。

（4）单击"确定"按钮即可完成目录更新。

3. 删除目录

如需删除不再使用的目录，可选中整个目录，然后按

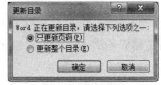

图 3.188 "更新目录"对话框

Delete 键;或者将光标定位在目录中,选择"引用"选项卡→"目录"组中的"目录"命令,从弹出的下拉菜单中选择"删除目录"命令。

3.7.3 邮件合并

邮件合并功能的目的旨在加速创建一个文档并发送给多个人,常用于大量重复性工作的场合,比如制作请柬、工资单、成绩单等,它们多数文本都是相同的,只是在称呼、地址等细节方面有所不同。如果逐张设计,会带来较大的工作量。

邮件合并涉及两个文档:第一个文档是邮件的内容,这是所有邮件相同的部分,以下称为"主文档";第二个文档包含收件人的称呼、地址等每个邮件不同的内容,以下称为"收件人列表"或数据源。

执行邮件合并操作之前首先要创建这两个文档,并把它们联系起来,也就是标识收件人列表中的各部分信息在主文档的什么地方出现。完成以后合并两个文档,即为每个收件人创建邮件。

1. 设置主文档

主文档是一个样板文档,用来保存发送文档中的重复部分,任何一个普通文档都可以当作主文档来使用。因此,建立主文档的方法与创建普通文档的方法相同,如图 3.189 所示。

图 3.189 "邮件合并"主文档

2. 设置数据源

数据源又叫收件人列表,可看成一张二维表格。表格中的每一列对应一个信息类别,如姓名、学号等。各个数据域的名称由表格第一行来表示,这一行称为域名行。随后的每一行为一条数据记录,数据记录是一组完整的相关信息。

数据源可以有不同的形式,如 Word 自身制作的表格、Excel 表格、Outlook 地址簿和特定格式的文本文件。常用 Word、Excel 表格作为数据源。

1) 使用已有数据源

要使用已有数据源,选择"邮件"选项卡→"开始邮件合并"组中的"选择收件人"命令,在弹出菜单中选择"使用现有列表"命令,在弹出的"选取数据源"对话框中选择建立好的数据源,如图 3.190 所示为在 Word 中建立的数据源文件内容。

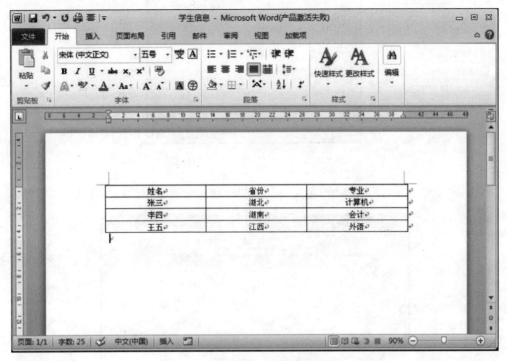

图 3.190　"邮件合并"数据源

2）自建数据源

（1）选择"邮件"选项卡→"开始邮件合并"组中的"选择收件人"命令,在弹出菜单中选择"键入新列表"命令。

（2）弹出"新建地址列表"对话框,如图 3.191 所示。单击"自定义列"按钮,弹出"自定义地址列表"对话框,将原有的字段名重新命名为所需的字段名,或者是删除原有字段名重新添加,如图 3.191 所示为重命名了姓名、省份字段,添加了地址字段。

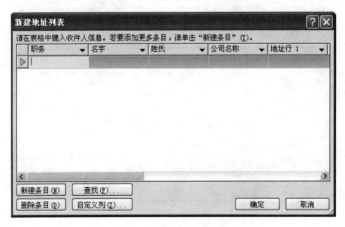

图 3.191　"新建地址列表"对话框

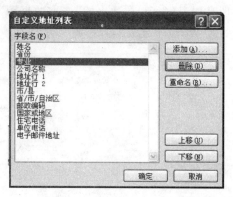

图 3.192　"自定义地址列表"对话框

（3）定义好字段名后单击"确定"按钮回到"新建地址列表"对话框，如图 3.193 所示。

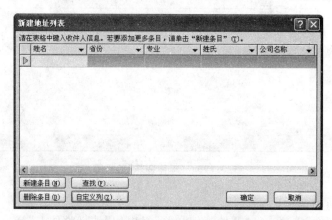

图 3.193　更改字段名后的"新建地址列表"对话框

（4）在"新建地址列表"对话框中，根据字段名输入相关信息，每输入完一个字段信息，按 Tab 键即可输入下一个字段信息，每输入完最后一个所需的字段信息后，单击"新建条目"按钮，会自动增加一条记录，如图 3.194 所示为添加了 3 条记录的结果。

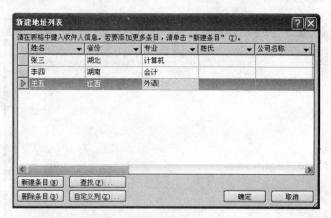

图 3.194　添加了记录的"新建地址列表"对话框

（5）当数据录入完毕后，单击"确定"按钮，会弹出"保存通讯录"对话框，选择数据源保存的位置，输入保存的文件名，单击"保存"按钮即可。

3. 添加邮件合并域

当主文档制作完毕、数据源添加成功后，就可以在主文档中添加邮件合并域。

（1）打开主文档，将光标定位到文档中需要插入域的地方。如本例，插入到"同学"前，选择"邮件"选项卡→"编写和插入域"组中的"插入合并域"命令，在弹出的列表中选择"姓名"域。

（2）以相同的方式，依次将其他域插入到主文档中对应的位置上，如图 3.195 所示，合并后的文档中出现了三个引用字段，分别用书名号括起来。

图 3.195　添加邮件合并域

4. 完成邮件合并

1）预览邮件合并

在设置好主文档，设置数据源，插入合并域后，选择"邮件"选项卡→"预览结果"组中的"预览效果"命令，直观地观察屏幕显示的目的文档。

2）完成邮件合并

预览后没有错误即可进行邮件合并，选择"邮件"选项卡→"完成"组中的"完成并合并"命令，从弹出的下拉菜单中选择"编辑单个文档"命令，弹出"合并到新文档"对话框，如图 3.196 所示，选择"全部"单选按钮。

图 3.196　"合并到新文档"对话框

（3）单击"确定"按钮，即可把主文档和数据源合并，合并结果将输入到新文档中，如图3.197所示。

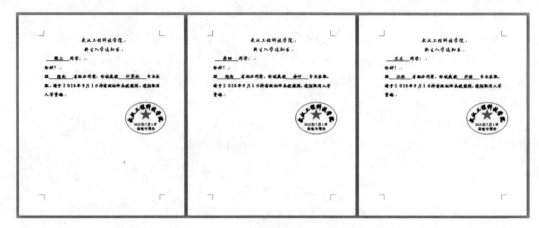

图3.197　"邮件合并"文档

3.7.4　办公实战——个人工作总结

1. 案例导读

转眼间就到年末了，同事们都忙着对自己一年的工作进行总结，小乐也用心地写了一份个人年终总结，快速地进行了排版。

该案例涉及的知识点如下。

（1）修改样式；

（2）新建样式；

（3）应用样式。

个人工作总结内容如图3.198所示。

2. 案例操作步骤

（1）用鼠标右键单击"开始"选项卡→"样式"组中的"标题1"样式，在弹出的快捷菜单中选择"修改"命令，弹出"修改样式"对话框。

（2）在"修改样式"对话框的"格式"选项区中，将字体设置为"隶书"，字号设置为"二号"，对齐方式设置为"居中"，如图3.199所示。

（3）选中第一段"个人年终总结"，单击"开始"选项卡→"样式"组中的"标题1"样式，结果如图3.200所示。

（4）选中第三段"一、在学习中不断提高自己"，利用浮动工具栏将文字格式设置为"黑体""小四"。

（5）继续选择第三段，然后单击"开始"选项卡→"样式"组右下角的对话框启动器，打开"样式"任务窗格在样式任务窗格中单击"新建样式"按钮，弹出"根据格式设置创建

> 个人年终总结
>
> 一年来，在局领导的关怀和同志们的支持帮助下，在全体同志的支持配合下，我服从工作安排，加强学习锻炼，认真履行职责，全方位提高完善了自己的思想认识、工作能力和综合素质，较好地完成了各项目标任务。虽然工作上经历过困难，但对我来说每一次都是很好的锻炼，感觉到自己逐渐成熟了。现将本年度工作做如下总结：
>
> 一、在学习中不断提高自己
>
> 办公室工作涉及面广，对各方面的能力和知识都要掌握，如不注意加强学习，就可能无法胜任某些工作，所以就必须用理论武装头脑。在平时工作中我积极学习新知识，把政治理论知识、业务知识和其他新鲜知识结合起来，开阔视野，拓宽思路，丰富自己，努力适应新形势、新任务对本职工作的要求。积极提高自身各项业务素质，争取工作的主动性，努力提高工作效率和工作质量。经过不断学习、不断积累，已具备了办公室工作经验，基本能够从容地处理日常工作中出现的各类问题，保证了本岗位各项工作的正常运行。
>
> 二、日常工作
>
> 办公室是我局的服务中心和运转中心，担负着上情下达、下情上报、各种文件的印发、信息的报送以及后勤服务等。工作中我牢固树立了"办公室无小事"的思想，严格按照"五个一"的标准来要求自己，即接好每一个电话，接待好每一个来办事的人，完成好每一件交办任务，作好每一个记录，处理好每一份文件，力求周全、准确、适度，避免疏漏和差错。只有这样，在相对烦琐的工作中才能端正工作态度，兢兢业业做好本职工作。
>
> 三、工作中存在的不足
>
> 以上这些是今年我在办公室工作的体会和收获，但由于我自身还存在很多不足，导致很多工作做得不够理想，比如：对办公室工作了解还不够全面，有些工作思想上存在应付现象，工作主动性不够；办事效率有待提高，事情多的话还存在顾此失彼的现象，某些工作在细节上还有待加强等等。也许，没有做到让领导和同事们真正满意，但我坚信只要努力做到"勤奋"二字，遇到事情尽心努力去做，就一定能够做好。

图 3.198　个人工作总结内容

图 3.199　"修改样式"对话框

新样式"对话框。在"属性"选项区，将"名称"改为"我的样式 1"，单击"确定"按钮。则根据第三段的样式新建了一个名为"我的样式 1"的样式，并且会在"开始"选项卡→"样式"组中的样式列表中显示该样式。

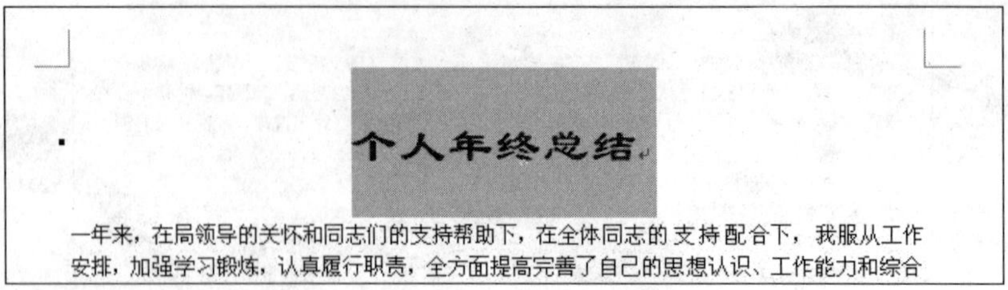

图 3.200　应用"标题 1"样式效果

（6）选中第五段"二、日常工作"和第六段"三、工作中存在的不足"，单击"开始"选项卡→"样式"组中的"我的样式 1"样式，结果如图 3.201 所示。

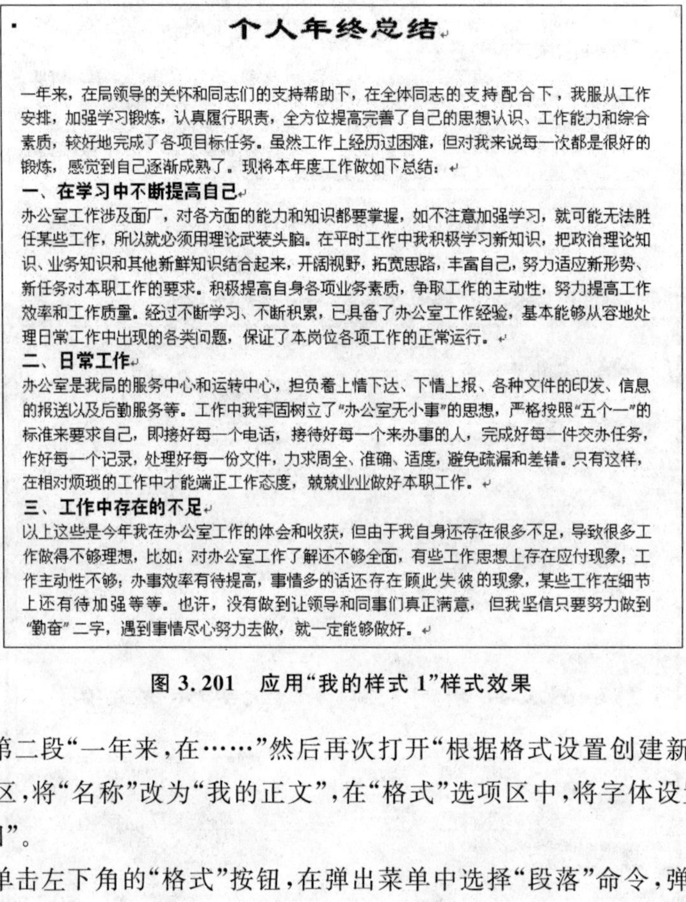

图 3.201　应用"我的样式 1"样式效果

（7）选中第二段"一年来，在……"然后再次打开"根据格式设置创建新样式"对话框。在"属性"选项区，将"名称"改为"我的正文"，在"格式"选项区中，将字体设置为"仿宋"，字号设置为"小四"。

（8）然后单击左下角的"格式"按钮，在弹出菜单中选择"段落"命令，弹出"段落"对话框，在"缩减"选项区中，将"特殊格式"下拉列表内容设置为"首行缩进"，"磅值"数值框内容设置为"2 字符"，单击"确定"按钮，回到"根据格式设置创建新样式"对话框，最后单击"确定"按钮。则新建的"我的正文"的样式会在"开始"选项卡→"样式"组中的样式列表中显示。

（9）选中第四段、第六段和第八段，单击"开始"选项卡→"样式"组中的"我的正文"样式，最终结果如图 3.202 所示。

图 3.202　个人工作总结终稿

3.8　页面的设置与打印

3.8.1　页面设置

页面设置指的是设置文档的页边距、纸张大小、页眉页脚与边界的距离等内容。

1. 设置页边距

设置页边距是为了控制文本的宽度和长度,为文档预留出装订边。用户可以使用标尺快速设置页边距,也可以使用对话框来进行设置。

1)使用标尺设置

在页面视图中,用户可以通过拖动水平标尺或垂直标尺上的页边距线来设置页边距,如图 3.203 所示。在页边距线上按住鼠标左键,拖动虚线到所需位置后释放鼠标即可。

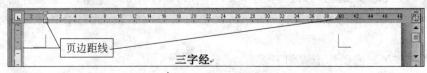

图 3.203　页边距线

如果在拖动页边距线同时按住 Alt 键,还会显示文本区和页边距的量值。

2)使用对话框设置

如果需要精确设置,或者需要添加装订线等,还需通过"页面设置"对话框来设置。装订线是在已有左边距或内侧边距的基础上增加额外的一段距离。

(1)选择"页面布局"选项卡→"页面设置"组中的"页边距"命令,弹出下拉菜单,如图 3.204 所示,根据需要从"普通""适中""宽""窄"和"镜像"中选择一种设置好的预设值。如果都不满足需要,选择"自定义边距"选项。

(2)弹出如图 3.205 所示的"页面设置"对话框,在"页边距"选项区中的"上""下""左""右"数值框中输入要设置的数值或者单击微调按钮进行设置。在"装订线"数值框中输入要设置的装订线的宽度值或单击微调按钮进行设置。"装订线位置"下拉列表中选择"左"或"上"选项。

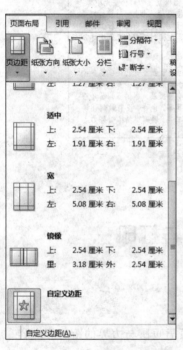

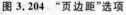

图 3.204　"页边距"选项

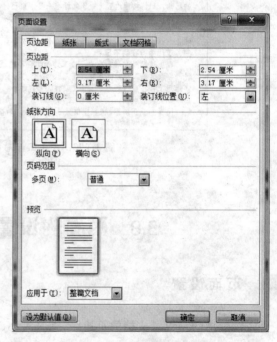

图 3.205　"页边距"选项卡

(3)在"方向"选项区中选择"纵向"或"横向"选项来设置文本方向;在"页码范围"选区中单击"多页"下拉列表,在弹出的下拉列表中选择相应的选项,可设置页码范围类型。

(4)设置完成后,单击"确定"按钮即可。

2. 设置纸张类型

Word 默认打印纸张为 A4,其宽度为 210 毫米,高度为 297 毫米,且页面方向为纵向。如果实际需要的纸型与默认设置不一致,就会造成分页错误,此时必须重新设置纸张类型。

设置纸张类型的操作步骤如下。

(1)选择"页面布局"选项卡→"页面设置"组中的"纸张大小"命令。

（2）在弹出的下拉菜单中选择所需纸张类型，如图 3.206 所示。

（3）如果下拉菜单中无满意设置，选择"其他页面大小"选项，弹出如图 3.207 所示对话框。

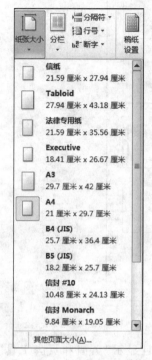

图 3.206 "纸张大小"选项

图 3.207 "纸张"选项卡

（4）在"纸张大小"下拉列表中，选择合适纸型；还可以在"宽度"和"高度"数值框中输入要设置的数值或者单击微调按钮进行设置；在"纸张来源"选项区中设置打印机的送纸方式；在"首页"和"其他页"列表框中分别选择首页和其他页的送纸方式；在"应用于"下拉列表中选择应用范围为"整篇文档"或"插入点之后"。单击"打印选项"按钮，弹出"Word 选项"对话框，在右边的"打印选项"选项区中进一步设置打印属性。

（5）设置完成后，单击"确定"按钮即可。

3.8.2 页眉和页脚

页眉和页脚是指在文档每一页的顶部或底部加入的信息，这些加入的信息可以是文字和图片。

1. 添加页眉和页脚

在文档中添加页眉页脚的操作步骤如下。

（1）打开要添加页眉和页脚的文档。

（2）选择"插入"选项卡→"页眉和页脚"组中的"页眉"命令，弹出如图 3.208 所示的下拉菜单，可以从内置样式中选择一种需要的页眉样式。

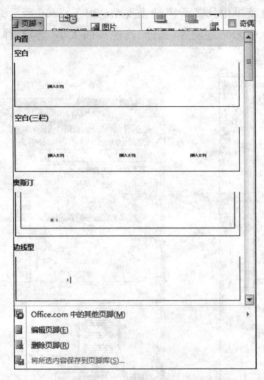

图 3.208 "页眉"下拉菜单

（3）插入页眉样式后，进入页眉和页脚编辑界面，并且显示"页眉和页脚工具"功能区，在该功能区中有一个"设计"选项卡，如图 3.209 所示。用户可以在页眉区输入需要的文字或插入图形，正文部分呈灰色不可编辑。

图 3.209 "设计"选项卡

（4）选择"设计"选项卡中的"转至页脚"命令，使插入点转移到页脚编辑区。

（5）选择"设计"选项卡→"页眉和页脚"组中的"页脚"命令，弹出如图 3.210 所示的下拉菜单，可以从内置样式中选择一种需要的页脚样式。在页脚区输入需要的文字或插入图形。

（6）单击"设计"选项卡中的"关闭页眉和页脚"命令，或双击正文区域返回文档编辑状态，则所有页面中都具有相同的页眉和页脚信息。

2. 设置不同的页眉和页脚

同一文档所有的页眉页脚在默认设置下是相同的，但有些文档如学生的毕业论文、出版的书籍可能会要求每页的页眉和页脚不同。

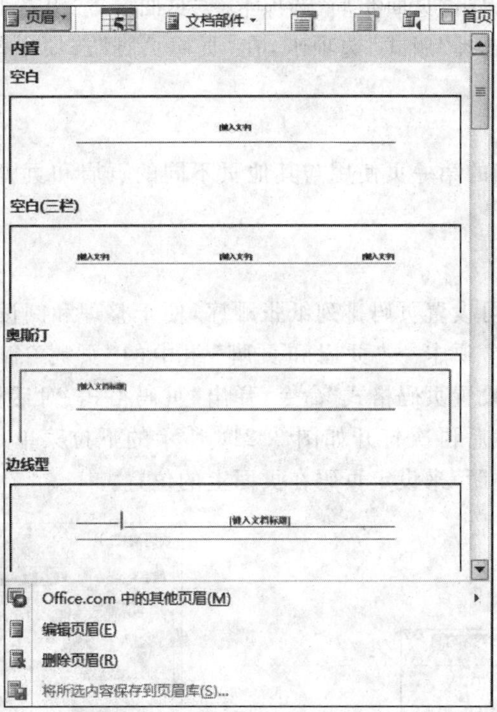

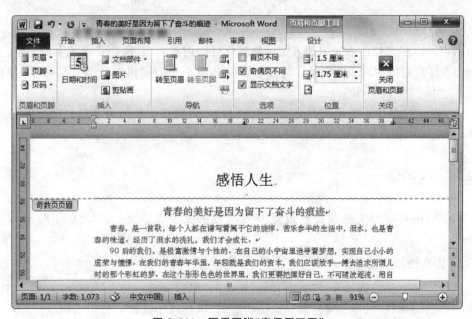

图 3.210　"页脚"选项

1）奇偶页不同

在"页眉和页脚工具"功能区→"设计"选项卡→"选项"组中勾选"奇偶页不同"，如图 3.211 所示，即可在奇数页上设置奇数页的页眉和页脚内容，在偶数页上设置偶数页的

图 3.211　页眉页脚"奇偶页不同"

页眉和页脚内容;或者单击"页面布局"选项卡→"页面设置"组右下角的对话框启动器,弹出"页面设置"对话框,选择"版式"选项卡,在"页眉页脚"选项中勾选"奇偶页不同"进行设置。

2)首页不同

首页不同是指文档的第一页使用与其他页不同的页眉和页脚。设置方法和设置"奇偶页不同"一样。

3. 插入页码

文档内容较长时,可设置页码排列纸张顺序,便于整理和阅读。选择"页眉和页脚工具"功能区→"设计"选项卡→"页眉和页脚"组中的"页码"命令,弹出下拉菜单,如图3.212所示。选择"设置页码格式"命令,弹出"页码格式"对话框,如图3.213所示,在其中设置页码格式。然后再次打开如图3.212所示的下拉菜单,根据需要选择"页面顶端""页面底端"或"页边距"来设定页码在页面上的位置。

图3.212 "页码"下拉菜单　　　　图3.213 "页码格式"对话框

4. 插入封面

用户可以在文档的最前面插入完全格式化好的内置封面,操作步骤如下。

(1)打开要添加封面的文档。选择"插入"选项卡→"页"组中的"封面"命令,弹出下拉菜单,如图3.214所示。

(2)从下拉菜单中选择一种合适的内置封面,便可在文档的最前面自动插入该封面模板,将封面中相应的提示性内容更改为自定义的文本内容即可,如图3.215所示。

3.8.3 水印

在文档中可以对文档的背景设置一些隐约的文字或图案,称为"水印",操作步骤如下。

1. 为文档添加简单的水印

选择"页面布局"选项卡→"页面背景"组中的"水印"命令,弹出下拉菜单,如图3.216所示。根据需要在"机密""紧急"或者"免责声明"选项区中选择一种样式即可。

图 3.214　"封面"选项列表

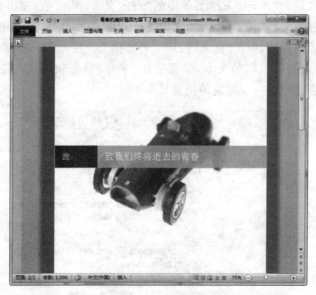

图 3.215　插入封面

图 3.216 "水印"下拉菜单

2. 自定义水印

选择图 3.216 所示"水印"下拉菜单中的"自定义水印"命令，弹出"水印"对话框，如图 3.217 所示。若要将一幅图片插入为水印，选中"图片水印"单选按钮，再单击"选择图片"按钮，选定所需图片后，单击"插入"按钮。若要插入文字水印，选中"文字水印"单选按钮，然后选择或输入制作水印的文本，设置字体、字号、颜色和版式。设置完后，单击"确定"按钮，水印将在文档每一页固定的位置显示。

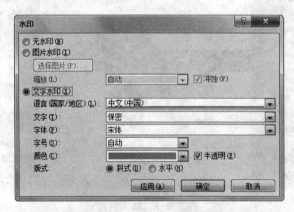

图 3.217 "水印"对话框

若要删除水印，直接在如图 3.216 所示"水印"下拉菜单中选择"删除水印"命令即可。

3.8.4 页面颜色

页面颜色是指整篇文档的背景色,用户可以通过设置页面颜色更改整篇文档的背景,而且可以设置渐变页面颜色。设置方法类似,这里仅以渐变页面颜色为例做介绍。

(1)单击"页面布局"选项卡→"页面背景"组中"页面颜色"下拉按钮,在弹出的下拉菜单中选择"填充效果"命令。

(2)弹出如图 3.218 所示"填充效果"对话框,在"颜色"选项区域中选择需要使用的颜色,在"底纹样式"区域中选择需要使用的渐变样式,在"变形"区域中选择渐变的方向,单击"确定"按钮。设置效果如图 3.219 所示。

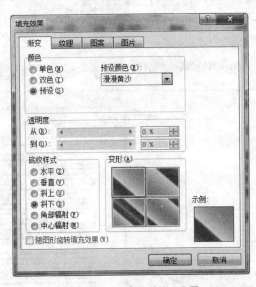

图 3.218 "填充效果"设置

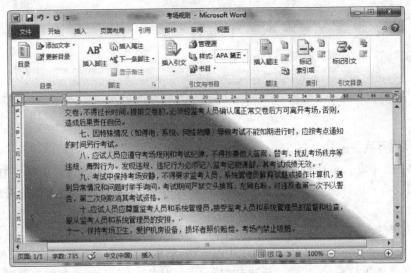

图 3.219 页面背景效果

在"填充效果"对话框中,除了"渐变"选项卡外,还有"纹理""图案"和"图片"选项卡可供用户选择。用户可以通过"纹理"选项卡将页面背景设置成纹理背景;通过"图案"选项卡预设图案作为背景;通过"图片"选项卡将页面背景设置成图片背景。

3.8.5 打印

文档排版完成后,即可进行打印预览,如果满意就可以打印文档。

1. 预览打印效果

预览打印效果是指在输出打印文档前,用户通过显示器,查看文档打印输出到纸张上的效果。如果不满意,可以在打印前进行必要的修改。

单击"文件"按钮→"打印"命令,打开"打印预览"窗口,在窗口右侧显示打印效果,如图 3.220 所示。

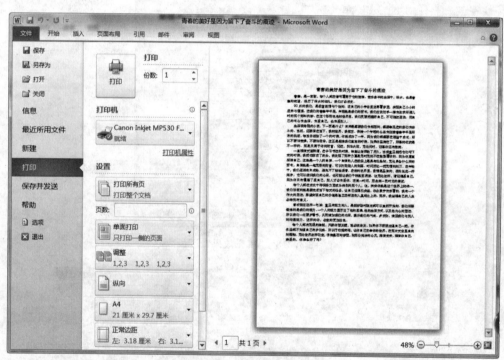

图 3.220 "打印预览"窗口

2. 打印方式

在 Word 中有多种打印方式,用户不仅可以按指定范围打印文档,还可以打印多份、多篇文档或将文档打印到文件。此外,Word 2010 中还提供了更具灵活性的可缩放的文件打印方式。

1) 快速打印

若要快速地打印一份文档,首先打开该文档,然后单击"自定义快速访问工具栏"下拉按钮,在弹出的下拉菜单中选择"快速打印"命令,如图 3.221 所示。此时按照默认的设置将整个文档快速地打印一份。

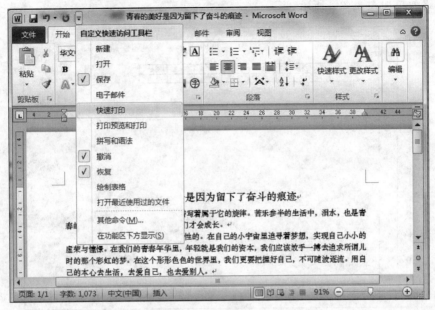

图 3.221 "快速打印"选项

2）一般打印

若要设置其他的打印选项，在如图 3.220 所示的"打印预览"窗口中可以做如下设置。

（1）在"打印"选项区数值框中输入要打印的份数或者单击微调按钮进行设置。

（2）在"打印机"选项区中单击"名称"下拉列表，可显示系统已安装的打印机列表，从中选择所需的打印机。

（3）在"设置"选项区，可以设置打印范围、单双面打印、打印排序、纸张大小、纸张纵横向、页边距和纸张缩放。

3. 暂停和终止打印

在打印过程中，如果要暂停打印，应首先打开"打印机和传真"窗口，然后双击打印机图标。在打开的打印机窗口中，选中正在打印的文件，然后单击鼠标右键，在打开的快捷菜单中选择"暂停"命令；如果选择"取消"命令，则可取消打印文档。

3.8.6　办公实战——制作试卷模板

1. 案例导读

公司一年一次的员工心理测试时间即将到来，办公室主任又交给小乐一个新的任务，要求制作一份试卷模板。

该案例涉及的知识点如下。

（1）页面格式化；

（2）分栏；

（3）页眉页脚的设置。

最终效果如图 3.222 所示。

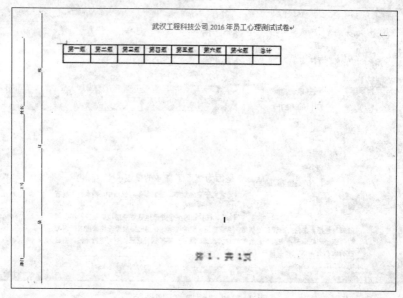

图 3.222　试卷模板

2. 案例操作步骤

（1）启动 Word 2010 后，新建一个文档。

（2）选择"页面布局"选项卡→"页面设置"组中的"纸张方向"命令，在弹出的下拉菜单中选择"横向"，将纵向的纸张方向设置为横向。

（3）选择"页面布局"选项卡→"页面设置"组中的"纸张大小"命令，在弹出的下拉菜单中选择"B4"选项。

（4）选择"页面布局"选项卡→"页面设置"组中的"页边距"命令，弹出下拉菜单，选择"适中"型的页边距。

（5）单击"页面布局"选项卡→"页面设置"组右下角的启动器，弹出"页面设置"对话框，在"装订线"数值框中输入"3 厘米"，在"装订线位置"下拉列表中选择"左"选项。

（6）选择"插入"选项卡→"文本"组中的"文本框"命令，在弹出的下拉菜单中选择"绘制文本框"命令，按住鼠标左键，在试卷左侧页边距内拖动到合适的大小和位置后，释放鼠标左键。

（7）在文本框内右键单击，从快捷菜单中选中"文字方向"命令，弹出"文字方向"对话框，在该对话框中选择向左的文字方向，单击"确定"按钮。

（8）在文本框中输入相应的文字和下划线，如图 3.223所示。

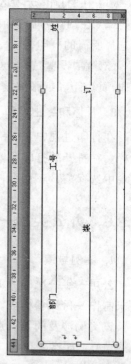

图 3.223　文本框中的内容

（9）在文本框内右键单击，从快捷菜单中选中"设置形状格式"命令，弹出"设置形状格式"对话框，在该对话框左侧选择"线条颜色"选项卡，在右侧"线条颜色"选项区勾选"无线条"，如图 3.224 所示，则文本框的边框不再显示。

图 3.224　"设置形状格式"对话框

（10）选择"页面布局"选项卡→"页面设置"组中"分栏"命令，在弹出的下拉菜单中选择"两栏"选项。

（11）双击页面顶端，则进入页眉页脚编辑状态，在页眉部分输入相应的标题文字。选中页眉文本，在"浮动工具栏"中将文本格式设为"小二""加粗"，如图 3.225 所示。

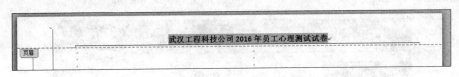

图 3.225　页眉内容

（12）选择"页面布局"选项卡→"页面背景"组中的"页面边框"命令，弹出"边框和底纹"对话框，然后选择"边框"选项卡，在"设置"选项区选择"无"选项，在"应用于"下拉列表中选择"段落"选项。单击"确定"按钮，则页眉文本下的下划线被清除了。

（13）选择"页面和页脚工具"功能区→"设置"选项卡→"导航"组中的"转至页脚"命令，则光标转至页脚处。

（14）选择"页面和页脚工具"功能区→"设置"选项卡→"页眉和页脚"组中的"页码"命令，从弹出下拉菜单中选中"页面底端"，从级联菜单"X/Y"选项区中选择"加粗显示的数字 2"选项，则所选样式的页码插入到页脚中。左侧数字表示"当前页码"，右侧数字表示"总页数"，将页码格式改为"第 X 页，共 Y 页"的形式，注意数字不能更改。文字格式设置为"小五"，结果如图 3.226 所示。

第 1，共 1 页

图 3.226　页脚内容

（15）在页眉页脚外的正文编辑区的任意位置用鼠标左键双击，退出页眉页脚的编辑状态。

（16）将光标定位在试卷的开头。选择"插入"选项卡→"表格"组中的"表格"命令，弹出下拉菜单，在"插入表格"选择区中移动鼠标选择"8×2"表格，单击鼠标左键，将一个 2 行 8 列的表格插入到光标处。

（17）在表格中输入相应的文本，如图 3.227 所示。

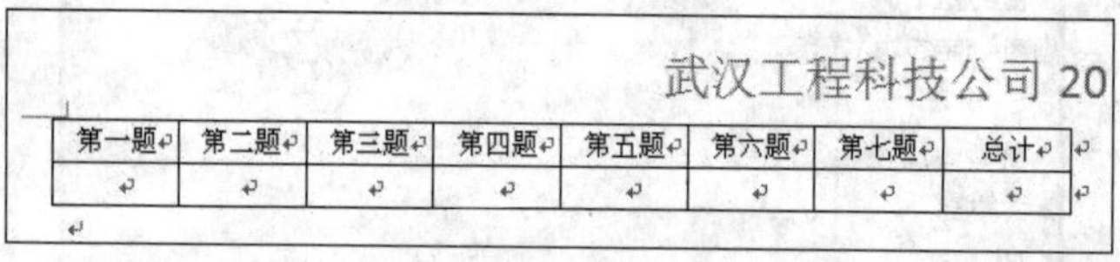

武汉工程科技公司 20							
第一题	第二题	第三题	第四题	第五题	第六题	第七题	总计

图 3.227　表格内容

3.9　文档的安全

在 Word 2010 中，对文档提供了各种保护措施。单击"文件"→"信息"命令，打开信息窗口，单击"保护文档"命令，弹出下拉菜单，如图 3.228 所示。共有五种保护方式，其中常用的有三种："标记为最终状态""用密码进行加密"和"限制编辑"。

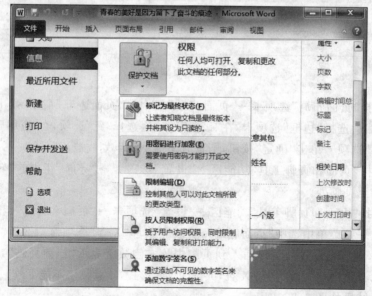

图 3.228　"保护文档"下拉菜单

3.9.1 用密码进行加密

用户可以为文档设置和修改密码,之后,在查看和编辑该文档时必须输入正确的文档密码才可打开。

1. 设置密码

操作步骤如下。

(1)单击"文件"→"信息"命令,打开信息窗口,单击"保护文档"命令,从弹出的下拉菜单中选择"用密码进行加密"命令。

(2)弹出"加密文档"对话框,如图 3.229 所示。在"密码"文本框中输入密码,单击"确定"按钮,弹出"确认密码"对话框,如图 3.230 所示。在"重新输入密码"对话框中,将输入的密码内容再输入一次,单击"确定"按钮,即完成设置。

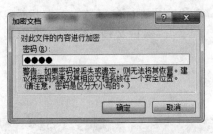

图 3.229 "加密文档"对话框

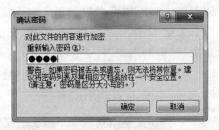

图 3.230 "确认密码"对话框

(3)提示用户必须提供密码才能打开此文档,如图 3.231 所示。在退出文档窗口前,必须先保存后再退出。

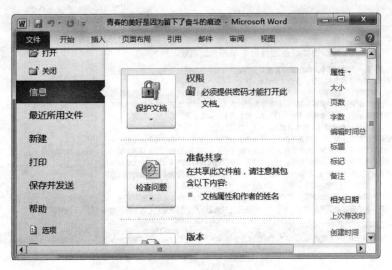

图 3.231 加密文件信息

再次打开加密文档时,弹出"密码"对话框,在文本框中输入正确的密码,才能打开文档查看文档内容。

2. 修改密码

（1）选择"文件"→"信息"命令，打开信息窗口，单击"保护文档"命令，从弹出的下拉菜单中选择"用密码进行加密"命令。

（2）弹出"加密文档"对话框，在"密码"文本框中删去原密码内容，输入新的密码内容，单击"确定"按钮。弹出"确定密码"对话框，在"重新输入密码"对话框中，将修改后的密码内容再输入一次，单击"确定"按钮，即可修改文档密码。

在设置密码内容时，用户需要注意密码区分大小写字母，如果设置密码时使用了大写字母，在打开文档时同样需要输入大写字母。在设置或修改密码后，需要将该文档进行保存才能使密码生效。若要取消密码，直接将文本框中的密码删除后保存即可。

3.9.2　限制格式和编辑

限制格式和编辑可以控制用户对该文档的格式和内容进行自定义的编辑和修改。

（1）选择"文件"→"信息"命令，打开信息窗口，单击"保护文档"命令，从弹出的下拉菜单中选择"限制编辑"命令。

（2）在文档窗口的右侧弹出"限制格式和编辑"窗格，在"格式设置限制"区域中单击"设置"选项，如图 3.232 所示。

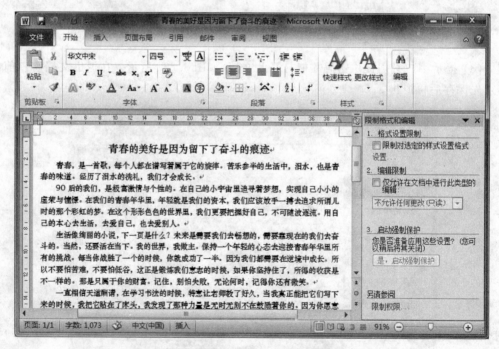

图 3.232　"特殊字符"选项卡

（3）弹出"格式设置限制"对话框，勾选"限制对选定的样式设置格式"复选框，在"当前允许使用的样式"区域中勾选允许样式的复选框，单击"确定"按钮，即可完成格式限制的设置。如图 3.233 所示。

图 3.233　"特殊字符"选项卡

　　勾选"仅允许在文档中进行此类型的编辑"复选框,在下拉列表框中选择允许的编辑操作,即可完成编辑限制的设置。如图 3.234 所示。

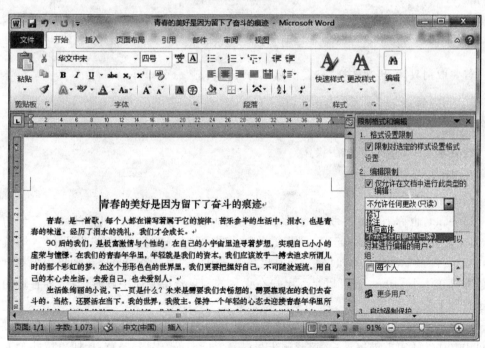

图 3.234　"特殊字符"选项卡

3.9.3　将文档标记为最终状态

　　将文档标记为最终状态后,此文档会变为只读文档,只能查看而不能进行编辑和修改。

选择"文件"→"信息"命令,打开信息窗口,单击"保护文档"命令,从弹出的下拉菜单中选择"将文档标记为最终状态"命令。弹出如图 3.235 所示提示框,要求先将文档标记为终稿,单击"确定"按钮。

图 3.235　提示框

接下来弹出提示框如图 3.236 所示,提示已标记好文档的最终状态。

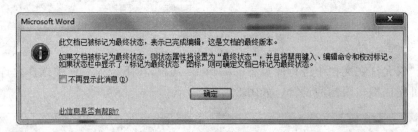

图 3.236　提示框

若要取消只读,再次选择"将文档标记为最终状态"命令即可。

【动手实践】

按要求完成对附件的排版操作。

1. 附件

Internet 技术及其应用

Internet,也称为国际互联网或因特网,它将世界各国、各地区、机构的数以万计的网络,上亿台计算机连接在一起,几乎覆盖了整个世界,是目前世界上覆盖面最广,规模最大,信息资源最丰富的计算机网络,同时也是全球范围的信息资源宝库。如果用户将自己的计算机接入 Internet,便可以足不出户在无尽的信息资源宝库中漫游,与世界各地的朋友进行网上交流。

企业可以通过 Internet 将自己的产品信息发布到世界各个国家和地区,消费者可以通过 Internet 了解商品信息,支付并购买自己喜爱的商品。只要愿意,任何单位和个人都可以将自己的网页发布到 Internet 上。

主要介绍 Internet 的发展与现状,Internet 基本工作原理,Internet 的接入方法,以及 Internet 所提供的各种服务,最后还介绍了网页设计技术。

国际互联网起源于美国国防部高级计划局于 1969 年组建的一个名为 ARPANET 的网络,ARPANET 最初只连接了美国西部的四所大学,是一个只有四个节点的实验性网络。但该网络被公认为是世界上第一个采用分组交换技术组建的网络,并向用户提供电子邮件、文件传输和远程登录等服务,是 Internet 的雏形。

2. 排版要求

(1) 设置上下页边距为 70 磅,左右页边距为 60 磅,装订线 0 厘米,纸张方向为纵向,纸张大小为 A4(21cm×29.7cm)。

(2) 将第一段行距设为 2 倍行距;其他各段行距设为 25 磅,首行缩进 2 字符,字体格式设置为宋体,四号,"黑色,文字 1"。

(3) 将原文中从第二段开始的"Internet"替换为"互联网",并将字体颜色设为"橙色,强调文字颜色 6,深色 25%",加粗。

(4) 将第一段"Internet 技术及其应用"设置为仿宋,三号字,加粗,斜体并居中。

(5) 将文中以"Internet,也称为国际互联网或因特网……"开始的这一段设置为两栏,第 1 栏宽度为 23 字符,间距为 3 字符,并加分隔线。

(6) 在两栏间插入基本形状中的云形,环绕方式为四周型环绕;高度为绝对值 3 厘米,宽度为绝对值 4 厘米,云形位置为水平绝对位置 7 厘米,右侧选择栏,垂直绝对位置为 2 厘米,下侧选择段落;在云形中输入"互联网",字体格式为黑体,四号。

(7) 将文中以"企业可以通过 Internet 将自己的产品信息……"开始的这一段设置为段前、段后间距均为 2 字符,字符间距加宽 2 磅。

(8) 将文中以"主要介绍 Internet 的发展与现状……"开始的这一段加上双线边框,宽度为 0.75 磅,颜色为黑色。

(9) 将文中以"国际互联网起源于美国国防部高级计划局……"开始的这一段落使用首字下沉效果,下沉行数 4 行,距正文 1 厘米。

(10) 设置页眉和页脚,要求页眉设置为文件题目"互联网技术及其应用",页脚设置为页码,总页数,即"第 1 页 共 1 页",页眉和页脚的字体格式为宋体,小五,居中。

习　　题

一、选择题

1. Word 2010 默认的文件扩展名是(　　)。

　　A. doc　　　　　　　B. docx　　　　　　　C. xls　　　　　　　D. ppt

2. 在 Word 2010 中,如果已存在一个名为 old. docx 的文件,要想将它换名为 NEW. docx,可以选择(　　)命令。

　　A. 另存为　　　　　B. 保存　　　　　　　C. 全部保存　　　　　D. 新建

3. 要使文档的标题位于页面居中位置,应使标题(　　)。

　　A. 两端对齐　　　　B. 居中对齐　　　　　C. 右对齐　　　　　　D. 分散对齐

4. 下列关于 Word 2010 文档窗口的说法中,正确的是(　　)。

　　A. 只能打开一个文档窗口

B. 可以同时打开多个文档窗口,被打开的窗口都是活动窗口

C. 可以同时打开多个文档窗口,但其中只有一个是活动窗口

D. 可以同时打开多个文档窗口,但在屏幕上只能见到一个文档窗口

5. 在退出 Word 2010 时,如果有工作文档尚未存盘,系统的处理方法是(　　)。

    A. 不予理会,照样退出

    B. 自动保存文档

    C. 会弹出一个要求保存文档的对话框供用户决定保存与否

    D. 有时会有对话框,有时不会

6. 在 Word 2010 文档操作中,按 Enter 键其结果是(　　)。

    A. 产生一个段落结束符　　　　　　　B. 产生一个行结束符

    C. 产生一个分页符　　　　　　　　　D. 产生一个空行

7. 启动 Word 后,系统为新文档的命名应该是(　　)。

    A. 系统自动以用户输入的前 8 个字命名

    B. 自动命名为".Doc"

    C. 自动命名为"文档 1"或"文档 2"或"文档 3"

    D. 没有文件名

8. 在 Word 的编辑状态下,当前输入的文字显示在(　　)处。

    A. 鼠标光标处　　　B. 插入点　　　C. 文件尾部　　　D. 当前行尾部

9. Word 具有分栏功能,下列关于分栏的说法中,正确的是(　　)。

    A. 最多可以设 4 栏　　　　　　　　　B. 各栏的宽度必须相同

    C. 各栏的宽度可以不同　　　　　　　D. 各栏之间的间距是固定的

10. 下列方式中,可以显示出页眉和页脚的是(　　)。

    A. 普通视图　　　B. 页面视图　　　C. 大纲视图　　　D. Web 版式视图

11. 在 Word 中制作表格时,按(　　)组合键,可以移到前一个单元格。

    A. Tab　　　　　B. Shift＋Tab　　　C. Ctrl＋Tab　　　D. Alt＋Tab

12. 在 Word 文档编辑状态,先执行"复制"命令,再执行"粘贴"命令后(　　)。

    A. 被选择的内容移动到插入点　　　　B. 被选择的内容移动到剪贴板

    C. 剪贴板的内容移到插入点　　　　　D. 剪贴板中的内容复制到插入点

13. 在 Word 文档编辑中,可以删除插入点前字符的按键是(　　)。

    A. Delete　　　　　　　　　　　　　B. Ctrl＋Delete

    C. BackSpace　　　　　　　　　　　D. Ctrl＋BackSpace

14. 在 Word 中,节是一个重要的概念,下列关于节的叙述错误的是(　　)。

    A. 在 Word 中,第一节必须要设置页码

    B. 可以对一篇文档设定多个节

    C. 可以对不同的节设定不同的页码

    D. 删除某一节的页码不会影响其他节的页码设置

15. 在 Word 中,关于打印预览叙述错误的是(　　)。

    A. 在打印预览中可以给文档设置页边距等操作

B. 预览的效果和打印出的文档效果相匹配

C. 无法对打印预览的文档编辑

D. 在打印预览方式中,可同时查看多页文档

16. 关于样式和格式的说法正确的是( )。

　　A. 样式是格式的集合

　　B. 格式是样式的集合

　　C. 格式和样式没有关系

　　D. 格式中有几个样式,样式中也有几个格式

17. 在"制表位"对话框中,( )。

　　A. 只能清除特殊制表符　　　　　B. 只能设置特殊制表符

　　C. 既可以设置又可以清除特殊制表符　　D. 不能清除特殊制表符

18. 在 Word 中,输入文字时可以通过( )查看统计的页数和字数。

　　A. 标题栏　　　　B. 编辑栏　　　　C. 状态栏　　　　D. 选项卡

19. 如果在 Word 的文字中插入图片,那么图片只能放在文字的( )。

　　A. 左边　　　　B. 中间　　　　C. 下面　　　　D. 前三种都可以

20. 在 Word 中,以下( )不属于 Word 分隔符类型。

　　A. 分页符　　　　B. 分栏符　　　　C. 换行符　　　　D. 分时符

二、填空题

1. 在 Word 中要将文档中某段内容移到另一处,则先要进行( )操作。

2. 在 Word 主窗口的右上角,可以同时显示的按钮是最小化、还原和( )按钮。

3. 在 Word 文档编辑状态下,若要设置打印页面格式,应当使用( )选项卡中的"页面设置"组。

4. 在 Word 中,要将新建的文档存盘,应当单击( )中的"保存"按钮。

5. 在 Word 中,用户在用 Ctrl＋C 组合键将所选内容拷贝到剪贴板后,可以使用( )组合键粘贴到所需要的位置。

6. 在 Word 中,段间距分为( )间距和段后间距。

7. 要设置字符的间距,应在"字体"对话框中选择( )选项卡来设置。

8. 要在文档某处插入某一图片,可以在"插入"选项卡下( )组中选择"图片"命令。

9. 在 Word 文档中,要编辑某些数学公式可以使用"插入"选项卡下"符号"中的( )命令。

10. 为创造艺术字体,即实现文字的图形效果,可以在"插入"选项卡下选择( )组中的"艺术字"命令。

11. 在 Word 中,要将文档保存成与 Word97-2003 兼容的格式,应选择的保存类型为( )。

12. 在 Word 中,页面设置是针对( )进行的,主要包括纸张大小和页边距。

13. 将文档分为左右两个版面的功能叫作( )。

14. 每段首行首字距页左边界的距离称为( )。

15. 在 Word 文档的录入过程中,如果出现了错误操作,可单击快速访问工具栏中( )按钮取消本次操作。

三、判断题

1. 在字符格式中,衡量字符大小的单位是号和磅。 （ ）
2. 关于字符边框,其边框线不能单独定义。 （ ）
3. 设置分栏时,可以使各栏的宽度不同。 （ ）
4. 图形既可浮于文字上方,也可衬于文字下方。 （ ）
5. Word 中,一个表格的大小不能超过一页。 （ ）
6. 在 Word 中,表格中只能输入数据,不能输入公式。 （ ）
7. 双击 Word 文档窗口滚动条上的拆分块,可以将窗口一分为二或合二为一。

（ ）
8. "恢复"命令的功能是将误删除的文档内容恢复到原来位置。 （ ）
9. Word 把艺术字作为图形来处理。 （ ）
10. 删除表格的方法是将整个表格选定,按 Delete 键。 （ ）
11. 给 Word 文档设置的密码生效后,就无法对其进行修改了。 （ ）
12. 对于插入的图片,只能是图在上文在下,或文在上图在下,不能产生环绕效果。

（ ）
13. 在 Windows 中制作的图形不能插入到 Word 中。 （ ）
14. 在 Word 中允许使用非数字形式的页码。 （ ）
15. 在 Word 中删除分页符、分节符和删除一般字符的方法一样。 （ ）

四、简答题

1. 如何使用功能键移动或复制文本?
2. "查找"和"替换"命令可实现什么功能?
3. 设置字符格式可以怎样操作? 有几种常用方法?
4. 设置段落格式可以怎么操作? 是怎么操作的?
5. 在表格中移动插入符的常用快捷键有哪些?
6. 如何创建一个目录?

第4章

电子表格Excel 2010

【岗位对接】

在现实生活中,常常需要进行大量的数据处理,如学生成绩的分析、商品销售情况的分析、员工工资管理等。应用电子表格 Excel 2010 进行数据处理,是工作、学习、生活不可或缺的技能,同时也是最基本的岗位能力要求。

【职业引导】

在现代办公中,制作数据表是办公文员最基本的职业能力。大一新生望知学,经过半年的学习后,他的辅导员要求制作一份 16 软工 1 班第 1 学期全班学生成绩分析表,如图 4.1 所示。要求采用电子表格 Excel 2010 来完成。

【设计案例】

学号	姓名	大学语文	高等数学	大学英语	大学计算机基础	总分	平均分	简评	名次
\multicolumn{10}{武汉工程科技学院16软工1班学生成绩分析表}									
16001	刘珂琳	86	85	81	84	336	84	良好	8
16002	雷世华	81	83	77	80	321	80.25	良好	14
16003	王旭	82	80	84	82	328	82	良好	11
16004	陈诚	82	84	69	78	313	78.25	及格	15
16005	熊燕萍	86	89	87	87	349	87.25	优秀	4
16006	李浩源	88	85	76	83	332	83	良好	10
16007	蔡铭勇	76	47	75	75	273	68.25	及格	21
16008	罗晓静	70	70	74	71	285	71.25	及格	20
16009	程佳骏	86	85	88	86	345	86.25	优秀	5
16010	胡成建	92	93	49	90	324	81	良好	12
16011	徐甦	96	98	91	95	380	95	优秀	1
16012	孟康	88	87	91	88	354	88.5	优秀	3
16013	陈长	81	53	77	79	290	72.5	及格	19
16014	王昭辉	96	95	90	94	375	93.75	优秀	2
16015	李武奇	80	80	72	77	309	77.25	及格	16
16016	叶龙	57	75	81	78	291	72.75	及格	18
16017	黄玉书	84	87	81	84	336	84	良好	8
16018	邹洋	85	82	81	47	295	73.75	及格	17
16019	夏炳武	87	85	83	85	340	85	优秀	7
16020	许裕香	81	82	81	78	322	80.5	良好	13
16021	何家贵	89	88	82	86	345	86.25	优秀	5
各科平均成绩		83.48	81.57	79.52	81.29	81.46			
各科优秀率		52.38%	52.38%	23.81%	38.10%	41.67%			
各科合格率		95.24%	90.48%	95.24%	95.24%	94.05%			
简评	优秀	良好	及格	不及格					
人数	7	7	7	0					

图 4.1 学生成绩分析表

4.1　Excel 2010 的功能

1. 工作表管理

Excel 2010 具有强大的电子表格操作功能,用户可以在计算机提供的巨大表格上随意设计、修改自己的报表,并且可以方便地一次打开多个文件和快速存取它们。

2. 数据库管理

Excel 2010 对数据库进行管理是其最有特色的功能之一。工作表中的数据是按照相应的行和列保存的,并且 Excel 2010 还提供了数据库管理的命令和函数,使其具备了组织和管理大量数据的能力。

3. 数据分析和图表管理

Excel 2010 能进行数据计算,丰富的格式设置选项、图表功能项为直观化数据分析提供了强大的手段,可进行大量分析与决策,为数据优化和资源配置提供了更好的帮助。

Excel 2010 可以根据工作表中的数据源快速生成二维或三维的统计图表,并对图表中的文字、图案、色彩、位置、大小等进行编辑和修改。

4. 数据清单管理和数据汇总

可通过记录单添加数据,对清单中的数据进行查找和排序,并对查找到的数据自动进行分类汇总以及对分离的数据进行合并计算等。

5. 数据透视表

数据透视表中的动态视图功能可以将动态汇总中的大量数据收集到一起,可以直接在工作表中更改"数据透视表"的布局,交互式的数据透视表可以发挥更强大的功能。

4.2　Excel 2010 的启动和退出

1. Excel 2010 的启动

在计算机中安装了 Excel 2010 后,便可以通过以下几种方式启动。

(1) 在安装 Office 2010 办公软件后,创建了 Excel 2010 的桌面快捷方式,则可双击 Excel 2010 快捷方式图标启动。

(2) 单击桌面"开始"菜单中的"开始"→"所有程序"→Microsoft Office→Microsoft Office Excel 2010 即可启动。

(3) 直接打开保存的 Excel 2010 电子表格文件,则可启动 Excel 2010 并同时打开该文件。

2. Excel 2010 的退出

当在用 Excel 2010 编辑电子表格文件时,正常退出该软件的方法如下。

(1) 单击"文件"选项卡中的"退出"命令,则可退出。

(2) 单击标题栏左侧控制图标，在弹出的控制菜单中单击"关闭"命令,则可退出。

(3) 单击 Excel 2010 窗口右上角的"关闭"图标，则可退出,这也是大多数用户常用的退出方法。

(4) 按 Alt＋F4 组合键,则可退出。

在退出 Excel 2010 时,如果编辑的 Excel 2010 电子表格文件还没有保存,软件会弹出一个保存文件的对话框,询问是否保存所做的修改。如果用户想保存该文件,则用户需选择文件保存的位置和保存的文件名称,再单击"是"按钮;如果用户不想保存该文件,则用户只需单击"否"按钮。

4.3 Excel 2010 窗口的组成

第一次启动 Excel 2010 后,软件系统自动为用户创建一个名为 Book1 的空工作簿,供用户编辑内容,如图 4.2 所示。

图 4.2 Excel 2010 界面组成

窗口主要由快速访问工具栏、标题栏、选项卡、功能区、名称栏、编辑栏、行号、列号、工作表标签、编辑区中单元格、滚动条、视图按钮、"帮助"按钮等组成。Excel 2010 工作界面中主要元素的功能说明如表 4.1 所示。

表 4.1　Excel 2010 工作界面主要元素功能说明

功 能 名 称	功 能 描 述
快速访问工具栏	通过用户自定义来显示常用命令的工具栏
选项卡	通过单击不同的功能标签,可改变功能区的显示
标题栏	显示当前操作工作簿的名称
功能区	用来对工作表或选中区域进行操作或设置
名称栏	显示选中的单元格名称
编辑栏	显示所选单元格中的内容,也可在编辑栏中对所选单元格内容进行修改
工作表标签	单击不同标签,可选择对应的工作表进行操作
视图按钮	用于更改正在编辑的电子表格文档的显示模式以符合需要
编辑区单元格	显示正在编辑电子表格文档的内容
滚动条	用于更改正在编辑电子表格文档的显示位置
"帮助"按钮	打开 Excel 2010 的相关帮助信息,用户按信息提示了解其相关内容

4.4　Excel 2010 工作簿、工作表和单元格

1. 工作簿

用 Excel 2010 所创建的文件称为工作簿,其扩展名为.xlsx。在一个工作簿中最多可以有 255 个工作表,但系统默认只有 3 张工作表,分别以 Sheet1、Sheet2、Sheet3 来命名。用户单击不同的工作表标签可以实现工作表的相互切换。

启动 Excel 2010 后,用户首先看到的是名称为"工作簿 1"的工作簿。"工作簿 1"是一个默认的、新建的和未保存的工作簿,当用户在该工作簿的单元格中输入信息后第一次保存时,Excel 2010 会弹出"另存为"对话框,可以让用户给出新的文件名和保存的位置。如果启动 Excel 2010 后直接打开一个已有的工作簿,则"工作簿 1"不再显示,而是显示具体的文档名称。

2. 工作表

工作表是 Excel 2010 中用于存储和处理数据的主要文档,又称电子表格。工作表是由行和列组成的一个二维表格,行用数字表示,其编号从上到下从 1 开始,止于 65 536,共有 65 536 行;列用大写字母表示,其编号从左至右分别从 A 开始,止于Ⅳ,共有 256 列。

一个工作簿中最多有 255 个工作表,最少有 1 个工作表,默认的工作表有 3 个,分别以 Sheet1、Sheet2、Sheet3 来命名。

3. 单元格

工作表中的行、列交叉位置称为单元格,在单元格中可以编辑任何信息,如字符串、数字、公式、图形、声音等。单元格里还可以有附加信息、自动计算结果等内容。

在工作表中,每一个单元格都有自己的唯一地址,称为单元格的名称,同时一个地址也唯一地表示一个单元格。单元格的地址由单元格所在的列号和行号组成,且列号在前,行号在后,如 F6 表示单元格在第 F 列的第 6 行。

单击任何一个单元格,这个单元格的四周就会用粗线条包围起来,它就成为所有单元格的活动单元格,表示用户当前正在操作该单元格。活动单元格的地址在编辑栏的名称框中显示,通过使用单元格地址可以很清楚地反映当前正在编辑的单元格,用户也可以通过地址来引用单元格的数据。

由于一个工作簿文件中可能有多个工作表,为了区分不同工作表的单元格,可以在单元格地址前面增加工作表名称,工作表与单元格地址之间用"!"分开,如 Sheet2!F6,表示该单元格是"Sheet2"工作表中的"F6"单元格。

4.5　Excel 2010 中工作簿的基本操作

4.5.1　新建工作簿

在 Excel 2010 中,创建"武汉工程科技学院 16 软工 1 班学生成绩分析表"的方法有多种,比较常用的有以下三种:

(1)用"文件"选项卡命令新建"武汉工程科技学院 16 软工 1 班学生成绩分析表"工作簿的具体步骤如下。

① 启动 Excel 2010 后,在弹出的工作界面中,单击选项卡中的"文件"菜单,在弹出的下拉菜单中执行"新建"命令,则窗口内部右侧出现可作为模板的任务窗格,在该窗格中有多个选项,选择"空白工作簿"。

② 当选中"空白工作簿"后,单击"创建"按钮即可新建一个空工作簿,其默认的工作簿名称是"工作簿 1"。

(2)用快速访问工具栏创建"武汉工程科技学院 16 软工 1 班学生成绩分析表"工作簿的具体步骤如下。

如图 4.2 所示,单击快速访问工具栏中的下拉按钮 ⇂,在弹出的下拉菜单中单击"新建"命令,则可创建新工作簿。

(3)用快捷键创建"武汉工程科技学院 16 软工 1 班学生成绩分析表"工作簿的具体步骤如下。

启动 Excel 2010 后,按 Ctrl＋N 组合键,则可创建新工作簿。

动手实践:创建"武汉工程科技学院 16 软工 1 班学生成绩分析表"工作簿。

4.5.2　保存及保护工作簿

当创建新工作簿后,保存新工作簿名为"武汉工程科技学院 16 软工 1 班学生成绩分析表"的常用方法有以下几种。

1. 用"文件"选项卡中"保存"命令实现

(1) 当启动 Excel 2010,创建新工作簿后,单击"文件"选项卡标签,在弹出的下拉菜单中执行"保存"或"另存为"命令(注意:首次保存时使用"保存"命令;第二次保存时使用"另存为"命令),则弹出"另存为"对话框,在该对话框中的左窗格中选择文件的保存位置(如选择计算机的本地 D 磁盘,并新建学号姓名文件夹,打开该文件夹),在"文件名"框中输入"武汉工程科技学院 16 软工 1 班学生成绩分析表",在"保存类型"框中选择"Excel 工作簿"。

(2) 当完成上述设置后,单击"保存"按钮即可。

2. 用快速访问工具栏中的"保存"按钮实现

(1) 当启动 Excel 2010,创建新工作簿后,单击快速访问工具栏中的图标。首次保存时,则弹出"另存为"对话框,在该对话框中的左窗格中选择文件的保存位置(如选择计算机的本地 D 磁盘,并新建学号姓名文件夹,打开该文件夹),在"文件名"框中输入"武汉工程科技学院 16 软工 1 班学生成绩分析表",在"保存类型"框中选择"Excel 工作簿"。

(2) 当完成上述设置后,单击"保存"按钮即可。(当是第二次保存时,则不弹出"另存为"对话框,而是直接保存该文件)。

Excel 2010 提供了多层保护来控制可访问和更改 Excel 2010 数据的用户,其中最高的一层是文件级安全性。文件级的安全性可分为以下 3 个层次。

1. 给文件加保护口令

给文件加保护口令的具体操作步骤如下:选择菜单中的"文件"选项卡→"另存为"命令,打开"另存为"对话框,如图 4.3 所示。单击"工具"按钮,在弹出的菜单列表中选择"常

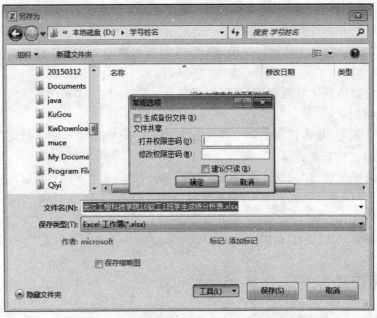

图 4.3 "工具"选项卡菜单与"常规选项"对话框

规选项",如图 4.3 所示。这里密码级别有两种：一种是打开时需要的密码；另一种是修改时需要的密码。在对话框的"打开权限密码"输入框中输入口令,然后单击"确定"按钮,在"确认密码"对话框中再输入一遍刚才输入的口令,然后单击"确定"按钮。最后返回"另存为"对话框并单击"确定"按钮即可。

2. 修改权限口令

修改权限口令的具体操作步骤与"给文件加保护口令"基本一样,并在"保存选项"对话框的"修改权限密码"输入框中输入口令,然后单击"确定"按钮。

这样在不了解该口令的情况下,用户可以打开"武汉工程科技学院 16 软工 1 班学生成绩分析表"工作簿,可浏览该工作簿的信息,也可对其进行相关操作,但不能存储该工作簿,从而达到保护工作簿的目的。

3. 以只读方式保存和备份文件

以只读方式保存工作簿可实现以下目的：当多数人同时使用某一工作簿时,如果有人需要改变内容,那么其他用户应该以只读方式打开该工作簿；当工作簿需要定期维护,而不是需要每天进行日常性的修改时,将该工作簿设置成只读方式,可以防止无意中修改工作簿。

可在"常规选项"对话框中选定生成备份文件,那么用户每次存储该工作簿时,Excel 2010 将创建一个备份文件。备份文件和源文件在同一目录下,且文件名一样,扩展名为.XKL。这样当由于操作失误造成源文件毁损时,就可以利用备份文件来恢复。

4. 保护工作簿

保护工作簿可防止用户添加或删除工作表,或是显示隐藏的工作表,同时还可以防止用户更改已设置的工作簿显示窗口的大小或位置。这样的保护可应用于整个工作簿。

保护工作簿的具体操作步骤如下：单击"审阅"选项卡→"更改"组件中的"保护工作簿"命令,弹出"保护结构和窗口"对话框如图 4.4 所示。根据实际需要选定"结构"或"窗口"选项,若需要口令,则在对话框的"密码"框中输入口令,并在"确认密码"对话框再输入一遍刚才输入的口令,然后单击"确定"按钮。

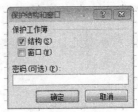

图 4.4 "保护结构和窗口"对话框

动手实践：创建"武汉工程科技学院 16 软工 1 班学生成绩分析表"工作簿,保存到本机 D 磁盘中。

4.5.3 打开工作簿、隐藏/显示工作簿、关闭工作簿

1. 打开工作簿

如果要编辑系统中已存在的工作簿,首先要将其打开,打开工作簿的方法有以下几种。

(1) 单击菜单中的"文件"选项卡→"打开"命令。

（2）单击快速访问工具栏下拉按钮中的"打开"命令。

2．隐藏/显示工作簿

1）隐藏工作簿

将正在编辑的工作簿设置成隐藏的工作簿的具体步骤：单击"视图"选项卡→"窗口"功能区→"隐藏"命令。

2）显示隐藏的工作簿

将已设置隐藏的工作簿设置为显示的工作簿的具体步骤：单击"视图"选项卡→"窗口"功能区→"取消隐藏"命令。

如果"取消隐藏"命令无效，则表明工作簿中没有隐藏的工作表；如果"重命名"和"隐藏"命令均无效，则表明当前工作簿处于防止更改结构的保护状态，需要撤销保护工作簿之后，才能确定是否有工作表被隐藏，取消保护工作簿可能需要输入密码。

3．关闭工作簿

在完成工作簿中的工作表编辑之后，可以将工作簿关闭。如果工作簿经过修改还没有保存，那么 Excel 2010 在关闭工作簿之前会提示是否保存现有的修改。在 Excel 2010 中关闭工作簿常有以下几种方法。

（1）单击 Excel 2010 窗口右上角的"关闭"按钮。

（2）双击 Excel 2010 窗口左上角的 X 按钮。

（3）单击 Excel 2010 窗口左上角的 X 按钮，从弹出的下拉菜单中执行"关闭"命令。

（4）按 Alt＋F4 组合键。

【动手实践】

打开本机 D 磁盘"武汉工程科技学院 16 软工 1 班学生成绩分析表"工作簿，并完成工作簿隐藏/显示、关闭操作。

4.6　工作表的创建与管理

1．新建工作表

新建的工作簿默认包含 3 个独立的工作表，用户可以根据需增加工作表的数目，新建工作表的方法有如下几种。

（1）打开工作簿，选择"开始"选项卡→"单元格"选项组→"插入工作表"选项，即可添加新的工作表。

（2）打开工作簿，右键单击工作表标签，在弹出的快捷菜单中选择"插入"选项。在弹出的"插入"对话框（如图 4.5 所示）中，选择"常用"选项卡中的"工作表"选项，单击"确定"按钮即可插入一个新的工作表。

（3）直接单击工作表标签上的"新建"按钮 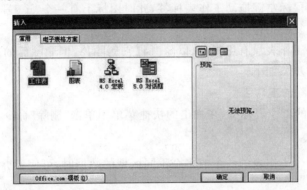，该按钮位于工作表标签的右侧，且该操作更加简捷。

2. 工作表间的切换

由于一个工作簿具有多张工作表，它们不可能同时显示在一个屏幕上，要求在不同工作表间进行切换，来完成不同的工作。

工作表间的切换方法是直接用鼠标单击要切换到的工作表的标签。

图 4.5 "插入"对话框

3. 工作表的重命名

为了使工作表看上去一目了然，更加形象，建议对默认的工作表名（如 Sheet1 等表名）重新命名，其具体操作步骤如下。

（1）选定 Sheet1 工作表标签。

（2）右击 Sheet1 工作表标签，在弹出的快捷菜单中单击"重命名"，输入"武汉工程科技学院 16 软工 1 班学生成绩原始表"即可更改工作表名。

4. 移动、复制和删除工作表

用户可以在同一个工作簿上移动或复制工作表，也可以将工作表移动或复制到另一个工作簿中。在移动或复制工作表时要特别注意，由于工作表移动后与其相关的计算结果或图表可能会受到影响。

将"工作簿 1"中工作表 Sheet1 移动或复制到"工作簿 2"中的操作步骤如下。

（1）打开"工作簿 1"和"工作簿 2"窗口。

（2）切换至"工作簿 1"窗口，选中 Sheet1 工作表。

（3）右击 Sheet1 工作表标签，在弹出的快捷菜单中单击"移动或复制工作表"，打开"移动或复制工作表"对话框，如图 4.6 所示。

（4）单击图 4.6 中"工作簿 1"右端的向下三角形按钮，选择"工作簿 2"，然后再选择指定位置，如果选择 Sheet1 工作表，那么工作表将移动或复制到 Sheet1 的前面。

图 4.6 "移动或复制工作表"对话框

215

（5）如果要复制工作表，而不是移动工作表，则选择"建立副本"复选框。

（6）单击"确定"按钮，Sheet1 被移动到"工作簿 2"中，被命名为"Sheet1（2）"。

在同一工作簿中，移动工作表的位置的操作步骤如下：用鼠标指向要移动的工作表，按住左键，将出现一个图标和一个小三角箭头来指示该工作表将要移动到的位置，到达目标位置时释放鼠标左键即可移动工作表。

在同一工作簿中，复制工作表的操作步骤如下：用鼠标指向要复制的工作表，按住 Ctrl 键的同时再用鼠标左键拖动工作表标签，此时图标上有一个"＋"号，到达目标位置时释放鼠标左键即可复制工作表。

如果用户觉得工作表没有用了，可以随时将它删除掉，但删除后的工作表不能还原。删除工作表的具体步骤如下。

（1）选定要删除的工作表。

（2）右击选定的工作表标签，在弹出的快捷菜单中单击"删除"命令。

5．拆分工作表

当需要对比一个工作表的两个或多个不同区域的数据时，可使用拆分工作表的方法，具体操作步骤如下。

（1）将工作表拆分成上下/左右两个部分。

选中要拆分的整行/整列，打开"视图"选项卡并单击"窗口"功能区中的"拆分"按钮，将从所选定的行/列处拆分成上下/左右两个窗格。

（2）将工作表拆分成 4 个部分。

选中作为右下部分窗格的首单元格，打开"视图"选项卡并单击"窗口"功能区中的"拆分"按钮，则从所选单元格处拆分成上下左右 4 个窗格。

（3）取消拆分。

打开"视图"选项卡并单击"窗口"功能区中的"拆分"按钮即可取消拆分。

6．冻结工作表窗格

当一个工作表的行数较多且向下滚动时，顶端的标题行将滚出屏幕；当一个工作表的列数较多且向右滚动时，左侧的列也将滚出屏幕。Excel 2010 通过冻结功能将顶端的行或左侧的列或行列一起固定在窗口中，此时无论如何滚动，被冻结的行列将始终显示在窗口中，具体操作步骤如下。

1）冻结首行/首列

打开"视图"选项卡并单击"窗口"功能区中的"冻结窗格"按钮下方的小箭头，在展开的下拉列表中单击"冻结首行/冻结首列"命令即可。

2）冻结多行/多列

选中要保留在窗口中标题行的下一行或要保留在窗口中标题列的后一列，打开"视图"选项卡并单击"窗口"功能区中的"冻结窗格"按钮下方的小箭头，在展开的下拉列表中单击"冻结拆分窗格"命令即可。

3）同时冻结多行/多列

选中要冻结的单元格，其上方为要冻结的行，左侧为要冻结的列，打开"视图"选项卡并单击"窗口"功能区中的"冻结窗格"按钮下方的小箭头,在展开的下拉列表中单击"冻结拆分窗格"命令即可。

4)取消冻结

如果要取消冻结的工作表窗格,只要打开"视图"选项卡并单击"窗口"功能区中的"冻结窗格"按钮下方箭头,在展开的下拉列表中单击"取消冻结窗格"命令即可。

7. 保护工作表

设置对工作表的保护可以防止未授权用户对工作表内容的访问,避免工作表中数据受到破坏和信息发生泄露。

保护工作表功能可以对工作表上的各元素(如含有公式的单元格)进行保护,以禁止个别用户对指定的区域进行访问。保护工作表的具体操作步骤如下。

选择并单击需要保护的工作表,如"武汉工程科技学院 16 软工 1 班学生成绩分析表"。

(1)选定工作表被保护后仍允许用户进行编辑的单元格区域。

选定要保护的单元格区域 A3:F23;右击选中的区域,在弹出的快捷菜单中单击"设置单元格式",打开"单元格格式"对话框,选择"保护"选项卡;单击"锁定"复选框,取消对该复选框的选定;单击"确定"按钮即可。

(2)设定工作表被保护后需要隐藏公式的单元格区域。

选定单元格区域 G3:J23(该区域是由公式计算得到);右击选择中的区域,在弹出的快捷菜单中选择"设置单元格格式",打开"单元格格式"对话框,选择"保护"选项卡;选定"锁定"和"隐藏"复选框;单击"确定"按钮即可。

(3)设定工作表保护。

单击"审阅"选项卡→"更改"组中的"保护工作表",弹出"保护工作表"对话框,如图 4.7 所示;选定"保护工作表及锁定的单元格内容"复选框;在"取消工作表保护时使用的密码"文本框中输入密码;在"允许此工作表的所有用户进行"列表框中选择允许用户进行的操作,如选定"选定锁定单元格""选定未锁定的单元格""设置单元格格式"3 个复选框;单击"确定"按钮,即可对工作表进行保护。

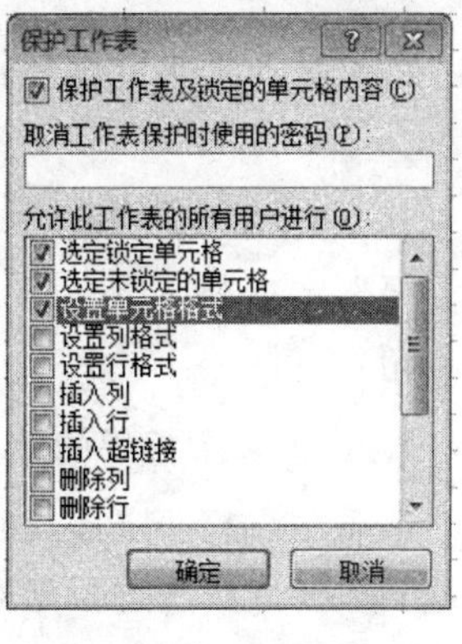

(4)在受保护的工作表中进行操作。

单击单元格区域 A3:F23 以外的任意单元格,并输入空格,则弹出一个警告框,提示用户此工作表受保护,若要编辑该工作表,请先撤销对工作表的保护。

图 4.7 "保护工作表"对话框

动手实践:将创建的"武汉工程科技学院 16 软工 1 班学生成绩分析表"工作簿中的 Sheet1 工作表命名为"16 软工 1 班学生成绩分析表",并对该工作表中的行标题(武汉工程科技学院 16 软工 1 班学生成绩分析表、学号、姓名、大学语文、高等数学、大学计算机基础、总分、平均分、简评、名次)进行冻结操作。

4.7 单元格的基本操作

工作表的操作是对表中的单元格、行高、列宽的格式化、工作表的复制、粘贴、移动、插入、删除等。

4.7.1 单元格操作区域选取

对单元格进行操作,首先要选定单元格。用户根据要编辑的内容,可以选定一个单元格,选择多个单元格,也可一次选定一整行或整列,还可以将所有单元格都选中。熟练掌握选择不同范围内的单元格,可以加快编辑速度,提高工作效率。常用选定单元格的方法如下。

1. 选定一个单元格

选定一个单元格是 Excel 2010 中常见的操作,选定一个单元最简便的方法是用鼠标单击所需编辑的单元格。

当选定某个单元格后,该单元格所对应的列号、行号及名称显示在名称框中。在名称框内显示的单元称为活动单元格,即当前正在编辑的单元格。

2. 选定整行

选定整行单元格最简便的方法是用鼠标左键单击行标签号,也可通过拖动鼠标来完成。

3. 选定整列

选定整列单元格最简便的方法是用鼠标左键单击列标签号,也可通过拖动鼠标来完成。

4. 选定整个工作表

要选定整个工作表,单击行标签与列标签交汇处的"全选"按钮(该按钮位于工作表最左上角)即可。

5. 选定多个相邻的单元格

如果用户想选定连续的单元格,可通过单击起始单元格,按住鼠标左键,然后再将鼠标拖到需要连续选定单元格的终点即可,这时被选中的单元格区域以反白显示。

在 Excel 2010 中通过键盘选择一个范围区域,常用的方法有以下几种。

1) 名称框输入法

在名称框中输入要选择范围单元格的左上角与右下角的单元格的地址,且中间用":"分隔,输入完成后,按回车键即可。

2) Shift 键帮助法

方法1:定位某行(列)标号或单元格后,再按下 Shift 键,然后单击后(下)面的行(列)

标号或单元格,即可选中两者间的所有行(列)或单元格区域。

方法 2:定位某行(列)标号或单元格后,再按 Shift 键,然后按方向键,即可扩展选择连续的多个行(列)或单元格区域。

6. 选定多个不相邻的单元格

选定多个不相邻的单元格的方法是:先选定一个单元格,然后按下 Ctrl 键,再用鼠标拖动选定其他单元格。

选定多个不相邻单元格也可以通过键盘选择,其方法是:在名称框内输入"A1:B3,C6:D9,A12:F16",然后回车即可。其中的逗号把几个相邻区域并联起来。

4.7.2 插入行或列、单元格的操作

1. 插入行或列

选定要插入行或列的下一行或右侧列。右击鼠标,从弹出的菜单中选择"插入"命令,在弹出的"插入"对话框中选择"整行"/"整列",单击"确定"按钮;或打开"开始"选项卡并单击"单元格"功能区中的"插入"按钮右侧的小箭头,在展开的下拉列表中单击"插入工作行"或"插入工作列"命令,即可完成插入行或列。

2. 插入单元格

选定要插入单元格所在位置的单元格。右击鼠标,从弹出的菜单中选择"插入"命令,在弹出的"插入"对话框中选择"活动单元格右移"或"活动单元格下移",单击"确定"按钮;或打开"开始"选项卡并单击"单元格"功能区中的"插入"按钮右侧小箭头,在展开的下拉列表框中单击"插入单元格"命令,在弹出的"插入"对话框中选择"活动单元格右移"或"活动单元格下移",单击"确定"按钮即可。

4.7.3 删除行或列、单元格的操作

1. 删除行或列

选定要删除的行或列,右击鼠标,从弹出的菜单中选择"删除"命令,在弹出的"删除"对话框中选择"整行"或"整列",单击"确定"按钮;或打开"开始"选项卡并单击"单元格"功能区中的"删除"按钮右侧小箭头,在展开的下拉表中单击"删除工作表行"或"删除工作表列"命令,即可删除行或列。

2. 删除单元格

选定要删除的单元格,右击鼠标,从弹出的菜单中选择"删除"命令,在弹出的"删除"对话框中选择"右侧单元格左移"或"下方单元格上移",单击"确定"按钮;或打开"开始"选项卡并单击"单元格"功能区中的"删除"按钮右侧小箭头,在展开的下拉表中单击"删除单元格"命令,在弹出的"删除"对话框中选择"右侧单元格左移"或"下方单元格上移",单击"确定"按钮即可。

4.7.4 合并与拆分单元格

合并单元格是指将若干个单元格合并成一个单元格；拆分单元格是指合并的单元格还原成若干个独立的单元格。

1. 合并单元格

合并单元格常有"合并及居中""跨越合并"和"合并单元格"3 种方式。"合并及居中"指将所选单元格区域合并后在该单元格中编辑的内容居中；"合并单元格"指将所选单元格区域合并后在该单元格中编辑的内容按其默认方式显示；"跨越合并"指对所选单元格区域的行进行合并后在该单元格中编辑的内容按其默认方式显示。"跨越合并"只对行单元格合并有效，对列单元格合并无效。

在合并多个单元格时，只有左上角单元格中的数据保留在合并的单元格中，所选区域中所有其他单元格中的数据都将被删除。

合并单元格的具体操作步骤如下。

（1）选择要合并为一个单元格的单元格区域，如 A2:B6。

（2）打开"开始"选项卡并单击"对齐方式"功能区中的"合并及居中"按钮右侧的小箭头，在展开的下拉列表中选择一种合并方式，如"合并单元格"。

2. 拆分单元格

选定要拆分的合并单元格，打开"开始"选项卡并单击"对齐方式"功能区中的"合并及居中"按钮右侧小箭头，在展开的下拉列表中选择"取消单元格合并"；或者打开"开始"选项卡并单击"对齐方式"功能区中的"合并及居中"按钮即可拆分合并的单元格。拆分后，合并单元格的内容将出现在拆分单元格区域左上角的单元格中。

拆分单元格中能将合并的单元格还原成独立的单元格，而不能拆分单个单元格。

4.7.5 调整行高和列宽

在工作表的单元格中输入数据时，如果输入的内容比较多或字体比较大，就会显示异常，为了完整显示数据或美化表格外观，需要对行高和列宽进行调整。常用调整行高和列宽的方法有以下两种。

1. 使用鼠标调整行高或列宽

将鼠标移到行号或列标的边界处，当鼠标指针形状变成上下双箭头或左右箭头时，按住左键拖动即可简单调整行高或列宽。

2. 使用功能区按钮调整行高或列宽

选定要调整的行高或列宽的行、列、单元格或单元格区域，如 A6:F12；打开"开始"选项卡，单击"单元格"功能区中的"格式"按钮，在展开的下拉列表中单击"行高"或"列宽"命令，弹出"行高"或"列宽"对话框，在对话框中输入相应的文字后单击"确定"按钮即可。

4.7.6 单元格数据输入与编辑

在 Excel 2010 中,数据输入就是把数据输入到工作表的一个或多个单元格中,一个单元格中可以保存的数据类型有数值型、文本型、日期时间型和逻辑型等,可以通过自己打字输入,也可根据设置自动输入。

1. 文本输入

文本型数据是由字母、汉字和其他字符开头的数据,如表格中的标题、名称等。如"武汉工程科技学院 16 软工 1 班学生成绩分析表"、学号、姓名等。默认情况下,文本型数据沿单元格左边对齐,在 Excel 2010 中,每个单元格最多可包含 32 000 个字符。

如果数据全部由数字组成,如身份证号、电话号码、学号等,输入时应在数据前输入单引号"'"(如"'420122199601100098"),则 Excel 2010 就会将其输入的数据看作文本型数据,并沿单元格左边对齐。如果输入由数字 0 开头的学号,直接输入时 Excel 2010 会将其视为数字型数据而省略掉"0"并且右对齐,只有加上单引号"'"才能作为文本型数据并左对齐保留下"0"。

当用户输入的文字过多,超过了单元格的宽度时,会产生两种情况:一种是如果右边相邻的单元格中没有数据,则超出部分会显示在右边相邻的单元格中;另一种是如果右边相邻的单元格中已有数据,则超出部分不显示,但超出部分内容依然存在,只要扩大列宽就可以看到全部内容。

2. 数值输入

数值包括整数、小数、分数、科学计数的数值等。在"武汉工程科技学院 16 软工 1 班学生成绩分析表"中的学生成绩就是数值。

在 Excel 2010 中,数值型数据使用得最多,它是由数字 0~9、正号、负号、小数点、顿号、分数号"/"、百分号"％"、指数符号"E"或"e"、货币符号"￥"或"$"、千位分隔号","等组成。输入数值型数据时,Excel 2010 将自动沿单元格右边对齐。

如果输入的是分数(如 1/3),应先输入"0"和一个空格,然后输入"1/3",否则 Excel 2010 会把该数据当作日期型格式处理,存储为 1 月 3 日。负数的输入有两种方式:一种是直接输入负号和数,如输入"－23";另一种是输入括号并在括号内输入数值,如输入(23)则在单元格中存储为"－23"。输入百分数时,先输入数字,再输入百分号即可。

当用户输入的数值过多而超出单元格宽度时,会产生两种结果:当单元格格式为默认的常规格式时会自动采用科学记数法来显示;若列宽已被规定,输入的数据无法完整显示时,则显示"＃＃＃＃＃＃",用户可以通过调整列宽使之完整显示。

3. 日期时间数据输入

在 Excel 2010 中,日期的形式有多种,例如,2016 年 5 月 1 日的表现形式有以下几种。

2016 年 5 月 1 日

2016/5/1

2016-05-01

默认情况下,日期和时间型数据在单元格中右对齐。如果输入的是 Excel 2010 不能识别的日期或时间格式,输入的内容将视为文字,并在单元格中左对齐。

在 Excel 2010 中,时间分为 12 小时制和 24 小时制。如果要基于 12 小时制输入时间,首先在时间后输入一个空格,再输入字母 AM 或 PM(也可输入 A 或 P,其中 A 或 AM 表示上午,P 或 PM 表示下午),否则 Excel 2010 将以 24 小时制计算时间。

如果要输入当天的日期,按 Ctrl+;(分号)组合键;如果要输入当前时间,按 Ctrl+Shift+;或 Ctrl+:(冒号)组合键。

时间日期可以进行加、减运算,也可包含到其他运算中,如果要在公式中使用日期或时间,可使用带引号的文本形式输入日期或时间值,如 ="2016/5/1"-"2016/3/3"。

4. 逻辑型数据输入

在 Excel 2010 中,逻辑值只有两个:False(逻辑假)和 True(逻辑真)。默认情况下,逻辑值在单元格中居中对齐,Excel 2010 中公式中的关系表达式的值为逻辑值。

5. 数据自动填充

在输入工作表单元格数据时,经常会遇到一些有规律的数据,如相同的数值、字符;等差,等比数列;日期、月份、星期等。若按常规方法输入,效率低,速度慢,而采用系统提供的自动输入方法输入,速度快、效率高。

1) 输入相同的数据

选择准备输入相同数据的单元格或单元格区域,把鼠标指针移动到单元格区域右下角的填充柄上,待鼠标指针变为黑色"+"形状时,按住鼠标左键并拖动至准备拖动的目标位置即可,填充的方向可以向下或向右。

2) 自动填充数据

自动填充功能可以实现自动输入有规律的数据,如等差数列、日期及用户根据自己需要建立的自定义序列。填充方法是:先在单元格中输入序列的前两个数据,选中这两个单元格,将鼠标指针指向第二个单元格右下角,待鼠标指针变为黑色"+"形状时,按住鼠标左键并拖动至准备拖动的目标位置即可,填充方向可以向下或向右。

3) "序列"命令填充数据

利用"序列"命令填充方法可以按照用户的要求输入一个序列,具体操作步骤如下:在序列的第一个单元格中输入数据的初始值,选定序列填充的单元格区域,单击"编辑"组件中的"填充"按钮,在展开的下拉列表中单击"系列"命令,打开"序列"对话框,如图 4.8 所示。用户在"序列"对话框中选择对应的序列产生的"类型"与"步长值",单击"确定"按钮即可。

4) 建立"自定义序列"

自动填充数据只能够填充某些固定的等差、日期等有规律的序列数据,现实中常常遇到一些序列,无法自动填充,此时,需要用户自己定义序列,实现

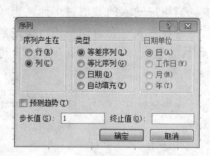

图 4.8 "序列"对话框

自动填充。

建立"自定义序列"的具体方法如下：单击"文件"→"选项"按钮，系统弹出"Excel 选项"对话框，如图 4.9 所示。在"Excel 选项"对话框中选择"高级"，再选择"编辑自定列表"系统又弹出如图 4.10 所示的"自定义序列"对话框。"自定义序列"对话框左侧是已设定的自定义序列，对于这些序列用户可以直接应用，只要输入序列中的一项，然后拖动填充柄，就可以产生该序列的其他项了。若要设定新的序列，需要先定义，然后引用，如在"自定义序列"对话框中右侧的"输入序列"文本框中依次输入"北京、上海、广州、深圳、武汉、天津、重庆"，然后单击"添加"按钮，该序列就会出现在左侧的自定义序列中。

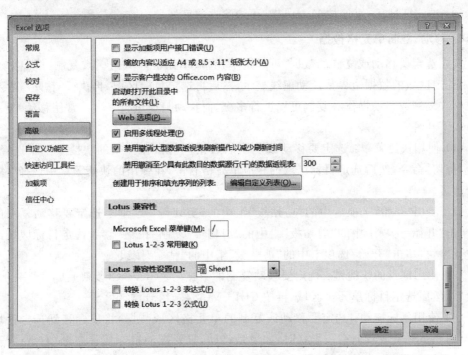

图 4.9　Excel 选项

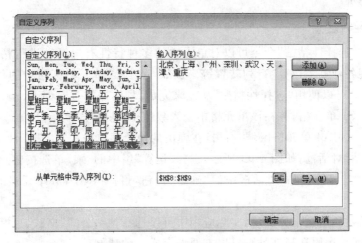

图 4.10　"自定义序列"对话框

223

4.7.7　单元格数据编辑

1. 清除单元格数据

要清除单元格数据,首先要选定清除数据的单元格,然后使用以下几种方法清除。

(1) 使用快捷菜单,右击鼠标,在弹出的快捷菜单中选择"清除内容"命令即可。

(2) 使用"编辑组"中的"清除"按钮,在弹出的下拉列表选项中单击"清除内容"命令即可。

(3) 选定区域后,直接按 Delete 键,可清除选定区域的内容。

2. 移动、复制单元格数据

首先选定要移动或复制的数据,可以是单元格、单元格区域,执行"复制"或"移动"命令,则选定区域的数据边界呈流动虚线显示,然后再选定目标区域,再执行"粘贴"命令,则完成一次复制或移动操作。复制可以进行多次,而移动只能进行一次。常用移动、复制操作有以下几种。

(1) 使用快捷菜单:选定要移动或复制的数据,右击,在弹出的快捷菜单中选择"复制"/"剪切"命令,然后选定目标区域的相应单元格右击,在弹出的快捷菜单中选择"粘贴"命令即可。

(2) 使用"开始"选项卡中的"剪贴板"组中的"剪切"/"复制":选定要移动复制的数据,单击"开始"选项卡中的"剪贴板"组中的"剪切"/"复制"按钮,然后选定目标区域的相应单元格,再单击"开始"选项卡中的"剪贴板"组中的"粘贴"按钮。

(3) 使用键盘的快捷键:选定要移动复制的数据,按 Ctrl+C(复制)/Ctrl+X(剪切)组合键,然后选定目标单元格区域,再按 Ctrl+V(粘贴)组合键。

(4) 使用鼠标拖动:选定要移动或复制的单元格区域数据,将鼠标移到选定区域的边框处,当鼠标变成双向箭头形状时,如果是移动,只要拖动鼠标按住左键/右键,到达目标区域后释放即可,若是复制,在拖动鼠标按下左键/右键时同时按住 Ctrl 键,到达目标区域后释放即可。

3. 选择性粘贴

菜单中的"选择性粘贴"命令可以对单元中的多种特性有选择地进行粘贴,还能在粘贴的同时实现各种算术运算、行列转置等。例如,A1:A4 单元格区域中的每个单元格中的内容乘以 10,可以使用"选择性粘贴"功能来完成,具体操作步骤如下。

(1) 选择 C1 单元格,并在该单元格中输入数值 10,复制该单元格。

(2) 选定 A1:A4 单元格区域,右击,在弹出的快捷菜单中执行"选择性粘贴"命令,打开"选择性粘贴"对话框,如图 4.11 所示,选择"运算"组中的"乘"单选按钮。

(3) 单击"选择性粘贴"对话框中的"确定"按钮,目标区域所有单元格的数值均乘以了 10。

选择性粘贴的用途十分广泛,实际应用中可以选择粘贴公式、格式、边框数据格式、有效数据等,灵活地运用选择性粘贴可以方便地完成多种功能。

图 4.11 "选择性粘贴"对话框

4. 查找和替换

在长工作表中,有时要查找某个学生的成绩情况,而不是通过浏览整个工作表的一行行信息,而是通过查找和替换功能来实现的。

1) 查找单元格数据的具体操作步骤

单击任意单元格,单击"开始"选项卡→"编辑"选项组→"查找和选择"→"查找"选项,在弹出的"查找和替换"对话框中,打开"查找"选项卡,如图 4.12 所示,在该对话框的"查找内容"文本框中输入查找的学生学号和姓名,单击"查找全部"或"查找下一个"按钮即可完成简单的查找。

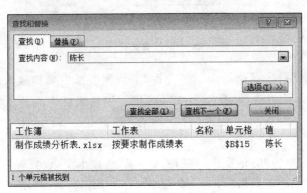

图 4.12 "查找和替换"对话框

单击"查找和替换"对话框中的"选项"按钮,可以对"查找内容"进行格式、查找范围等其他设置,完成复杂的查找。

2) 替换单元格数据的具体操作步骤

单击任意单元格,单击"开始"选项卡→"编辑"选项组→"查找和选择"→"替换"选项,在弹出的"查找和替换"对话框中,打开"替换"选项卡,在该对话框的"查找内容"文本框中输入查找的学生学号或姓名,在"替换为"文本框中输入替换的内容,单击"替换"按钮即可完成简单的替换操作。

单击"查找和替换"对话框中的"选项"按钮,可以对"查找内容"和"替换为"内容进行格式、查找范围等其他设置,完成复杂的替换。

5. 设置数据的有效性

在实际工作中,表格中的数据是有一定范围要求的。因此输入数据时,需要对输入的数据加以限制,防止输入非法的数据。例如,武汉工程科技学院 16 软工 1 班学生成绩分析表中每名学生的各科成绩,要求为整数、有效范围是 0～100;设置输入信息是"0～100",设置出错警告的标题是"成绩的有效范围是 0～100",提示内容为"数据出错!请重新输入!",在有效数据单元格中允许出现空值。

具体的操作步骤如下。

(1)选定要设置有效性检查的单元格区域 C3:F23。单击"数据"选项卡中"数据工具"组件中的"数据有效性"按钮,打开"数据有效性"对话框,如图 4.13 所示。

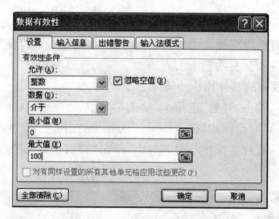

图 4.13 "数据有效性"对话框

(2)在"数据有效性"对话框中,在"允许"下拉列表框中选择输入的数据类型,如整数、时间、序列等,本例中选择"整数";在"数据"下拉列表框中选择所需要的操作符,如介于、大于、不等于等,本例中选择"介于";在"最大值""最小值"栏中输入 100 和 0 即可。

(3)在"数据有效性"对话框中,在"输入信息"选项卡中,设置输入提示信息,当用户选定了设置有效数据的单元格时,该信息会出现在单元格旁边,提示用户应输入的数据或数据的范围,输入完成后提示信息将会自动消失。本例在输入内容中输入"0～100"。

(4)在"数据有效性"对话框中,在"出错警告"选项卡中设置出错信息,标题栏中输入"成绩的有效范围是 0～100",错误信息栏输入"数据越界!请重新输入!"。设置完成后,若输入各科成绩不在 0～100 范围,系统会自动弹出如图 4.14 所示的警告信息。

(5)在"数据有效性"对话框中,勾选上"忽略空值"复选框,则输入数据时允许在单元格中出现空值,单击"确定"按钮即可完成有效数据的设置。若单击"全部清除"按钮可以取消有效性

图 4.14 出错警告信息

数据的设置。

动手实践：完成图 4.1 学生成绩分析表中"姓名、大学语文、高等数学、大学英语、大学计算机基础"中基础数据的输入。要求在"姓名"列前插入"学号"列标题并采用自动填充方式完成学号的输入（学号从 16001 开始编排），输入学生成绩要求设置成绩的有效性。完成后以"武汉工程科技学院 16 软工 1 班学生成绩分析表"为工作簿名称保存在本机 D 磁盘的"学生姓名"文件夹下。

4.8　工作表的格式化

为了使工作表满足不同需要，对工作表中的单元格的数据类型、数据的对齐方式、字体以及单元格的边框和底纹等内容的设置称为单元格的格式化。对工作表的显示方式进行设置，称为工作表格式化。工作表格式化可增强工作表的美观性和易读性。

4.8.1　设置单元格格式

设置单元格格式是通过"设置单元格格式"对话框来完成的。打开"设置单元格格式"对话框的方法如下。

通过单击"开始"选项卡中"单元格"组件中的"格式"列表项，执行"设置单元格格式"命令即可打开"设置单元格格式"对话框；还可右键单击，在弹出的快捷菜单中执行"设置单元格格式"命令也打开"设置单元格格式"对话框。打开"设置单元格格式"对话框如图 4.15 所示。

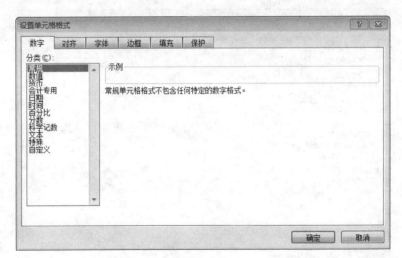

图 4.15　"设置单元格格式"对话框

在"设置单元格格式"对话框中，有 6 个选项卡，分别满足对工作表中单元格进行不同设置要求。

1."数字"选项卡

在"设置单元格格式"对话框中,打开"数字"选项卡,则在"分类"列表框中显示"常规、数值、货币、会计专用、日期、时间、百分比、分数、科学记数、文本、特殊、自定义"功能命令,以实现对单元格中的数据进行设置。

Excel 2010 提供多种数字格式,在进行格式化时,可以设置不同小数位数、百分号、货币符号等来表示同一个数。单元格表现的是格式化后的数字,编辑栏中表现的是系统实际存储的数据。使用数字格式只更改数字(包括时期和时间)的外观,而不更改数字的本身,所应用的数字格式并不会影响单元格中的实际数值。

1)常规

"常规"数字格式是默认的数字格式,在设置"常规"格式的单元格中所输入的内容可以正常显示。但是,如果单元格的宽度不足以显示整个数字,则"常规"格式将对该数字进行取整,并对较大的数字使用科学记数法。

2)其他数字格式

其他数字格式主要是完成特定要求格式设置。如"数值"数字格式可完成小数位数、千位分隔符和负数显示方式的设置;"货币"数字格式主要是完成世界各国货币符号的设置。

2."对齐"选项卡

系统默认的情况下,输入单元格的数据是按照文字左对齐、数字右对齐、逻辑值居中对齐,可以通过"对齐"选项卡来更改单元格中数据的对齐方式。

在"设置单元格格式"对话框中打开"对齐"选项卡,弹出如图 4.16 所示的"设置单元格格式"对话框。在"对齐"选项卡中可完成所需的对齐方式的设置。

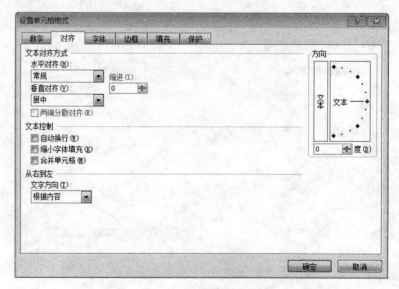

图 4.16 "对齐"选项卡

1) 水平对齐

水平对齐的格式有：常规（系统默认的对齐方式）、左（缩进）、居中、靠右、填充、两端对齐、跨列居中、分散对齐。

2) 垂直对齐

垂直对齐的格式有：靠上、靠下、居中、两端对齐、分散对齐。

3) 方向

"方向"列表框中，可以将选定单元格的内容完成从$-90°$到$+90°$的旋转，可实现将单元格中的数据由水平显示转换为各个角度的显示。

4) 自动换行

文本控制中的"自动换行"复选框，若选中，则当单元格中的内容宽度大于列宽时，会自动换行（而不是分段，若要在单元格内强行分段，可直接按 Alt＋Enter 组合键）。

5) 合并单元格

文本控制中的"合并单元格"复选框，当需要将选中的单元格合并时，选中它；否则，不选中它。

6) 缩小字体填充

文本控制中的"缩小字体填充"复选框，当选中时，单元格中的数据字体过大时，则自动缩小显示。

3. "字体"选项卡

Excel 2010 在默认的情况下，输入的字体为"宋体"，字形为"常规"，字号为"12"（磅）。在该选项卡中，可以完成字体、字形、字号、字体的特殊效果（如删除线、上标、下标）和字体颜色的设置。

4. "边框"选项卡

工作表中显示的网格线是为输入、编辑方便而预设的，是不能打印出来的。若需要打印网格线，可以在"页面设置"对话框的"工作表"选项卡中进行设置，也可在"边框"选项卡上设置。

若需要强调工作表中的一部分或某一特殊部分，可在"边框"选项卡中设置特殊的网格线，在该选项卡上设置对象，是被选定单元格的边框。

在设置单元格边框时，除了边框外，还可以为单元格添加对角线，还可以为单元格的某一边添加边框线。

5. "填充"选项卡

"填充"选项卡用于设置单元格的背景颜色和底纹。

6. 格式化的其他方法

打开"开始"选项卡，用"数字"组件中的工具按钮设置数字格式；用"字体"组件中的工具按钮设置字体格式；用"对齐方式"组件中的工具按钮设置对齐方式；用"字体"组件中的边框工具按钮设置边框，应用"填充"按钮设置填充颜色与底纹。

4.8.2　条件格式

条件格式是指把满足指定条件的数据用特定的格式显示出来。例如,单元格的底纹或字体颜色。

条件格式设置的效果:突出显示所关注的单元格或单元格区域;强调异常值;使用数据条;颜色刻度和图标集来直观地显示数据。

无论是手动还是按条件设置的单元格格式,都可以按格式进行排序和筛选,其中包括单元格颜色和字体颜色等。

1. 应用内置条件格式

1）突出显示单元格规则

突出显示单元格规则仅对包含文本、数字或日期/时间的单元格设置条件格式。将"武汉工程科技学院 16 软工 1 班学生成绩分析表"中的"大学计算机基础"成绩大于 90 分以上的设置成"浅红填充色深红色文本"的操作步骤如下。

打开"武汉工程科技学院 16 软工 1 班学生成绩分析表",选定"大学计算机基础"成绩的 F3:F23 区域;单击"开始"选项卡的"样式"组件中的"条件格式"左侧的向下三角箭头,在弹出的下拉列表中执行"突出显示单元格规则"中的大于命令,打开"大于"对话框,输入值 90,在"设置为"中选择"浅红填充色深红色文本"项,单击"确定"按钮即可。

2）项目选取规则

项目选取规则仅对排名靠前或靠后的值设置格式。可以根据指定的截止值查找单元格区域中的最高值、最低值,查找高于或低于平均值或标准偏差的值。将"武汉工程科技学院 16 软工 1 班学生成绩分析表"中的"大学英语"成绩高于平均成绩的设置成"浅红填充色深红色文本"的操作步骤如下。

打开"武汉工程科技学院 16 软工 1 班学生成绩分析表",选定"大学英语"成绩的 E3:E23 区域;单击"开始"选项卡的"样式"组件中的"条件格式"左侧的向下三角箭头,在弹出的下拉列表中执行"项目选取规则"中的高于平均值命令,打开"高于平均值"对话框,在"设置为"中选择"浅红填充色深红色文本"项,单击"确定"按钮即可。

3）数据条

使用数据条设置所有单元格的格式,数据条可帮助查看某个单元格相对于其他单元格的值。数据条的长度代表单元格的值,数据条越长,表示值越高,数据条越短,表示值越低。

2. 清除条件格式

当不再需要某个条件格式时,可通过清除规则将其清除。

1）清除一个条件规则

选择要清除规则的单元格区域,单击"开始"选项卡"样式"功能区中的"条件格式"右侧向下三角形小箭头,在展开的下拉列表中单击"清除规则"下的"清除所选单元格的规则"命令即可。

2）清除整个工作表的规则

单击"开始"选项卡"样式"功能区中的"条件格式"右侧向下三角形小箭头，在展开的下拉列表中单击"清除规则"下的"清除整个工作表的规则"命令即可。

4.8.3 使用单元格样式

如果要快速设定单元格格式，可以使用单元格样式进行设置。具体操作步骤如下。

（1）选定要设置格式的单元格或单元格区域，如选定"武汉工程科技学院 16 软工 1 班学生成绩分析表"的单元区域。

（2）单击"开始"选项卡"样式"功能区中的"单元格样式"右侧向下三角形小箭头，在展开的下拉列表中选择所需样式，如"标题 1"即可。

4.8.4 套用表格格式

Excel 2010 提供了多种工作表外观格式，直接套用这些格式，既可以使工作表变得规范美观，也可以提高工作效率。套用表格格式的具体操作步骤如下。

（1）单击"开始"选项卡"样式"功能区中的"套用表格格式"右侧向下三角形小箭头，在展开的下拉列表中选择所需格式，如"表样式中等深浅 2"，打开"套用表格格式"对话框。

（2）在"套用表格式"对话框的"表数据的来源"中选定表格单元格区域，单击"确定"按钮即可。

4.9 公式和函数

在分析和处理数据时，公式和函数是非常重要的，是 Excel 2010 工作表的核心，灵活运用公式和函数可以大大提高工作效率。

在如图 4.1 所示的武汉工程科技学院 16 软工 1 班学生成绩分析表中要完成"总分、平均分、简评、名次、各科平均分、各科优秀率、各科合格率"指标的计算都需要用到公式和函数。

4.9.1 公式的概念

在 Excel 2010 中，公式是根据用户需要对工作表中的数据执行计算的等式，以等号开头，等号后面紧跟参与计算的运算数和运算符。

Excel 2010 中包含 4 种运算符：算术运算符、比较运算符、文本连接运算符和引用运算符。使用运算符可以把常量、单元格引用、函数以及括号等连接起来组成表达式。

231

1. 算术运算符

算术运算用于完成基本的算术运算。算术运算符有：加（＋）、减（－）、乘（＊）、除（/）、乘方（＾）和百分号（％）。

2. 比较运算符

比较运算用于完成两个数据的比较，比较的结果将产生逻辑值 True 或 False。比较运算符有：大于（＞）、等于（＝）、小于（＜）、大于等于（＞＝）、小于等于（＜＝）和不等于（＜＞）。

3. 文本连接运算符

文本连接运算用于完成两个或多个文本连接在一起，形成一个字符串。文本连接运算符有：＆。如"Excel"＆"2010"的结果是 Excel 2010。

4. 引用运算符

引用运算符用于指定单元格区域范围。引用运算符有：区域运算符（：）、联合运算符（,）和交集运算符（空格）。

区域运算符（：）表示单元格区域中的所有单元格。例如，B2:C6 表示单元格 B2 到 C6 的所有单元格，是一个矩形区域。

联合运算符（,）将多个引用合并成一个引用。例如，A1:A5,B1:B5 表示 A1~A5 单元格，B1~B5 单元格的所有 10 个单元格，通常用于不连续单元格的引用。

交集运算符（空格）表示几个单元格区域所共有的单元格。例如，A1:C5 B1:D2 表示单元格区域 A1:C5 与单元格区域 B1:D2 的共有单元格 B1、C1、B2 和 C2。

5. 运算符优先级

当公式中同时使用了多个运算符时，运算顺序将按运算符优先级从高到低进行计算。运算符的优先级从高到低的顺序依次是：百分号、乘方、乘除、加减、文本运算符、比较运算符。

4.9.2 公式的输入和编辑

在 Excel 2010 中输入公式中的所有运算符、等号、逗号、圆括号都必须使用纯英文状态下的字符，否则公式就会出错。

1. 输入公式

输入公式的方法与输入普通数据基本相同，只是先必须输入等号（＝），输入的公式要符合语法规则。单元格将显示公式的计算结果，公式的内容显示在编辑栏中。

2. 移动和复制公式

公式的移动与普通文本的移动完全相同，但公式的复制与普通文本的复制有较大的区别。复制公式时，其中的相对引用地址将会随位置的改变而改变。

例如，在"武汉工程科技学院 16 软工 1 班学生成绩分析表"的单元格 G3 中的公式为"＝C3＋D3＋E3＋F3"，将 G3 单元格的公式复制到单元格 G4 中的公式为"＝C4＋D4＋

E4＋F4"。公式复制结果如图 4.17 所示。

G4		▼		*fx*	=F4+E4+D4+C4				
A	B	C	D	E	F	G	H	I	J
武汉工程科技学院16软工1班学生成绩分析表									
学号	姓名	大学语文	高等数学	大学英语	大学计算机基础	总分	平均分	简评	名次
16001	刘柯琳	86	85	81	84	336	84	良好	8
16002	雷世华	81	83	77	80	321	80.25	良好	14

图 4.17　公式复制完成后单元格 G4 的结果

4.9.3　公式中的单元格引用

单元格引用是用来指定工作表中的单元格或单元格区域,并在公式中使用该单元格或单元格区域的数据。单元格引用,在公式中可以使用:同一工作表中的单元格数据;同一工作簿中不同工作表的单元格数据;不同工作簿中的单元格数据。

同一工作表中的单元格数据:直接用该单元格地址或名称表示。如果引用当前工作表 G3 单元格的数据,单元格引用表示为:G3。

同一工作簿中不同工作表的单元格数据:在该单元格地址或名称前面加上工作表名,并以"!"分隔。如果引用 Sheet2 中的 G3 单元格的数据,单元格引用表示为:Sheet2! G3。

不同工作簿中的单元格数据:在该单元格地址或名称前面加上工作簿名和工作表名,其中,工作簿名用括号"[]"括起来。如果要引用"工资明细表.xlsx"工作簿中的"1 月份"工作表 B5 单元格的数据,则单元格引用表示为:[工资明细表.xlsx]1月份! B5。

根据公式所在单元格的位置发生变化时单元格引用的变化,可将单元格引用分为相对引用、绝对引用和混合引用。

1. 相对引用

在进行公式复制时,如果希望公式中所引用的单元格或单元格区域地址随相对位置改变,则应该使用相对引用,其表示方法为直接用单元格地址或单元格区域地址。如 G3 单元格地址。

例如,图 4.1 中的单元格 G3＝C3＋D3＋E3＋F3,将 G3 的公式复制到 G4:G23 单元格区域中,具体操作步骤如下。

(1) 在 G3 单元格中编辑好公式,编辑内容为"＝C3＋D3＋E3＋F3",回车确认。

(2) 鼠标单击 G3 单元格,再将鼠标指针移至 G3 单元的右下角句柄,当鼠标指针变成黑色"＋"号时,按住鼠标左键从 G3 单元格拖动至 G23 单元格后释放左键即完成公式的复制。

2. 绝对引用

在进行公式复制时,如果不希望所引用的单元格或单元格区域地址随相对位置的改变而改变,则应该使用绝对引用,其表示方法为在单元格地址的列标和行号前面加上"＄"符号。

例如,图 4.1 中对每名学生进行排名并在名次单元格中加上对应的名次。具体操作步骤如下。

(1) 在 J3 单元格中编辑公式(这个公式中用到随机函数 RANK()),编辑内容为"＝RANK(G3,＄G＄3：＄G＄23)"。(这个函数的第 2 个参数的单元格地址区域采用绝对引用。)

(2) 鼠标单击 J3 单元格,再将鼠标指针移至 J3 单元的右下角句柄,当鼠标指针变成黑色"＋"号时,按住鼠标左键从 J3 单元格拖动至 J23 单元格释放左键即完成公式的复制,完成排名。

3. 混合引用

混合引用是指在单元格或单元格区域中,行或列只能有一个使用绝对引用,另一个必须使用相对引用。在进行公式复制时,相对引用部分的地址随相对位置改变,绝对引用部分的地址不随相对位置改变。例如,地址 ＄B1 中,列采用绝对引用,行采用相对引用;地址 B＄1 中,列采用相对引用,行采用绝对引用。

例题 1　用 Excel 2010 制作简易的九九乘法表,完成效果如图 4.18 所示。

	A	B	C	D	E	F	G	H	I	J
1		1	2	3	4	5	6	7	8	9
2	1	1								
3	2	2	4							
4	3	3	6	9						
5	4	4	8	12	16					
6	5	5	10	15	20	25				
7	6	6	12	18	24	30	36			
8	7	7	14	21	28	35	42	49		
9	8	8	16	24	32	40	48	56	64	
10	9	9	18	27	36	45	54	63	72	81

图 4.18　简易九九乘法表

具体操作步骤如下。

(1) 启动 Excel 2010 创建工作簿并保存在本机 D 磁盘的"学生姓名"文件夹下,命名为"简易九九乘法表"。

(2) 在"简易九九乘法表"工作簿的 Sheet1 工作表中的 B1:J1 单元格区域中分别输入数字 1~9,在 A2:A10 单元格区域中分别输入数字 1~9。创建九九乘法表的列标题、行标题。

(3) 因乘法表中的数据是所在行 A 列数据和所在列的第 1 行数据相乘,因此在单元格 B2 中可输入公式"＝＄A2 * B＄1"。该公式的含义是:＄A2 表示行可变但列标 A 是固定的,即被乘数用 A 列数据,B＄1 表示列可变但行是固定的,即乘数用行数据。

(4) 用拖动填充柄方式把单元格 B2 的公式复制到简易乘法表的各个单元格中即可。

4.9.4 函数的概念

函数是执行计算、分析等数据处理任务的特殊公式，是系统开发过程中预先定义的内置公式。Excel 2010 提供了大量的函数，熟练掌握这些函数可以大大提高计算速度和计算准确率。

1. 函数的格式

函数的一般格式为：

函数名称(参数 1,参数 2,…,参数 n)

其中，每个函数都有特定的参数要求，如需要一个或多个参数(但最多不能超 255 个)或不需要参数。参数可以是数字、文本或单元格引用，也可以是常量、公式或其他函数。

例如，求和函数 SUM，它的函数格式为：SUM(number1,number2,…)。它的功能是：计算单元格区域中所有数值的和。

在图 4.1 中，若将单元格 G3 的公式“=C3+D3+E3+F3”用函数计算表示，则可把公式修改为“=SUM(C3:F3)”，如图 4.19 所示。

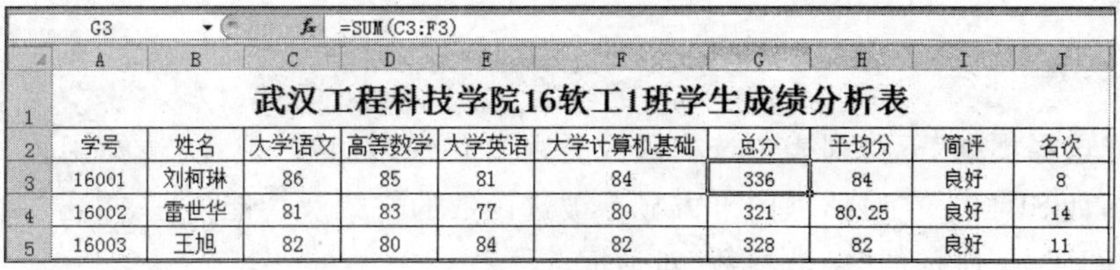

G3 =SUM(C3:F3)

	A	B	C	D	E	F	G	H	I	J
1	武汉工程科技学院16软工1班学生成绩分析表									
2	学号	姓名	大学语文	高等数学	大学英语	大学计算机基础	总分	平均分	简评	名次
3	16001	刘柯琳	86	85	81	84	336	84	良好	8
4	16002	雷世华	81	83	77	80	321	80.25	良好	14
5	16003	王旭	82	80	84	82	328	82	良好	11

图 4.19 使用求和函数 SUM 计算

2. 函数的分类

Excel 2010 为用户提供了丰富的函数，按其功能可分为：财务、日期与时间、数学与三角函数、统计、查找与引用、数据库、文本、逻辑、信息、工程和多维数据集等 11 类函数。

4.9.5 函数的使用

1. 函数的输入

在 Excel 2010 中输入函数的常用方法有以下几种。

1) 使用功能区选择函数

具体操作步骤如下。

选定要输入公式的单元格，如 G3 单元格；打开“公式”选项卡的“函数库”功能组件，单击“自动求和”按钮右侧下方的箭头，在展开的下拉列表中单击所需选项。如求和，系统自动产生公式“= SUM(C3:F3)”，如图 4.19 所示。如果 Excel 2010 自动推荐的数据区域并不是所需计算的区域，需要重新选择计算区域。按回车键后完成函数的输入。

2）使用"插入函数"对话框输入函数

如果创建带函数的公式，可使用"插入函数"对话框，该对话框将显示函数的名称、格式、功能及各个参数的说明、函数的当前结果以及整个公式的当前结果，具体操作步骤如下。

选定要输入函数的单元格，如单元格 G3；打开"公式"选项卡并单击"函数库"功能组件中的"插入函数"按钮，打开"插入函数"对话框，如图 4.20 所示。

图 4.20 "插入函数"对话框

在"或选择类别"下拉列表中选择函数类别，如"常用函数"。在"选择函数"列表框中选择函数，如 SUM。在对话框的下方显示被选函数的格式及功能描述，单击"确定"按钮，则打开如图 4.21 所示的"函数参数"对话框。

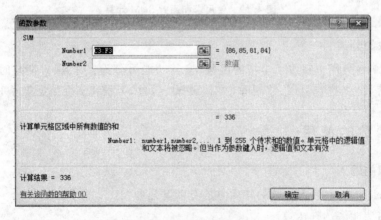

图 4.21 "函数参数"对话框

如果 Excel 2010 自动推荐的数据区域并不是所要计算的区域，可重新选择计算区域，如单击 Number1 文本框右侧的"压缩对话框"按钮，在工作表中重新选择单元格 C3：F3。接着单击压缩对话框右侧的"展开对话框"按钮，还原"函数参数"对话框，此时在 Number1 文本框中显示满足计算要求的参数。

如果有多个单元格区域，可以继续在 Number2 参数中输入数值、单元格或单元格区域引用,参数输入完毕后,单击"确定"按钮,完成函数的输入,单元格中将显示公式的计算结果。

3) 直接在单元格中输入函数

如果对所用函数十分熟悉,可以直接输入函数,如选定单元格 G3,直接输入"＝SUM(C3:F3)",按回车键即可。

若要更轻松地创建和编辑公式并将输入错误和语法减到最少,可使用"公式记忆式键入"。当输入"＝"和开头的几个字母后,Excel 2010 会在单元格的下方显示一个动态下拉列表,该列表中包含与这几个字母相匹配的有效函数、参数和名称,此时,可以单击选择所需函数名,系统自动输入左括号,并会出现函数格式的提示信息。

4.9.6　常用函数的使用

1. 求和函数 SUM

格式:SUM(Number1,Number2,…)

功能:计算单元格区域中所有数值的和。

参数:可以是单元格引用、常量、公式或另一个函数的结果,其中,Number1 是必需的,其余参数可选。

2. 求平均数函数 AVERAGE

格式:AVERAGE(Number1,Number2,…)

功能:计算参数的算术平均值。

参数:可以是数字、包含数字的名称和单元格引用等,其中,Number1 是必需的。

例题 2　在武汉工程科技学院 16 软工 1 班学生成绩分析表的原始成绩表中插入一列,列标题 H2 单元格命名为平均分,并计算每名学生的平均分。

(1) 打开武汉工程科技学院 16 软工 1 班学生成绩分析表的原始成绩表,单击 H2 单元格并输入"平均分"。

(2) 单击 H3 单元格,选择函数输入的一种方法,如"使用功能区选择函数"输入法。

打开"开始"选项卡并单击"编辑"功能区的"自动求和"按钮右侧的小箭头,在展开的下拉列表中单击"平均值"命令,即可自动生成 AVERAGE 函数,重新选择单元格区域C3:F3,按回车键计算出单元格区域 C3:F3 中数值的平均值为 84.00,即平均分(设置了只有两位小数)。

(3) 单击 H3 单元格并将鼠标移到 H3 单元格的右下角句柄时,鼠标指针变成黑色"＋"时按住鼠标左键拖动至 H23 单元格,松开左键,则完成每名学生平均分的计算。

3. 求最大值函数 MAX

格式:MAX(Number1,Number2,…)

功能:计算一组数值中的最大值。

参数:可以是数值或包含数值的名称和单元格的引用等,其中,参数 Number1 是必需的。

例题 3 在武汉工程科技学院 16 软工 1 班学生成绩分析表的原始成绩表中合并 A27、B27 单元格,并命名行标题为"各科最高分"。

(1) 打开武汉工程科技学院 16 软工 1 班学生成绩分析表的原始成绩表,选定 A27、B27 单元格,单击"开始"选项卡的"对齐方式"功能区的"合并居中"右侧向下三角形按钮,在展开的下拉列表中单击"合并后居中"命令。在合并后的单元格中输入"各科最高分"后回车。

(2) 单击 C27 单元格,选择一种输入函数的方法。如直接在单元格中输入函数法,即"=MAX(C3:C23"(建议在编辑栏中输入),按 Enter 键确认后,完成了"大学语文"最高分的计算,在 C27 单元格中显示的内容是"96"。

(3) 单击 C27 单元格,将鼠标指针指到 C27 单元格的右下角句柄时,当鼠标指针变成黑色"+"号按住左键拖动至 F27 单元格时,释放鼠标,即完成了"高等数学、大学语文、大学计算机基础"课程的最高分的计算。

4. 求最小值函数 MIN

格式:MIN(Number1,Number2,…)

功能:计算一组数值中的最小值。

参数:可以是数值或包含数值的名称和单元格引用等,其中的 Number1 是必需的。

5. COUNT 函数

格式:COUNT(Value1,Value2,…)

功能:计算区域中包含数值的单元格以及参数列表中数值的个数。

参数:可以包含或引用各种类型的数据,但只有数字类型的数据才被计算在内,其中,参数 Value1 是必需的。

例如,统计武汉工程科技学院 16 软工 1 班学生成绩分析表的原始成绩表中每门课的学生人数。如"大学语文"学生人数的函数是"COUNT(C3:C23)"。

6. COUNTIF 函数

格式:COUNTIF(Range,Criteria)

功能:计算区域中满足指定条件的单元格个数。

参数:Range 是必需的,是要对其进行计数的单元格区域,其中可以包含数值、名称和包含数值的引用等,空值和文本值将被忽略;Criteria 也是必需的,是以数值、表达式或文本形式定义的条件。

例题 4 在武汉工程科技学院 16 软工 1 班学生成绩分析表的原始成绩表中,计算各科的优秀率、合格率。

(1) 打开武汉工程科技学院 16 软工 1 班学生成绩分析表的原始成绩表,分别合并 A25 和 B25 单元格,A26 和 B26 单元格,在合并后的单元格中分别输入行标题为"各科优秀率""各科合格率"。

(2) 优秀率是指成绩在 85 分及以上的学生人数除以参加该科考试的总人数;合格率是指成绩在 60 分及以上的学生人数除以参加该科考试的总人数。单击 C25 单元格,在编辑栏中输入公式"=COUNTIF(C3:C23,">=85")/COUNT(C3:C23)",回车确认,则完成"大学语文"优秀率的计算,C25 单元格显示 52.38%(将该单元格中的数字设置为百分数格式)为所求结果。单击 C26 单元格,在编辑栏中输入公式"=COUNTIF(C3:C23,">=60")/COUNT(C3:C23)",回车确认,则完成"大学语文"合格率的计算,C26 单元格中显示 95.24%为所求结果。

(3) 单击 C25 单元格,移动鼠标至该单元格右下角句柄时,当鼠标指针变成黑色"+"时按住鼠标左键拖动到 F25 单元格松开,即完成了"高等数学、大学语文、大学计算机基础"课程的优秀率的计算。

(4) 单击 C26 单元格,移动鼠标至该单元格右下角句柄时,当鼠标指针变成黑色"+"时按住鼠标左键拖动到 F26 单元格松开,即完成了"高等数学、大学语文、大学计算机基础"课程的合格率的计算。

7. IF 函数

格式:IF(Logical_Text,Value_if_true,Value_if_false)

功能:判断是否满足第 1 个参数指定条件,当满足条件时,将返回第 2 个参数的值,否则返回第 3 个参数的值。

参数:Logical_Text 为指定的测试条件,是必需的,是一个计算结果可能性为 True 或 False 的数值或表达式。

Value_if_true 是可选的,是 Logical_Text 参数的计算结果为 True 时所要返回的值。如果 Logical_Text 的计算结果为 True,并且省略 Value_if_true 参数(Logical_Text 参数后仅跟一个逗号),则 IF 函数将返回 0。若要显示单词 True,则需要对 Value_if_true 参数使用逻辑值 True。

Value_if_false 是可选的,是 Logical_Text 参数的计算结果为 False 时所要返回的值。如果 Logical_Text 的计算结果为 False,并且省略 Value_if_false 参数(Value_if_true 参数后没有逗号),则 IF 函数将返回逻辑值 False。

例题 5　在武汉工程科技学院 16 软工 1 班学生成绩分析表的原始成绩表中,单击 I2 单元格,并输入简评。对每个学生进行简单评价,评价标准为:平均分为 85 分及以上为优秀;平均分为 80 分及以上,85 分以下的为良好;平均分为 60 分及以上的,80 分以下的为及格;平均分为 60 分以下的为不及格。

(1) 打开武汉工程科技学院 16 软工 1 班学生成绩分析表的原始成绩表,单击 I2 单元格,并在该单元格中输入列标题为"简评"。

(2) 单击 I3 单元格,按简评标准,选择一种函数输入方法,在编辑栏中输入"=IF(H3>=85,"优秀",IF(H3>=80,"良好",IF(H3>=60,"及格","不及格")))"函数,按 Enter 键确认,则在 I3 单元格中显示"良好"信息为所求结果。

(3) 单击 I3 单元格,移动鼠标至该单元格右下角句柄时,当鼠标指针变成黑色"+"时按住鼠标左键拖动到 I23 单元格松开,则完成对所有学生的简评。

8. RANK. AVG 函数

格式:RANK. AVG(Number,Ref,Order)

功能:返回某数值在一列数值中的大小排名,如果多个数值具有相同的排位,则将返回平均值排位。

参数：Number 是要查找其排位的数值是必需的；Ref 是对数值列表的引用，采用绝对引用方式，通常为某区域，也是必需的；Order 是可选项，用来指定数字的排位方式，若 Order＝0 或忽略，排位按降序，若不为 0，排序按升序排序。

例题 6 在武汉工程科技学院 16 软工 1 班学生成绩分析表的原始成绩表中，单击 J2 单元格，并输入名次。对每个学生进行排名。

(1) 打开武汉工程科技学院 16 软工 1 班学生成绩分析表的原始成绩表，单击 J2 单元格，并在该单元格中输入列标题为"名次"。

(2) 单击 J3 单元格，选择一种函数输入法。例如，在 J3 单元格中输入"＝RANK. AVG(H3,＄H＄3：＄H＄23)"，回车确认即完成学生刘珂林的排名，同时在该单元格中显示 8.5 的结果。（要注意的是：名次是没有小数的，但此处的小数表明有两名同学并列。）

(3) 单击 J3 单元格，移动鼠标至该单元格右下角句柄时，当鼠标指针变成黑色"＋"时按住鼠标左键拖动到 J23 单元格松开，则完成对所有学生的排名。

9. 公式使用中常见的错误

在公式和函数的输入和编辑过程中，要保证公式和函数的语法结构正确，如每个公式都应以等号开头，括号位置正确且左右括号匹配，参数类型必须正确且参数必须不可缺少，避免除数为 0。在公式中输入数值时，不要输入带有小数分隔符的数值，因为公式采用逗号作为参数分隔符，如果希望数值显示千位、百万位分隔符或货币符号，可设置单元格格式。因此，若输入的公式格式不符合要求，函数参数类型不符等会出现错误，有时还会返回意外结果。如表 4.2 所示为常见错误及其原因和解决方案。

表 4.2 公式和函数的常见错误原因及解决方法

错误	原　　　因	解　决　方　案
＃＃＃＃＃	输入单元格中的数值太长或公式产生的结果太长，单元格容纳不下	适当增加单元格列宽
＃DIV/0!	被 0 除，如公式中有除数为 0，或有除数为空的单元格	修改单元格引用，或者在用作除数的单元格中输入不为 0 的值
＃N/A	缺少可用的数值时，将产生错误值＃N/A	检查参数是否遗漏，根据函数格式要求进行补充和更正参数
＃NAME?	使用了 Excel 2010 中不能识别的文本	确认已使用的名称已定义。如果未定义，则添加相应的名称定义
＃NULL!	当两个指定单元格区域的交集为空，将产生错误的值＃NULL!	更改单元格区域使之相交
＃NUM	使用了无法接受的参数	检查参数是否走出限定区域，确认函数中使用的参数类型是否正确
＃REF!	单元格引用无效，如删除了被公式引用的单元格，或把公式复制到含有引用自身的单元格中	更改公式，删除公式中的＃REF!，重新输入公式的区域
＃VALUE!	使用错误的参数或运算对象类型	更正参数类型，保证公式引用的单元格包含有效数值

4.10 数据管理

建立工作表的目的是处理表中的数据,使之为用户提供所需的信息。Excel 2010 提供了强大的数据处理功能,其中,数据的排序、筛选数据、分类汇总、数据透视表和数据透视图是最常见的方法。

4.10.1 数据的排序

数据排序是指对工作表中的数据按一定的条件重新排列而得到一种有序结果。在 Excel 2010 中,可以进行单关键字、多关键字及自定义关键字的排序。

【设计案例】 制作长江物流公司在 2016 年第 1 季度分别在北京、上海、深圳、武汉地区的商品销售情况表,如图 4.22 所示。

	A	B	C	D	E	F	G
1	长江物流公司2016年第1季度销售商品表						
2	编号	姓名	销售地区	产品名称	数量	单价	商品销售额
3	1	刘力	深圳	电视机	12	11500.00	138000
4	2	肖平	深圳	DVD	9	1800.00	16200
5	3	陈洁林	深圳	空调机	4	8700.00	34800
6	4	胡晓丽	北京	DVD	7	1450.00	10150
7	5	程辉	北京	电视机	5	2200.00	11000
8	6	张春明	北京	空调机	3	1350.00	4050
9	7	王芸	深圳	电视机	12	7500.00	90000
10	8	胡涛	深圳	空调机	8	22000.00	176000
11	9	李军	深圳	DVD	4	1400.00	5600
12	10	杨燕	北京	电视机	5	12000.00	60000
13	11	贺峰	北京	DVD	5	1350.00	6750
14	12	吴兰	北京	空调机	6	1600.00	9600
15	13	陈林林	武汉	DVD	11	1700.00	18700
16	14	陈平	武汉	空调机	23	7800.00	179400
17	15	王秀丽	武汉	电视机	21	2300.00	48300
18	16	王洪生	深圳	DVD	33	1920.00	63360
19	17	马晓兰	深圳	电视机	10	5400.00	54000
20	18	周莉	北京	电视机	13	5800.00	75400

图 4.22 长江物流公司 2016 年第 1 季度商品销售表

1. 排序的基本原则

在 Excel 2010 中,按内容可进行有标题行与无标题行排序;按关键字个数可进行单关键字及多关键字的排序;按依据可对数值、单元格颜色、单元格图标等进行排序;按次序可进行升序、降序及自定义顺序的排序。

1) 有标题行与无标题行排序

在设计案例销售商品表中,编号、姓名、销售地区、产品名称、数量和单价称为标题行,如果排序区域包含该行,则为有标题排序,反之则为无标题排序。

2) 单关键字与多关键字排序

排序关键字是指排序依据的数据所在列的标题名称。在 Excel 2010 中,如果只按某一列排序称为单关键字排序,如果按多列排序则称为多关键字排序。在多关键字排序时,仅当第一关键字的值相同时才按第二关键字排序,仅当前两个关键字都相同时才按第三关键字排序,以此类推。

在销售商品表中,按"销售地区"关键字排序,称为单关键字排序;按"销售地区、产品名称"排序,称为多关键字排序。

3)升序、降序和自定义排序

升序是指从小到大;降序是指从大到小;自定义排序是指先定义一个序列,然后按序列的顺序排序。

4)排序基本原则

数字:按从最小负数到最大正数排列为升序,反之为降序。

日期:按从最早日期到最晚日期排列为升序,反之为降序。

文本字符:先排数字文本,再排符号文本,接着排英文字符,最后排中文字符。排序时,按从左到右逐字符比较大小排序。英文字符按 ASCII 码顺序,A~Z 为升序,Z~A 为降序。系统默认排序不区分全角/半角,不区分大小写字母。

空白单元格:单元格中没有任何内容,排序时始终排在最后。

空格单元格:单元格中存放着一个"空格"字符,是 ASCII 码中的一个确定符号,升序排在数字之后,降序排在数字之前。

2. 单关键字排序

在 Excel 2010 中,如果仅以某一列为关键字进行排序,则称为单关键字排序。

例如,对长江物流公司商品销售表按"销售地区"进行升序排序的具体操作步骤如下。

(1)选定要排序的单元格 A2:F20。打开"数据"选项卡并单击"排序和筛选"功能组件中的"排序"按钮;或打开"开始"选项卡并单击"编辑"功能组件中的"排序和筛选"按钮下方的小箭头,在展开的下拉列表中单击"自定义排序"命令,打开如图 4.23 所示"排序"对话框。

(2)从"列"选项的"主要关键字"下拉列表中选择"销售地区",从"排序依据"下拉列表中选择"数值",从"次序"下拉列表中选择"升序",单击"确定"按钮完成排序。

要点说明:选择排序区域时,如果包含标题行,则必须选中如图 4.23 所示的"排序"对话框中的"数据包含标题"复选框,反之应取消该复选框;在进行单关键字排序时,如果排序区域中没有合并单元格或合并后的所有单元格大小相同,用鼠标单击要作为排序关键字列中的任一非空单元格,再打开"数据"选项卡并单击"排序和筛选"组中的"升序"或"降序"按钮,可直接进行升序、降序排序。

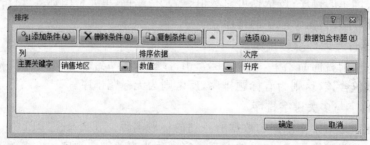

图 4.23 "排序"对话框

3. 多关键字排序

在 Excel 2010 中,如果以某两列或两列以上为关键字进行排序,则称为多关键字排序。

例如,对长江物流公司商品销售表以"销售地区"为主要关键字,以"产品名称"为次关键字进行升序排序的具体操作步骤如下。

(1) 选定要排序的单元格 A2:F20。打开"数据"选项卡并单击"排序和筛选"功能组件中的"排序"按钮;或打开"开始"选项卡并单击"编辑"功能组件中的"排序和筛选"按钮下方的小箭头,在展开的下拉列表中单击"自定义排序"命令,打开如图 4.23 所示"排序"对话框。

(2) 从"列"选项的"主要关键字"下拉列表中选择"销售地区",从"排序依据"下拉列表中选择"数值",从"次序"下拉列表中选择"升序";单击"添加条件",在"主要关键字"下增加"次关键字",从"列"选项的"次要关键字"下拉列表中选择"产品名称",从"排序依据"下拉列表中选择"数值",从"次序"下拉列表中选择"升序",单击"确定"按钮完成排序。排序结果如图 4.24 所示。

	A	B	C	D	E	F	G
1			长江物流公司2016年第1季度销售商品表				
2	编号	姓名	销售地区	产品名称	数量(台)	单价(元)	商品销售额(元)
3	4	胡晓丽	北京	DVD	7	1450.00	10150
4	11	贺峰	北京	DVD	5	1350.00	6750
5	5	程辉	北京	电视机	5	2200.00	11000
6	10	杨燕	北京	电视机	5	12000.00	60000
7	18	周莉	北京	电视机	13	5800.00	75400
8	6	张春明	北京	空调机	3	1350.00	4050
9	12	吴兰	北京	空调机	6	1600.00	9600
10	2	肖平	深圳	DVD	9	1800.00	16200
11	9	李军	深圳	DVD	4	1400.00	5600
12	16	王洪生	深圳	DVD	33	1920.00	63360
13	1	刘力	深圳	电视机	12	11500.00	138000
14	7	王芸	深圳	电视机	12	7500.00	90000
15	17	马晓兰	深圳	电视机	10	5400.00	54000
16	3	陈洁林	深圳	空调机	4	8700.00	34800
17	8	胡涛	深圳	空调机	8	22000.00	176000
18	13	陈林林	武汉	DVD	11	1700.00	18700
19	15	王秀丽	武汉	电视机	21	2300.00	48300
20	14	陈平	武汉	空调机	23	7800.00	179400

图 4.24 多关键字排序结果

4.10.2 数据的筛选

数据筛选是指显示工作表中满足条件的行并隐藏不满足条件的行,从而帮助用户观察与分析数据。在 Excel 2010 中,有自动筛选和高级筛选。

1. 自动筛选

自动筛选为用户提供了在具有大量记录的数据表中快速查找符合某种条件的记录的功能。使用自动筛选,须先选择筛选区域,打开"数据"选项卡并单击"排序和筛选"组件中的"筛选"按钮,每个标题右侧将显示"筛选"按钮,单击"筛选"按钮,可从列表中选择筛选条件,在搜索框中输入筛选条件或创建筛选条件进行筛选。

例如,在长江物流公司商品销售表中,根据产品销量和单价完成商品销售额的计算,并筛选出电视机的销售情况或商品销售额在 10 万元以上的商品销售情况。常用以下几种方法可以实现。

1) 从列表框中选择筛选条件

打开"商品销售表",选择要筛选的数据区域 A2:G20,单击"开始"选项卡"编辑"功能组件中的"排序和筛选"向下三角箭头,展开下拉列表并单击"筛选"命令;或打开"数据"选项卡并单击"排序和筛选"功能组件中的"筛选"按钮,如图 4.25 所示。

	A	B	C	D	E	F	G
1	长江物流公司2016年第1季度销售商品表						
2	编号	姓名	销售地	产品名	数量(台)	单价(元)	商品销售额(元)
3	1	刘力	深圳	电视机	12	11500.00	138000
4	2	肖平	深圳	DVD	9	1800.00	16200
5	3	陈洁林	深圳	空调机	3	8700.00	26100
6	4	胡晓丽	北京	DVD	7	1450.00	10150
7	5	程辉	北京	电视机	5	2200.00	11000

图 4.25 自动筛选

单击"产品名称"右侧向下的小三角箭头,在展开的下拉列表中勾选"电视机"(去掉其他复选),单击"确定"按钮完成对"电视机"的筛选。筛选结果如图 4.26 所示。

	A	B	C	D	E	F	G
1	长江物流公司2016年第1季度销售商品表						
2	编号	姓名	销售地	产品名	数量(台)	单价(元)	商品销售额(元)
3	1	刘力	深圳	电视机	12	11500.00	138000
7	5	程辉	北京	电视机	5	2200.00	11000
9	7	王芸	深圳	电视机	12	7500.00	90000
12	10	杨燕	北京	电视机	5	12000.00	60000
17	15	王秀丽	武汉	电视机	21	2300.00	48300
19	17	马晓兰	深圳	电视机	10	5400.00	54000
20	18	周莉	北京	电视机	13	5800.00	75400

图 4.26 筛选电视机结果

2) 使用搜索框输入筛选条件

在 Excel 2010 中,为方便用户设置筛选条件,还提供了搜索框,可在其中输入筛选条件,利用搜索功能快速找到指定条件。

打开"商品销售表",选择要筛选的数据区域 A2:G20,单击"开始"选项卡"编辑"功能组件中的"排序和筛选"向下三角箭头,展开下拉列表并单击"筛选"命令;或打开"数据"选项卡并单击"排序和筛选"功能组件中的"筛选"按钮,如图 4.25 所示。

单击"产品名称"右侧向下的小三角箭头,在展开的下拉列表的搜索框中输入"电视机",单击"确定"按钮完成对"电视机"的筛选。筛选结果如图 4.26 所示。

3) 创建筛选条件

在 Excel 2010 中,自动筛选将根据数据类型的不同,单击"标题"右侧向下的小三角箭头,在展开的下拉列表中分别显示"文本筛选""数字筛选"或"日期筛选",可以在其中选择。

如果要筛选商品销售额大于 10 万元的商品,采用上述两种方法难以实现,则需要采用创建筛选条件来实现。

打开"商品销售表",选择要筛选的数据区域 A2:G20,单击"开始"选项卡"编辑"功能组件中的"排序和筛选"向下三角箭头,展开下拉列表并单击"筛选"命令;或打开"数据"选项卡并单击"排序和筛选"功能组件中的"筛选"按钮,如图 4.25 所示。

单击"商品销售额"右侧向下三角箭头,在展开的下拉列表中单击"数字筛选"下的"大于"命令,则弹出如图 4.27 所示的"自定义自动筛选方式"对话框。

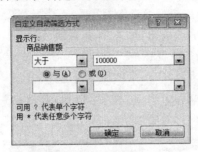

图 4.27 "自定义自动筛选方式"对话框

在"大于"右侧的下拉列表中输入"100000",单击"确定"按钮,筛选结果如图 4.28 所示。

	A	B	C	D	E	F	G
1	长江物流公司2016年第1季度销售商品表						
2	编号	姓名	销售地	产品名	数量(台)	单价(元)	商品销售额(元)
3	1	刘力	深圳	电视机	12	11500.00	138000
10	8	胡涛	深圳	空调机	8	22000.00	176000
16	14	陈平	武汉	空调机	23	7800.00	179400

图 4.28 筛选结果

2. 高级筛选

高级筛选与自动筛选不同,自动筛选通常用于简单条件的筛选,筛选条件是在筛选列表中选择设定。高级筛选则用于复杂条件的筛选,筛选条件需要在单独的条件区域中设定。

高级筛选应遵循以下原则。

(1) 条件区域必须在空白区域中建立。

(2) 条件区域必须包含标题,在标题下面设置筛选条件。标题即筛选条件所依据的字段名,必须与待筛选数据区域中的标题相同。条件为对该标题的条件描述,因而高级筛选的条件区域至少有两行。

(3) 要对一列或多列设定多个条件且要同时满足时,须将各条件放在相应标题下面同一行的不同列。

(4) 要对一列或多列设定多个条件且只要满足其中的任何一个时,须将各条件放在相应标题下的不同行。

(5) 如果有多行条件,则需逐行计算。

例如,要求筛选出长江物流公司的商品销售表中"空调机"的"商品销售额"在 10 万元以上的记录,其操作步骤如下。

(1) 打开"商品销售表"。在任意的空白单元格中输入筛选的条件,如本例中,在

C23、D23 单元格中分别输入"产品名称""商品销售额",在
C24、D24 单元格中分别输入"空调机"">100000"。

（2）打开"数据"选项卡并单击"排序和筛选"功能组件
中的"高级"按钮，打开如图 4.29 所示的"高级筛选"对话框。

（3）在如图 4.29 所示的"高级筛选"对话框中，选择"将
筛选结果复制到其他位置"单选按钮，如本例复制到 A27 开
始的单元格区域中。选择"列表区域"为"＄A＄2：＄G
＄20"，选择"条件区域"为"＄C＄23：＄D＄24"，选择"复制
到"的开始单元格为"＄A＄27"。单击"确定"按钮，筛选结
果如图 4.30 所示。

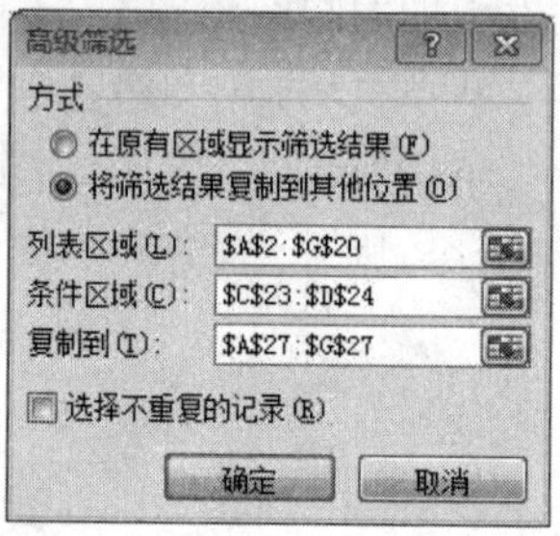

图 4.29 "高级筛选"对话框

A	B	C	D	E	F	G
1		长江物流公司2016年第1季度销售商品表				
2	编号	姓名	销售地区	产品名称	数量(台)	单价(元)	商品销售额(元)
3	1	刘力	深圳	电视机	12	11500.00	138000
4	2	肖平	深圳	DVD	9	1800.00	16200
5	3	陈洁林	深圳	空调机	3	8700.00	26100
6	4	胡晓丽	北京	DVD	7	1450.00	10150
7	5	程辉	北京	电视机	5	2200.00	11000
8	6	张春明	北京	空调机	3	1350.00	4050
9	7	王芸	深圳	电视机	12	7500.00	90000
10	8	胡涛	深圳	空调机	8	22000.00	176000
11	9	李军	深圳	DVD	4	1400.00	5600
12	10	杨燕	北京	电视机	5	12000.00	60000
13	11	贺峰	北京	DVD	5	1350.00	6750
14	12	吴兰	北京	空调机	6	1600.00	9600
15	13	陈林林	武汉	DVD	11	1700.00	18700
16	14	陈平	武汉	空调机	23	7800.00	179400
17	15	王秀丽	武汉	电视机	21	2300.00	48300
18	16	王洪生	深圳	DVD	33	1920.00	63360
19	17	马晓兰	深圳	电视机	10	5400.00	54000
20	18	周莉	北京	电视机	13	5800.00	75400
21							
22							
23			产品名称	商品销售额			
24			空调机	>100000			
25							
26							
27	编号	姓名	销售地区	产品名称	数量(台)	单价(元)	商品销售额(元)
28	8	胡涛	深圳	空调机	8	22000.00	176000
29	14	陈平	武汉	空调机	23	7800.00	179400

图 4.30 高级筛选结果

4.10.3 数据的分类汇总

分类汇总是指将数据按特定的类别并以某种方式对每一类数据分别进行统计，便于
数据的分析管理。分类汇总前，分类字段（列）必须是已经排序好了的。在 Excel 2010
中，可以进行简单的分类汇总和多级分类汇总。

1. 简单分类汇总

在 Excel 2010 中，按单类进行的分类汇总称为简单的分类汇总。

例如，对长江物流公司商品销售表按"销售地区"中的"数量""商品销售额"进行汇总，
具体操作步骤如下。

(1) 打开长江物流公司销售商品表，并按"销售地区"进行排序。

(2) 选择要分类汇总的区域 A2:G20，打开"数据"选项卡并单击"分级显示"功能组件中的"分级汇总"按钮，打开如图 4.31 所示的"分类汇总"对话框。

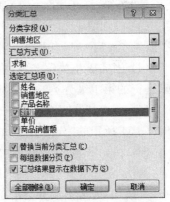

(3) 在如图 4.31 所示的"分类汇总"对话框中，从"分类字段"下拉列表中选择"销售地区"，从"汇总方式"下拉列表中选择"求和"，在"选定汇总项"列表中勾选"数量""商品销售额"。

如果选中"每组数据分页"复选框，则每组分类汇总结果将在不同页中显示；反之则在同一页中显示；如果选中"汇总结果显示在数据下方"复选框，则在数据下方显示汇总结果，反之在数据上方显示汇总结果。

(4) 当完成相关设定后，单击"确定"按钮，完成按"销售地区"中的"数量""商品销售额"进行汇总，汇总结果如图 4.32 所示。

图 4.31 "分类汇总"对话框

编号	姓名	销售地区	产品名称	数量(台)	单价(元)	商品销售额(元)
			长江物流公司2016年第1季度销售商品表			
4	胡晓丽	北京	DVD	7	1450.00	10150
5	程辉	北京	电视机	5	2200.00	11000
6	张春明	北京	空调机	3	1350.00	4050
10	杨燕	北京	电视机	5	12000.00	60000
11	贺峰	北京	DVD	5	1350.00	6750
12	吴兰	北京	空调机	6	1600.00	9600
18	周莉	北京	电视机	13	5800.00	75400
		北京 汇总		44		176950
1	刘力	深圳	电视机	12	11500.00	138000
2	肖平	深圳	DVD	9	1800.00	16200
3	陈洁林	深圳	空调机	3	8700.00	26100
7	王芸	深圳	电视机	12	7500.00	90000
8	胡涛	深圳	空调机	8	22000.00	176000
9	李军	深圳	DVD	4	1400.00	5600
16	王洪生	深圳	DVD	33	1920.00	63360
17	马晓兰	深圳	电视机	10	5400.00	54000
		深圳 汇总		91		569260
13	陈林林	武汉	DVD	11	1700.00	18700
14	陈平	武汉	空调机	23	7800.00	179400
15	王秀丽	武汉	电视机	21	2300.00	48300
		武汉 汇总		55		246400
		总计		190		992610

图 4.32 分类汇总结果

2. 多级分类汇总

分别对多类进行多次汇总，将这类汇总称为多级分类汇总。在进行多级分类汇总前，必须按汇总类的顺序进行排序。

例如，对长江物流公司商品销售表按"销售地区"中的"数量""商品销售额"及"产品名称"种类进行汇总，具体操作步骤如下。

分析：要求对两个字段分别进行分类汇总，因而先要对两个字段进行排序，第 1 关键字是"销售地区"；第 2 关键字是"产品名称"。

(1) 选定排序区域 A2:G20，完成按第 1 关键字是"销售地区"；第 2 关键字是"产品名称"的排序。

（2）选定汇总区域 A2:G20，打开"数据"选项卡并单击"分级显示"功能组件中的"分类汇总"按钮，打开如图 4.31 所示的"分类汇总"对话框。

（3）在如图 4.31 所示的"分类汇总"对话框中，从"分类字段"下拉列表中选择"销售地区"，从"汇总方式"下拉列表中选择"求和"，在"选定汇总项"列表中勾选"数量""商品销售额"。

（4）当完成相关设定后，单击"确定"按钮，完成按"销售地区"中的"数量""商品销售额"进行的第 1 级分类汇总。

（5）再次打开"数据"选项卡并单击"分级显示"功能组件中的"分类汇总"按钮，打开如图 4.31 所示的"分类汇总"对话框。

（6）在如图 4.31 所示的"分类汇总"对话框中，从"分类字段"下拉列表中选择"产品名称"，从"汇总方式"下拉列表中选择"计数"，在"选定汇总项"列表中勾选"数量"。单击"确定"按钮，完成多次分类汇总，如图 4.33 所示。

		A	B	C	D	E	F	G
	1	长江物流公司2016年第1季度销售商品表						
	2	编号	姓名	销售地区	产品名称	数量(台)	单价(元)	商品销售额(元)
	3	4	胡晓丽	北京	DVD	7	1450.00	10150
	4	11	贺峰	北京	DVD	5	1350.00	6750
	5				DVD 计数	2		
	6	5	程辉	北京	电视机	5	2200.00	11000
	7	10	杨燕	北京	电视机	5	12000.00	60000
	8	18	周莉	北京	电视机	13	5800.00	75400
	9				电视机 计数	3		
	10	6	张春明	北京	空调机	3	1350.00	4050
	11	12	吴兰	北京	空调机	6	1600.00	9600
	12				空调机 计数	2		
	13	2	肖平	深圳	DVD	9	1800.00	16200
	14	9	李军	深圳	DVD	4	1400.00	5600
	15	16	王洪生	深圳	DVD	33	1920.00	63360
	16				DVD 计数	3		
	17	1	刘力	深圳	电视机	12	11500.00	138000
	18	7	王芸	深圳	电视机	12	7500.00	90000
	19	17	马晓兰	深圳	电视机	10	5400.00	54000
	20				电视机 计数	3		
	21	3	陈洁林	深圳	空调机	3	8700.00	26100
	22	8	胡涛	深圳	空调机	8	22000.00	176000
	23				空调机 计数	2		
	24	13	陈林林	武汉	DVD	11	1700.00	18700
	25				DVD 计数	1		
	26	15	王秀丽	武汉	电视机	21	2300.00	48300
	27				电视机 计数	1		
	28	14	陈平	武汉	空调机	23	7800.00	179400
	29				空调机 计数	1		
	30				总计数	18		

图 4.33　多级分类汇总结果

3. 清除分类汇总

清除分类汇总的具体操作步骤：打开"数据"选项卡并单击"分级显示"功能组件中的"分类汇总"按钮，打开如图 4.31 所示的"分类汇总"对话框，单击"全部删除"按钮即可清除分类汇总。

4.10.4　数据图表

图表是工作表数据的图形表示，称为数据图表，用形象、直观的图形、曲线表示数据值的大小或数据间的相互比例关系,比单纯地用数据表示单元格区域中的数据代表的含义及它们间的关系更形象、生动、直观。图表与工作中的数据是相互链接的,当工作表中的数据发生变化时,图表会自动随之变化。

在 Excel 2010 中图表有两种:一种放在源工作表页中,称为嵌入式图表;另一种创建独立图表页。Excel 2010 内置的图表类型有几十种,用户只需选择图表类型、图表布局和图表样式即可创建图表。同时 Excel 2010 还具有迷你图功能。

1. 常见的标准图表

Excel 2010 提供了 11 种标准图表类型,主要有柱形图、折线图、饼图、条形图、面积图、XY 散点图、股价图、曲面图、圆环图、气泡图和雷达图。每一种图表又分别包含多种子图表类型。标准图表类型如图 4.34 所示。

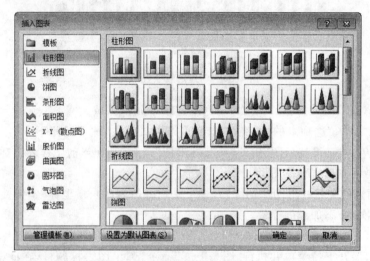

图 4.34　标准图表类型

2. 迷你图

迷你图是 Excel 2010 新增的一个功能,是在工作表单元格背景中嵌入的一个微型图表,使数据能够以简洁直观的图形表示。当数据发生变化时,迷你图将随之变化。

迷你图有:折线图、柱形图、盈亏图。折线图用来显示数据的趋势变化;柱形图用来显示数据的变化及比较关系;盈亏图用来显示数据的亏损盈利。

3. 创建图表

Excel 2010 创建图表常用的方法有:使用快捷键创建图表;使用选项卡创建图表;使用对话框架创建图表。无论哪种方法,用户都可以很方便地完成创建图表的操作。

Excel 2010 图表主要由图表区、绘图区、图表标题、数据系列、坐标轴、网格线等多个元素组成。

例如,以"武汉工程科技学院 16 软工 1 班学生成绩分析表"为数据源,使用"姓名""平均分""名次"三列数据创建一个簇状柱形图,创建的效果如图 4.35 所示。

(1) 打开"武汉工程科技学院 16 软工 1 班学生成绩分析表",分别选定 B3:B23(姓

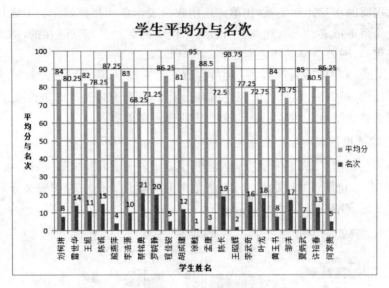

图 4.35　创建的簇状柱形图

名)、H3：H23(平均分)、J3：J23(名次)三列不连续单元格区域。

(2) 单击"插入"选项卡的"图表"功能组件区中的"柱形图"按钮下方的三角箭头,弹出下拉菜单,单击"二维柱形图"中的"簇状柱形图"命令,则在当前工作表中插入簇状柱形图。根据需要调整其位置及图形大小。

(3) 为插入的簇状柱形图添加标题(学生平均分与名次)、横坐标(学生姓名)、纵坐标(平均分与名次)及添加数据标签。

添加标题:选定图表,单击"图表工具"→"布局",在"标签"功能组件中单击"图表标题"下方箭头,展开下拉菜单并执行"图表上方"命令,弹出图表标题框,在此框中输入"学生平均分与名次"即可。

横坐标:选定图表,单击"图表工具"→"布局",在"标签"功能组件中单击"坐标轴标题"下方箭头,展开下拉菜单并执行"主要横坐标标题"中的"坐标轴下方标题"命令,弹出横坐标标题框,在此框中输入"学生姓名"即可。

纵坐标:选定图表,单击"图表工具"→"布局",在"标签"功能组件中单击"坐标轴标题"下方箭头,展开下拉菜单并执行"主要纵坐标标题"中的"竖排标题"命令,弹出纵坐标标题框,在此框中输入"平均分与名次"即可。

添加数据标签:选定图表,单击"图表工具"→"布局",在"标签"功能组件中单击"数据标签"右侧箭头,展开下拉菜单并执行"数据标签外"命令即可。

4.10.5　数据透视表

数据透视表是一种对大量数据快速汇总和建立交叉列表的互动式 Excel 报表。它不仅可以转换行和列以查看源数据的不同汇总结果,可以显示不同页面的筛选数据,还可以根据需要显示区域中的细节数据。数据透视表可以根据用户的要求全面、生动地对源数据进行重新组织和统计,对最有用和最关注的数据子集进行筛选、排序、分组和有条件地设置格式。数据透视表中的源数据可以来自 Excel 工作中的数据、外部数据库、多维数据集或另一张数据透视表。

1. 数据透视表的组成

数据透视表一般由以下几个部分组成。

(1) 报表筛选:在数据透视表中指定为页方向的字段。"报表筛选"是分页字段。

(2) 行标签:行标签是数据透视表中指定为行方向的字段。使用时根据行标签的值进行筛选显示。

(3) 列标签:列标签是数据透视表中指定为列方向的字段。根据列字段进行求和、求平均值等方面的统计。

(4) 数据区域:数据区域是数据透视表中含有汇总数据的区域。数据区中的单元格用来显示行和列字段中数据项的汇总数据,数据区每个单元格中的数值代表对源记录或行的一个汇总。

2. 建立数据透视表

例如,对长江物流公司商品销售表按不同销售地区的不同产品进行销售收入的求和,生成数据透视表如图 4.36 所示。

(1) 打开"长江物流公司商品销售表",选择要建立数据透视表的区域 A2:G20。

(2) 单击"插入"选项卡中的"表格"功能组件中的"数据透视表"右侧向下三角形箭头展开"数据透视表"并执行"数据透视表"命令,打开"创建数据透视表"对话框如图 4.37 所示。

图 4.36　数据透视表

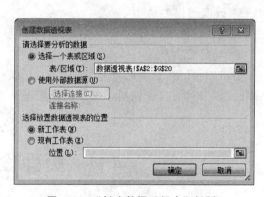

图 4.37　"创建数据透视表"对话框

(3) 在图 4.37 中的"选择一个表或区域"框中已经显示选定的单元格区域 A2:G20。当然可以重新选定新的区域来确定要建立数据透视表的区域;在图 4.36 中的"选择放置数据透视表的位置"选项卡上,选择默认项,在当前工作表的左侧创建一个新工作表,单击"确定"按钮,则生成如图 4.38 所示的空的数据透视表。

(4) 在图 4.38 空的数据透视表中选择要添加的字段。在"筛选器"的"选择要添加到报表的字段"列表中选择"销售地区""产品名称""商品销售额"后,则在"筛选器"的"数值"

列表中显示求和项为"商品销售额",在"筛选器"的"行标签"列表显示"销售地区""产品名称"。生成的数据透视表如图 4.36 所示。

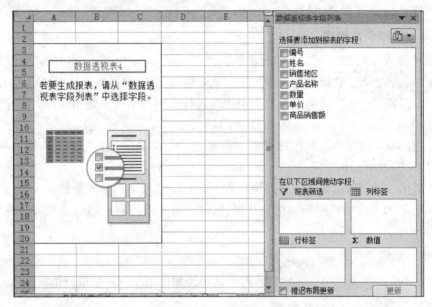

图 4.38 空的数据透视表

3. 透视分析数据

改变透视表内部的透视关系,从不同的角度查看数据间的内在联系。主要包括:改变透视关系、改变汇总方式和数据更新。

1) 改变透视关系

更改各区域中放置的字段或改变字段的显示条件即可改变透视关系。

2) 改变汇总方式

单击"行标签"右侧向下三角形箭头,在展开的下拉列表中执行"字段设置"命令,弹出"字段设置"对话框,在该对话框中选择要进行汇总的方式,单击"确定"按钮即可。

4.11 页面设置与打印

在制作完一张工作表后,根据需要可将其打印出来,在打印之前,要完成页面区域的设置和分页工作。

4.11.1 页面设置

1. 纸张大小

打开"页面布局"选项卡,在"页面设置"组件中单击"纸张大小"按钮,打开下拉菜单,在菜单中选择"A4",在工作区中出现分页线(竖虚线)。

2. 纸张方向

打开"页面布局"选项卡,在"页面设置"组件中单击"纸张方向"按钮,打开下拉菜单,在菜单中选择"纵向"。

3. 纸张页边距

打开"页面布局"选项卡,在"页面设置"组件中单击"页边距"按钮,打开下拉菜单,在菜单中选择"窄"。

4. 页眉页脚

如果要打印的表格有多页,通常在页眉或页脚设置每页要显示的信息,如工作簿名、工作表名、页码、日期、时间等。

(1) 打开"页面布局"选项卡,单击"页面设置"组件中右下角的箭头,打开"页面设置"对话框,单击"页面设置"对话框中的"页眉/页脚"选项卡。

(2) 单击"自定义页眉"按钮,打开"页眉"对话框,如图 4.39 所示。

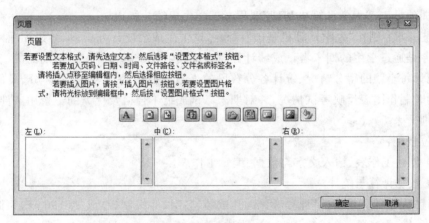

图 4.39 "页眉"对话框

(3) 将光标定位在"中"区域,输入"武汉工程科技学院 16 软工 1 班学生成绩分析表",打印预览时,则页眉会显示"武汉工程科技学院 16 软工 1 班学生成绩分析表"文字。

(4) 单击"自定义页脚"按钮,打开"页脚"对话框,将光标定位在"右"区域内,单击"插入页码"按钮,打印预览时,则页脚会显示页码。

4.11.2 设置打印区域

Excel 2010 默认的打印区域是当前的整个工作表内容。在实际工作中可根据需要选择要打印的区域,以满足局部打印要求。

1. 设置打印区域

选定工作表,打开"页面布局"选项卡,单击"页面设置"功能组件中的"打印区域"按钮,在展开的下拉菜单中执行"设置打印区域"即可。

2. 取消打印区域

打开"页面布局"选项卡,单击"页面设置"功能组件中的"打印区域"按钮,在展开的下拉菜单中执行"取消打印区域"即可。

4.11.3　打印预览

打印工作表时应先预览,查看页面布局效果、打印样式,修改或调整打印选项,以减少打印错误和浪费。Excel 2010 提供了方便快捷的打印及预览方式。

打开"文件"选项卡,单击"打印",弹出打印预览窗口,在该窗口中可进行"纸张大小""纸张方向""页边距""打印实际大小工作表"设置。

【动手实践】

实训项目 1:"大学计算机基础"课程考试学生成绩分析表

职业要求:制作"大学计算机基础"课程考试学生成绩统计分析表,结果如图 4.40 所示。任务是通过学生的期末考试成绩计算总成绩、名次和等级,并对该学期的成绩进行汇总,如统计每小题的得分情况、统计各分数段的人数与所占的百分比、最高分、最低分、平均分,同时制作图表反映考试情况,并对期末考试成绩不合格及优秀的记录用条件格式把它们区别开来。

岗位技能:

(1) 创建工作表、输入文字与数据、编辑工作表。

(2) 数据计算与统计。

统计"大学计算机基础"课程考试的总成绩、名次、等级制(总成绩≥90 分,为优秀;总成绩≥80 分,为良好;总成绩≥60 分,为中;总成绩<60 分,为不及格)、平均分、小题总分、小题得分率。各小题应得分分别是:单选题 20 分、多选择题 20 分、填空题 10 分、判断题 10 分、操作题 40 分。

(3) 创建图表。

为直观反映各小题的得分率,要求创建一个在各小题上得分率的图表。选择默认图表(柱形图)。

(4) 表格布局与保存。

按要求对表格中的数据进行格式化,如调整适当的行高、列宽,设置字体大小、单元格边框、单元格数据对齐方式。

(5) 设置打印页面。

设置为 A4 纵向输出,要求设置页眉(内容为:"大学计算机基础"课程考试成绩分析表),页边距为"窄"。

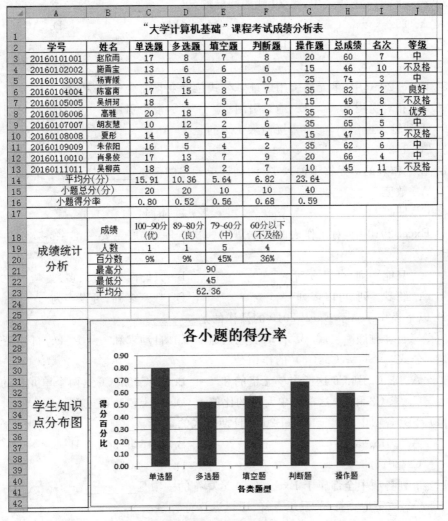

	"大学计算机基础"课程考试成绩分析表								
学号	姓名	单选题	多选题	填空题	判断题	操作题	总成绩	名次	等级
20160101001	赵欣雨	17	8	7	8	20	60	7	中
20160102002	施晋宝	13	6	6	6	15	46	10	不及格
20160103003	杨青媛	15	16	8	10	25	74	3	中
20160104004	陈富南	17	15	8	7	35	82	2	良好
20160105005	吴妍珂	18	4	5	7	15	49	8	不及格
20160106006	高雅	20	18	8	9	35	90	1	优秀
20160107007	胡友慧	10	12	2	6	35	65	5	中
20160108008	夏彤	14	9	5	4	15	47	9	不及格
20160109009	朱依阳	16	5	4	2	35	62	6	中
20160110010	肖景姣	17	13	7	9	20	66	4	中
20160111011	吴柳英	18	8	2	7	10	45	11	不及格
平均分(分)		15.91	10.36	5.64	6.82	23.64			
小题总分(分)		20	20	10	10	40			
小题得分率		0.80	0.52	0.56	0.68	0.59			

成绩统计分析	成绩	100~90分(优)	89~80分(良)	79~60分(中)	60分以下(不及格)
	人数	1	1	5	4
	百分数	9%	9%	45%	36%
	最高分	90			
	最低分	45			
	平均分	62.36			

图 4.40 大学计算机基础考试成绩分析表

习 题

(1) 一个 Excel 2010 应用文档就是_____。

　　A. 一个"工作表"　　　　　　　　　　B. 一个"工作簿"

　　C. 多个"工作簿"　　　　　　　　　　D. 一个"工作表"和透视表

(2) 一个"工作簿"只能包含_____。

　　A. 一个工作表　　　　　　　　　　　B. 3 个工作表

　　C. 1~255 个工作表　　　　　　　　　D. 任意一个工作表

(3) Excel 2010 工作表中,第 29 列的列标题是_____。

    A. 29   B. R29   C. C29   D. AC

(4) 以下选项中,属于混合引用的是_____。

    A. A$5   B. A5   C. A5   D. R5C1

(5) Excel 2010 中,单元格引用地址随公式位置变化而变化的是_____。

    A. 相对引用   B. 绝对引用   C. 混合引用   D. 计算引用

(6) 下列输入操作中,能够直接输入 1/2 的是_____。

    A. 1/2   B. 0 1/2   C. '1/2   D. "1/2"

(7) 在工作表的单元格中输入 11-5,则该单元格的值是_____。

    A. 数值 5   B. 字符串"11-5"

    C. 日期 11 月 5 日   D. 时间 11 点 5 分

(8) Excel 2010 中,对工作表的数据进行一次排序,排序主要关键字_____,次关键字_____。

    A. 只能一列、可以多列   B. 只能两列、可以多列

    C. 最多三列、可以多列   D. 任意多列、可以多列

(9) 以下操作不属于 Excel 2010 的操作的是_____。

    A. 自动排版   B. 自动填充数据   C. 自动求和   D. 自动筛选

(10) 公式"=SUM(C2:C6)"的作用是_____。

    A. 求 C2 到 C6 这 5 个单元格的和   B. 求 C2 和 C6 这两个单元格的和

    C. 求 C2 和 C6 这两个单元格的比值   D. 以上说法都正确

(11) 下列各项中不属于 Excel 2010 日期格式的是_____。

    A. 2016-03-04   B. 2016 年 3 月 4 日

    C. 2016/3/4   D. 4/3-2016

(12) 下列各项中全部属于 Excel 2010 运算符的一项是_____。

    A. 数字运算符、关系运算符、逻辑运算符

    B. 算术运算符、文本运算符、关系运算符

    C. 逻辑运算符、算术运算符、函数运算符

    D. 关系运算符、算术运算符、逻辑运算符

(13) 在单元格中输入 1:5,结果为_____。

    A. 数值 1/5   B. 日期 1 月 5 日   C. 数值 0.2   D. 时间 1 时 5 分

(14) Excel 2010 中,下面关于分类汇总的叙述错误的是_____。

    A. 分类汇总前必须按关键字排序数据库

    B. 汇总方式只能是求和

    C. 分类汇总的关键字段只能是一个字段

    D. 分类汇总可以被删除,但删除汇总后排序操作不能撤销

(15) Excel 2010 中,关于"筛选"的正确叙述是_____。

    A. 自动筛选和高级筛选都可以将结果筛选至另外的区域

    B. 不同字段之间进行"或"运算必须使用高级筛选

C. 自动筛选的条件只能是一个,高级筛选的条件可以是多个

D. 如果所选的条件出现在多列中,并且条件间有"与"的关系,必须使用高级筛选

(16) 清除单元格的内容后_____。

A. 单元格的格式、边框、批注都不能被清除

B. 单元格的边框也被清除

C. 单元格的批注也被清除

D. 单元格的格式也被清除

第5章

PowerPoint 2010演示文稿

【岗位对接】

　　PowerPoint 演示文稿，又被称为 PPT，广泛应用在多媒体教学课件、统计分析报告、商务计划、招投标方案、可行性研究报告、市场营销报告、产品发布、电子商务及培训方面。各行各业，不论在哪个岗位，工作中都多多少少需要用到文字内容组织得当、版式设计美观、色彩表现力强、主题突出的 PPT。

【职业引导】

　　PowerPoint 广泛应用于工作计划、工作总结、市场调研、竞争分析、产品展示、项目咨询、企业培训、竞聘演说、企业宣传等方面，它的基本操作包括文本的处理、幻灯片主题格式、布局技术、插入图片、绘制形状、添加表格、插入图表、创建 SmartArt 图形、添加多媒体元素、显示对象动画、放映和制作交互式幻灯片、演示文稿的打印和输出等。想制作出赏心悦目的演示文稿，除了掌握它的基本操作外，还必须经过长期的实践操作。

【设计案例】

　　望知学所在广告公司受某餐厅委托，对其手机点餐项目的推广进行市场调研、可行性分析，并制定后期广告宣传方案。望知学的导师要求他根据前期搜集的资料和已制定的调研策略，制作一份演示文稿用于向客户推介。

【知识技能】

5.1　PowerPoint 2010 基本操作

　　PowerPoint 2010 是微软公司 Office 2010 办公软件中的一个重要组件，它是一个功能强大的演示文稿制作工具，能够制作出包含文字、图像、声音以及视频剪辑等多媒体元素于一体的演示文稿。

演示文稿是使用 PowerPoint 所创建的文档，而幻灯片则是演示文稿中的页面。演示文稿是由若干张幻灯片组成的，每张幻灯片都是演示文稿中既相互独立又相互联系的内容。

5.1.1　PowerPoint 2010 的启动与退出

1. PowerPoint 2010 的启动

在计算机中安装了 PowerPoint 2010 后，便可以通过以下几种方式启动。

（1）在安装 Office 2010 办公软件后，创建了 PowerPoint 2010 的桌面快捷方式，则双击 PowerPoint 2010 快捷方式图标即可启动。

（2）单击桌面"开始"菜单中的"开始"→"所有程序"→Microsoft Office→Microsoft OfficePowerPoint 2010 即可启动。

（3）直接打开保存的 PowerPoint 2010 演示文稿文件，则可启动 PowerPoint 2010 并同时打开该文件。

2. PowerPoint 2010 的退出

（1）单击 PowerPoint 2010 窗口右上角的"关闭"按钮 即可退出。

（2）按 Alt＋F4 组合键则可退出。

（3）单击标题栏左侧控制图标 ，在弹出的下拉菜单中选择"关闭"命令则可退出。

（4）单击"文件"选项卡中的"退出"命令则可退出。

5.1.2　PowerPoint 2010 的工作界面

PowerPoint 2010 的工作界面如图 5.1 所示，主要由标题栏、快速访问工具栏、功能区、功能选项卡、"幻灯片/大纲"窗格、幻灯片编辑区、备注窗格和状态栏等部分组成。

PowerPoint 2010 工作界面各部分的组成及作用介绍如下。

（1）标题栏：位于 PowerPoint 工作界面的右上角，用于显示演示文稿名称和程序名称，最右侧的 3 个按钮分别用于对窗口执行最小化、最大化和关闭操作。

（2）快速访问工具栏：该工具栏位于窗口的左端，通常由以图标形式提供的最常用的"保存"按钮、"撤销"按钮和"恢复"按钮组成，单击对应的按钮可执行相应的操作。如需在快速访问工具栏中添加其他按钮，可单击其后的按钮，在弹出的菜单中选择所需的命令即可。

（3）"文件"选项卡：用于执行 PowerPoint 演示文稿的新建、打开、保存和退出等基本操作，该菜单右侧列出了用户经常使用的演示文档名称。

（4）功能选项卡：相当于菜单命令，它将 PowerPoint 2010 的所有命令集成在几个功能选项卡中，选择某个功能选项卡可切换到相应的功能区。

（5）功能区：在功能区中有许多自动适应窗口大小的工具栏，不同的工具栏中又放

快速访问工具栏　　　　　　　标题栏

"文件"选项卡　　　　　　　　　　　　　　　　　　　功能选项卡

功能区

幻灯片编辑区

"幻灯片/大纲"
窗格

备注窗格

状态栏

图 5.1　PowerPoint 2010 工作界面

置了与此相关的命令按钮或列表框。

（6）"幻灯片/大纲"窗格：用于显示演示文稿的幻灯片数量及位置，通过它可更加方便地掌握整个演示文稿的结构。在"幻灯片"窗格下，将显示整个演示文稿中幻灯片的编号及缩略图；在"大纲"窗格下列出了当前演示文稿中各张幻灯片中的文本内容。

（7）幻灯片编辑区：是整个工作界面的核心区域，用于显示和编辑幻灯片，在其中可输入文字内容、插入图片和设置动画效果等，是使用 PowerPoint 制作演示文稿的操作平台。

（8）备注窗格：位于幻灯片编辑区下方，可供幻灯片制作者或幻灯片演讲者查阅该幻灯片信息或在播放演示文稿时对需要的幻灯片添加说明和注释。

（9）状态栏：位于工作界面最下方，用于显示演示文稿中所选的当前幻灯片以及幻灯片总张数、幻灯片采用的模板类型、视图切换按钮以及页面显示比例等。

5.1.3　演示文稿的视图模式

视图是 PowerPoint 文档在计算机屏幕中的显示方式，在 PowerPoint 2010 中包括 5 种显示方式，分别是普通视图、幻灯片浏览视图、备注页视图、阅读视图和幻灯片放映视图，选择"视图"选项卡，在"演示文稿视图"选项组中可以选择视图显示方式，如图 5.2 所示。

1. 普通视图

普通视图是 PowerPoint 2010 文档的默认视图，是主要的编辑视图，可以用于撰写或设计演示文稿。该视图下，"幻灯

图 5.2　视图模式

片"窗格面积较大,最适合编辑幻灯片,如插入对象、修改文本等,如图5.3所示。

图 5.3　普通视图

在该视图中,左窗格中包含"大纲"和"幻灯片"两个选项卡,并在下方显示备注窗格,状态栏显示了当前演示文稿的总张数和当前显示的张数。在"备注栏"中,可以对幻灯片做一些简单的注释,便于维护,备注栏中的文字信息在文稿显示时不会出现。

2. 幻灯片浏览视图

幻灯片浏览视图可以显示演示文稿中的所有幻灯片的缩略图、完整的文本和图片,如图5.4所示。

在该视图中,可以调整演示文稿的整体显示效果,也可以对演示文稿中的多个幻灯片进行调整,主要包括幻灯片的背景和配色方案、添加或删除幻灯片、复制幻灯片以及排列幻灯片顺序。但是在该视图中不能编辑幻灯片中的具体内容。

3. 备注页视图

用户如果需要以整页格式查看和使用备注,可以使用备注页视图,在这种视图下,一张幻灯片将被分成两部分,其中上半部分用于展示幻灯片的内容,下半部分则是用于建立备注,如图5.5所示。

4. 阅读视图

在阅读视图下,只保留幻灯片窗格、标题栏和状态栏,其他编辑功能被屏蔽,目的是幻灯片制作完成后的简单放映浏览。通常是从当前幻灯片开始放映,单击可以切换到下一张幻灯片,直到放映最后一张幻灯片后退出阅读视图,如图5.6所示。

图 5.4　幻灯片浏览视图

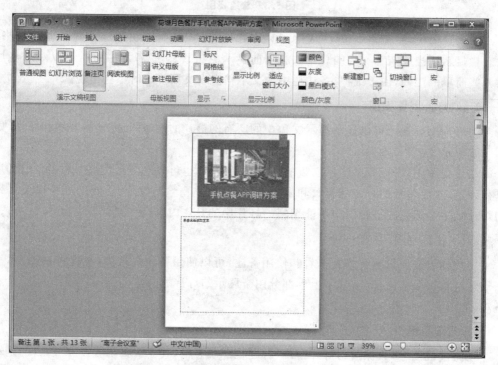

图 5.5　备注页视图

图 5.6　阅读视图

5．幻灯片放映视图

幻灯片放映视图占据了整个计算机屏幕，它与真实的播放幻灯片效果一样。在该视图中，按照指定的方式动态地播放幻灯片内容，用户可以观看其中的文本、图片、动画和声音等效果。幻灯片放映视图中的播放效果就是观众看到的真实播放效果。但是在幻灯片放映视图下，不能对幻灯片进行编辑，若不满意幻灯片效果，必须切换到普通视图等其他视图下进行编辑修改，如图 5.7 所示。

图 5.7　幻灯片放映视图

5.1.4　创建演示文稿

利用 PowerPoint 2010 创建"荷塘月色餐厅手机点餐 APP 调研方案"文稿的方法有

以下三种。

1. 创建空白演示文稿

创建空白演示文稿有以下两种方法。

1）通过快捷菜单自动创建一个空白演示文稿

在桌面上单击鼠标右键弹出快捷菜单，指向"新建"，然后单击"Microsoft PowerPoint 2010 演示文稿"，即可创建一个空白演示文稿，如图 5.8 所示。

图 5.8　快捷菜单创建空白演示文稿

2）用"文件"选项命令新建

在 PowerPoint 已经启动的情况下，单击"文件"菜单，在出现的菜单中选择"新建"命令，在界面右侧"可用的模板和主题"下选择"空白演示文稿"，单击右侧的"创建"按钮即可，如图 5.9 所示。

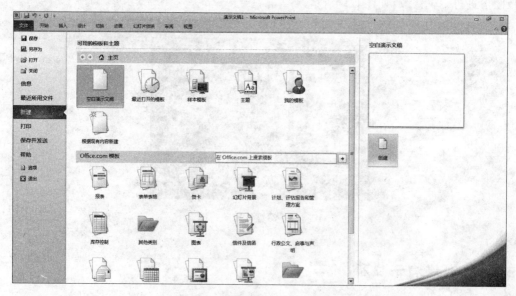

图 5.9　手动创建空白演示文稿

2. 创建主题演示文稿

主题规定了演示文稿的母版、配色、文字格式和效果等设置。使用主题方式,可以简化演示文稿风格设计,快速创建所选主题的演示文稿。

单击"文件"菜单,在出现的菜单中选择"新建"命令,在右侧"可用的模板和主题"中选择"主题",在随后出现的主题列表中选择一个主题如"暗香扑面",并单击右侧的"创建"按钮即可,如图 5.10 所示。

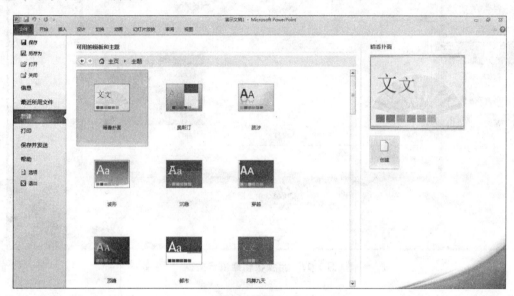

图 5.10　用主题创建演示文稿

3. 用模板创建演示文稿

模板是预先设计好的演示文稿样本,PowerPoint 2010 中提供的模板选项有"样本模板""我的模板""最近打开的模板"。

PowerPoint 2010 中提供了大量精美的样本模板供用户选用。除此之外,还可根据自己需要从微软 Office 官方网站下载相关的 PowerPoint 模板,或是自行定义模板。下面介绍使用"我的模板"创建演示文稿的方法。

单击"文件"菜单,在出现的菜单中选择"新建"命令,在右侧"可用的模板和主题"中选择"我的模板",在随后出现的模板列表中选择"离子实验室"模板,并单击右侧的"创建"按钮(也可以直接双击模板列表中所选模板),如图 5.11 所示。

4. 用现有演示文稿创建演示文稿

如果希望新演示文稿与现有的演示文稿类似,则可以直接在现有演示文稿的基础上进行修改从而生成新演示文稿。用现有演示文稿创建演示文稿的方法如下:单击"文件"菜单,在出现的菜单中选择"新建"命令,在右侧"可用的模板和主题"中选择"根据现有内容新建",在出现的"根据现有演示文稿新建"对话框中选择目标演示文稿文件,并单击"新建"按钮。

大
学
生
计
算
机
基
础

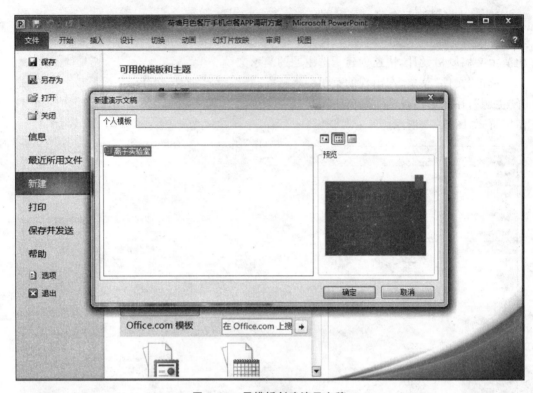

图 5.11　用模板创建演示文稿

　　系统将创建一个与目标演示文稿样式和内容完全一致的新演示文稿,只要根据需要适当修改并保存即可。

　　动手实践:创建"荷塘月色餐厅手机点餐 APP 调研方案"演示文稿。

5.1.5　保存演示文稿

　　PowerPoint 2010 演示文稿文件的扩展名为.pptx,新建文件或编辑修改后需要保存,保存演示文稿主要有以下几种方法。

　　1. 保存在原位置

　　(1)单击快速访问工具栏上的"保存"按钮。若是第一次保存,将出现"另存为"对话框。

　　(2)在"另存为"对话框左侧选择保存路径,在下方"文件名"栏中输入演示文稿文件名;否则直接按原路径及文件名存盘,单击"保存"按钮。

　　2. 保存在其他位置或换名保存

　　对已存在的演示文稿,若用户希望存放到其他位置,可以使用组合键 Ctrl+S,出现"另存为"对话框,然后按上述操作确定保存位置,再单击"保存"按钮。这样,演示文稿用原名保存在另一指定位置。

266

若需要换名保存,不改变文件的存放路径,需先在"文件名"栏中输入新文件名,再单击"保存"按钮。这样,原演示文稿在原位置将有两个以不同文件名命名的文件。

3. 自动保存

自动保存是指在编辑演示文稿过程中,每隔一段时间就自动保存当前文件的信息,在极大程度上避免了因意外断电或死机所带来的损失。

设置"自动保存"功能的方法是:单击"文件"菜单,在出现的菜单中选择"选项"命令,弹出"PowerPoint 选项"对话框,如图 5.12 所示。单击左侧的"保存"选项,单击"保存演示文稿"选项组中的"保存自动恢复信息时间间隔"前的复选框,使其出现"√",然后在其右侧输入时间(如 10 分钟),表示每隔指定时间就自动保存一次。

图 5.12　自动保存演示文稿

【动手实践】

将"荷塘月色餐厅手机点餐 APP 调研方案"演示文稿保存到 D 盘,并设置在编辑过程中每 15 分钟自动保存一次。

5.2 PowerPoint 2010内容编排

PPT的精髓在于可视化,就是把原来看不见、摸不着、读不懂的长篇大论式的文字转换为由图表、图形、动画、声音和少量文字所构成的生动场景。

5.2.1 编辑幻灯片中的文本

1. 输入文本

当用户新建一个空白演示文稿后,系统将自动生成一张标题幻灯片,作为整个文件的封面,一般用于显示演示文稿的题目。幻灯片上有大小不一的两个虚线框,框中有提示文字如"单击此处添加标题",这个虚线框称为占位符,如图5.13所示。文本占位符是预先安排的文本插入区域,它标示了文本内容在幻灯片上的位置。

图 5.13 输入文字

若用户希望在其他空白区域增添文本内容,就必须先添加文本框,才能输入文字。插入文本框的方法是:单击"插入"选项卡→"文本"组→"文本框"按钮,在出现的下拉列表中选择"横排文本框"或"垂直文本框",鼠标指针呈十字状。然后将指针移到目标位置,按住鼠标左键拖动出合适大小的文本框。

与占位符不同,文本框中没有出现提示文字,只有闪动的插入点,在文本框中输入所需文本信息即可。当文字超过文本框的宽度时会自动换行,不需要按回车键。

另外,文本框的高度是随文本的行数自动调整的。在输入文字以后,用户可以根据实际需要来改变文字的格式、字体、字号、字体颜色等。不同的文字格式会给用户的幻灯片带来不同的视觉效果。字体和段落格式设置在前面章节有详细介绍,本章不再赘述。

2. 选择文本

(1) 选择整个文本框:单击文本框中任一位置,出现虚线框,再单击虚线框,则其变成实线框,此时表示选中整个文本框。单击文本框外的位置,即可取消选中状态。

(2) 调整文本框:若要对建立的文本框的位置做调整或改变其位置和大小,首先选中文本框,用鼠标单击文本框的边框,文本框周围出现八个控点,按住鼠标左键拖动控点即可;若要移动文本框,可将鼠标移动到文本框的边框上,当鼠标指针变成十字箭头形状时按住鼠标左键,拖动文本框到合适的位置上,然后松开鼠标,即完成文本框的移动操作。若要改变文本框的大小,可将鼠标移动到控点上,此时鼠标指针变成双向箭头,然后按住鼠标左键并拖动改变其大小。

5.2.2 编辑演示文稿中的幻灯片

编辑演示文稿是对组成演示文稿的各个幻灯片进行编辑,即对幻灯片进行选择、复制、移动、删除等操作。演示文稿的编辑一般在普通视图和幻灯片浏览视图的模式下进行。

1. 插入新的幻灯片

演示内容较多时,需要添加新的幻灯片,添加方法有以下几种。

(1) 单击幻灯片编辑区的提示信息"单击此处添加第一张幻灯片"。

(2) 在"幻灯片/大纲浏览"窗格选择目标幻灯片缩略图(新幻灯片将插在其之后),然后单击"开始"选项卡→"幻灯片"组→"新建幻灯片"下拉按钮,从出现的幻灯片版式列表中选择一种版式(例如"标题和内容"),则在当前幻灯片后插入指定版式的幻灯片。

(3) 在"幻灯片/大纲浏览"窗格右键单击某张幻灯片缩略图,在弹出菜单中选择"新建幻灯片"命令,在该幻灯片缩略图后面出现新幻灯片。

(4) 在"幻灯片/大纲浏览"窗格中选中一张幻灯片,按 Enter 键即可在其后新建一张幻灯片。

2. 选择幻灯片

选择幻灯片是改变幻灯片顺序和设置幻灯片放映特征(如切换效果和动画效果)的前提。

1) 选择单个幻灯片

在普通视图模式下,在"幻灯片/大纲浏览"窗格单击所选幻灯片缩略图。

2) 选择多张相邻的幻灯片

在"幻灯片/大纲浏览"窗格单击所选第一张幻灯片缩略图,然后按住 Shift 键并单击所选最后一张幻灯片缩略图,则这两张幻灯片之间(含这两张幻灯片)所有的幻灯片均被选中。

3)选择多张不相邻的幻灯片

在"幻灯片/大纲浏览"窗格按住 Ctrl 键并逐个单击要选择的各幻灯片缩略图。

4)选择所有幻灯片

在"幻灯片/大纲浏览"窗格,按 Ctrl+A 组合键即可全选。

3. 移动幻灯片

幻灯片浏览视图最频繁的应用是重新排列幻灯片顺序。移动幻灯片即改变了幻灯片的顺序。可用鼠标拖动的方法移动幻灯片,也可使用剪切、粘贴的方法。移动操作可对单个幻灯片进行,也可对多个幻灯片进行。

下面分别介绍这两种方法。

1)用鼠标拖动的方法移动幻灯片

选择要移动的幻灯片,按住鼠标左键将选定的幻灯片拖动到要移动的位置。

2)用剪切、粘贴的方法

选择要移动的幻灯片,利用快捷菜单中的"剪切""粘贴"命令即可实现。

4. 复制幻灯片

复制幻灯片是将已经制作好的幻灯片复制到一个新的位置。这里介绍两种方法。

1)用鼠标拖动的方法复制幻灯片

先选择要复制的幻灯片,按住 Ctrl 键的同时用鼠标左键将选定的幻灯片拖动到要复制的位置。

2)用复制、粘贴的方法

选择要复制的幻灯片,按 Ctrl+C 组合键,到要复制的位置按 Ctrl+V 组合键。

5. 删除幻灯片

要删除一张幻灯片,可先选择要删除的幻灯片,然后按 Delete 键即可。如果要一次删除一组幻灯片,可先用前面介绍的方法选择这组幻灯片,然后按 Delete 键完成删除。

5.2.3 设置幻灯片版式

PowerPoint 2010 为用户提供了多个幻灯片的版式供用户根据内容需要选择,幻灯片版式确定了幻灯片的布局。幻灯片版式包含要在幻灯片上显示的全部内容的格式设置、位置和占位符。占位符是版式中的容器,可容纳如文本(包括正文文本、项目符号列表和标题)、表格、图表、SmartArt 图形、影片、声音、图片及剪贴画等内容。而版式也包含幻灯片的主题颜色、字体、效果和背景。

选择"开始"选项卡下的"幻灯片"组中的"幻灯片版式"命令,如图 5.14 所示,PowerPoint 2010 提供了样式内置版式。当用户新建一个空白演示文稿时,默认的版式为"标题幻灯片"。幻灯片版式确定后,用户就可以在相应的对象框内添加和插入文本、图片、图表、SmartArt 图形、媒体剪辑等内容。

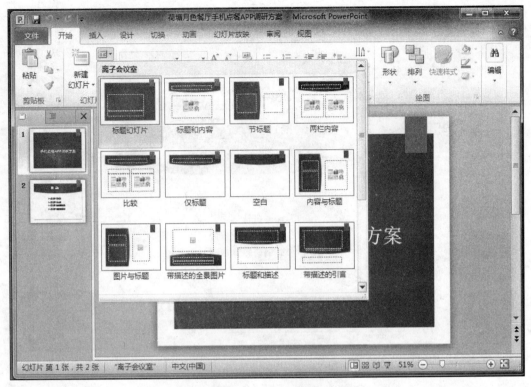

图 5.14　幻灯片版式

　　演示文稿的第二页通常会制作成目录页幻灯片,提示文件将围绕哪些方面展开讨论,操作步骤如下。

　　(1) 因离子实验室模板自带两张幻灯片,直接选中第二页幻灯片即可(如其他方式无第二页,按前述方式先新建幻灯片再继续)。

　　(2) 在"内容与标题"版式的标题占位符内输入文本"目录",在内容占位符内输入四行文本"调研背景""调研计划""调研过程规划"和"调研预算控制"。

　　(3) 设置标题字号;选中文本框,调整大小,并使其居中排列,如图 5.15 所示。

　　如果用户找不到能够满足需求的标准版式,还可以创建自定义版式。

5.2.4　制作幻灯片母版

　　母版是一种特殊的幻灯片,它包含幻灯片文本和页脚(如日期、时间和幻灯片编号)等占位符,这些占位符控制了幻灯片的字体、字号、颜色(包括背景色)、阴影和项目符号样式等版式要素。

　　母版通常用来统一整个演示文稿的幻灯片格式,一旦修改了母版,则所有采用这一母版建立的幻灯片格式也随之发生改变。

　　PowerPoint 2010 母版视图包括幻灯片母版、讲义母版、备注母版。下面分别来介绍这 3 种母版。

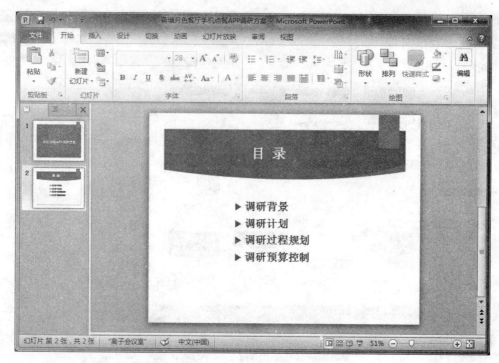

图 5.15　"内容与标题"版式

1. 幻灯片母版

幻灯片母版用于设置幻灯片的样式,可供用户设定各种标题文字、背景、属性等,只需更改一项内容就可更改所有幻灯片的设计。

(1) 单击"视图"选项卡→"母版视图"组→"幻灯片母版"命令,进入"幻灯片母版视图"状态,如图 5.16 所示。

(2) 右键单击"单击此处编辑母版标题样式"字符,在随后弹出的快捷菜单中,选择"字体"命令,打开"字体"对话框。设置好相应的选项后单击"确定"按钮返回。

(3) 分别右键单击"单击此处编辑母版文本样式"及下面的"第二级、第三级……"字符,仿照上面第(2)步的操作设置好相关格式。

(4) 分别选中"单击此处编辑母版文本样式""第二级、第三级……"字符,右键单击出现快捷菜单,选中"项目符号和编号"命令,设置一种项目符号样式后,确定退出,即可为相应的内容设置不同的项目符号样式。

(5) 单击"插入"选项卡→"图片"组→"图片"命令,打开"插入图片"对话框,选中公司LOGO 图片将其插入到母版中,并放到合适的位置。

(6) 全部修改完成后,单击"幻灯片母版"工具栏上的"重命名模板"按钮,打开"重命名版式"对话框,输入一个名称后,单击"重命名"按钮返回,如图 5.17 所示。

(7) 单击"幻灯片母版"选项卡下的"关闭组"中的"关闭母版视图"按钮退出,"幻灯片母版"制作完成。使用母版制作的演示文稿中的所有幻灯片外观统一,在商务演示文稿中应用较多。

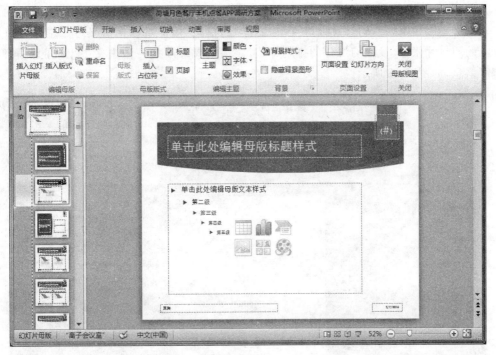

图 5.16　幻灯片母版

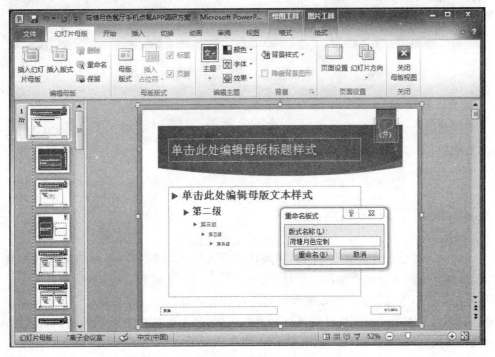

图 5.17　重命名母版

2. 讲义母版

讲义母版用来控制幻灯片以讲义形式打印的格式,用户可以在讲义母版中设置每页显示的幻灯片张数,设置幻灯片的排列样式,添加或者修改每一张讲义中出现的页眉、页脚等信息,如图5.18所示。

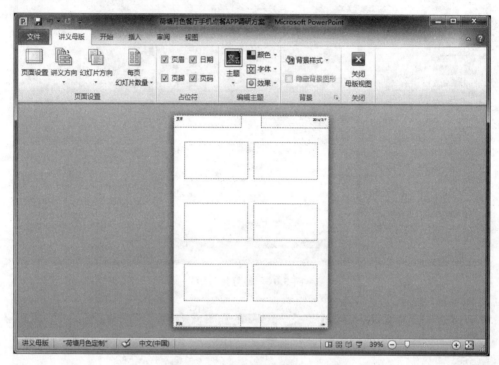

图 5.18　讲义母版

3. 备注母版

备注母版是由两部分构成的,上部分是演示文稿幻灯片,下部分是备注文本区,此外还有页眉区、日期区、页脚区、数字区,如图5.19所示。在备注母版中也可设置和修改备注页的格式和版式。

5.2.5　应用演示文稿主题

主题是一种包含背景图形、颜色、字体选择和对象效果的组合。一个主题只能包含一种设置,使用主题创建演示文稿,可以简化演示文稿的创建过程,使演示文稿具有统一的风格。用户可以变换不同的主题来使幻灯片的版式和背景发生显著变化。单击选择满意的主题,即可完成对演示文稿外观风格的重新设置,如果可选的主题不满足用户的需求,用户可以选择外部主题。

1. 应用内置主题

选择"设计"选项卡,在"主题"组中显示了部分主题,单击右下角的按钮,就可以显示

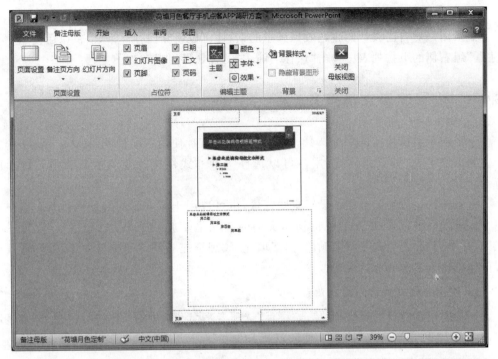

图 5.19　备注母版

如图 5.20 所示的所有内置主题。

图 5.20　演示文稿内置主题

2. 保存主题

如果用户对自己设计的主题效果满意的话，还可以将其保存下来，以供以后使用。在"主题"组右侧的下拉列表中单击"保存当前主题"按钮即可保存当前主题。

5.2.6 设置演示文稿背景

一个演示文稿使用同一个背景，也可以每张幻灯片使用不同背景。PowerPoint 的每个主题提供了 12 种背景样式，用户可以选择一种样式快速改变演示文稿中幻灯片的背景。

背景样式设置功能可用于设置主题背景，也可以用于无主题的幻灯片背景。用户可以自行设计一种背景，满足自己的演示文稿的个性化要求。背景设置利用"设置背景格式"对话框完成，包括改变背景颜色、图案填充、纹理填充和图片填充等方式，以下背景设置同样应用于主题的背景设置。

1. 使用背景样式作幻灯片背景

选中要设置背景的幻灯片，单击"设计"选项卡"背景"组中的"背景样式"命令，则显示当前主题 12 种背景样式列表，如图 5.21 所示。

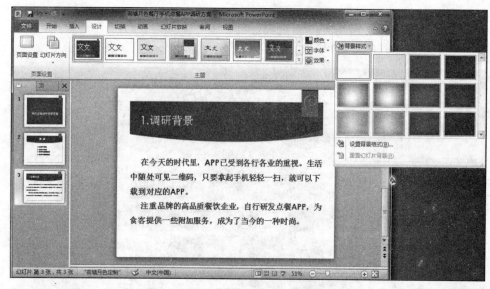

图 5.21　使用"背景样式"作为幻灯片背景

2. 设置背景格式

1) 改变背景颜色

背景颜色有"纯色填充"和"渐变填充"两种方式。"纯色填充"是选择单一颜色填充背景，而"渐变填充"是将两种或更多种填充颜色逐渐混合在一起，以某种渐变方式从一种颜色逐渐过渡到另一种颜色。

单击"设计"选项卡→"背景"组→"背景样式"命令，在右边的下拉箭头中选择"设置背景格式"命令,弹出"设置背景格式"对话框,如图 5.22 所示。也可以选中某张要改变背景颜色的幻灯片,右击,在弹出的快捷菜单中选择"设置背景格式"。

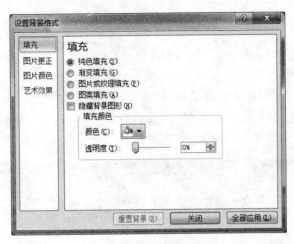

图 5.22　"设置背景格式"对话框

选择"纯色填充"单选框,单击"颜色"栏下拉按钮,在下拉列表颜色中选择背景填充颜色。拖动"透明度"滑块,可以改变颜色的透明度,直到满意。若不满意列表中的颜色,也可以单击"其他颜色"项,从出现的"颜色"对话框中选择或按 RGB 颜色模式自定义背景颜色。

若选择"渐变填充"单选框,可以直接选择系统预设颜色填充背景,也可以自己定义渐变颜色。例如,如图 5.23 所示预设颜色为"碧海蓝天",类型为"标题的阴影",渐变光圈颜色为黄色,亮度为 30%,透明度为 50%。

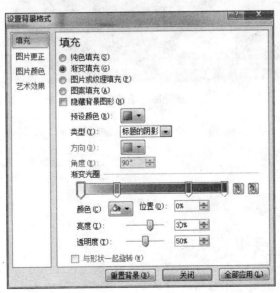

图 5.23　渐变填充

单击"关闭"按钮,则所选背景颜色作用于当前幻灯片;若单击"全部应用"按钮,则所选背景颜色应用于所有幻灯片;若单击"重置背景"按钮,则撤销本次设置,恢复设置前状态。

2）图案填充

使用图案填充背景的方法与颜色填充背景的方法类似。

3）图片或纹理填充

在图 5.23 中选择"图片或纹理填充"单选框,单击"文件"按钮,在弹出的"插入图片"对话框中选择要插入的图片文件,回到"设置背景格式"对话框,单击"关闭"（或"全部应用"）按钮。图 5.24 为填充了"目标.jpg"图片背景的演示文稿。

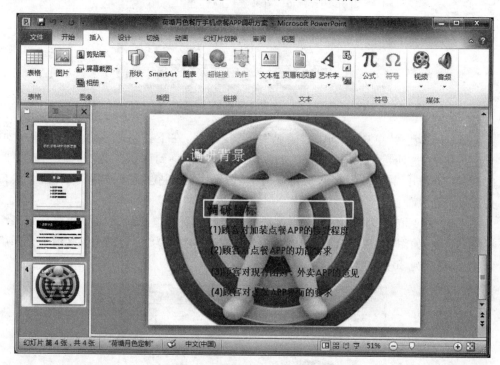

图 5.24　进行图片填充后的演示文稿

如需要纹理填充,单击"纹理"下拉按钮,在出现的各种纹理列表中进行选择。

3. 隐藏幻灯片背景图片

若用户想去掉幻灯片的背景,则在"设置背景格式"对话框中选择"隐藏背景图形"复选框即可。

5.2.7　插入图片等相关对象

PowerPoint 演示文稿中不仅可以包括文本,还可以包括形状、表格、图片、SmartArt 图形、视频、音乐等多媒体对象。使用这些对象用户可以制作出充满视觉效果的多媒体演示文稿。

1．插入剪贴画

PowerPoint 2010 的剪贴画是利用"Microsoft 剪辑管理器"进行管理的。插入剪贴画,在"插入"选项卡下的"图像"组中,单击"剪贴画"命令。

在"剪贴画"任务窗格中的"搜索文字"文本框中,输入用于描述所需剪贴画的字词或短语,或输入剪贴画的完整或部分文件名;若要缩小搜索范围,请在"结果类型"列表中选中"插图""照片""视频"和"音频"复选框以搜索这些媒体类型;最后单击"搜索"按钮,如图 5.25 所示。

在结果列表中,单击剪贴画右边的下拉箭头将其插入到指定的幻灯片中。

2．插入图片

在 PowerPoint 2010 中,除了可以使用系统自带的剪贴画以外,用户还可以插入来自文件的图片。下面介绍常用的两种图片插入方法。

1）采用功能区的命令

选择第一张幻灯片,在封面标题上插入一张荷塘月色餐厅的图片。在"插入"选项卡下的"图像"组中,单击"图片",弹出"插入图片"对话框,如图 5.26 所示。

图 5.25　"剪贴画"对话框

图 5.26　"插入图片"对话框

在"插入图片"对话框中,找到图片的路径,然后选中这个图片,单击"插入"按钮即可将图片插入到指定的幻灯片中。若要添加多张图片,请在按住 Ctrl 键的同时单击要插入的图片,然后单击"插入"按钮。

2)利用内容区占位符

新建幻灯片后,选择包含"内容"的版式,如图 5.27 所示,单击"图片"按钮弹出"插入图片"对话框。

图 5.27　插入图片操作

3．屏幕截图

在制作演示文稿时,可能需要抓取桌面上的一些图片,如电影画面或其他文档图片等,PowerPoint 2010 中新增了一个屏幕截图功能,可轻松实现截取、导入桌面图片。

例如,用户想截取文档中的"目标"图标插入到幻灯片中,可按如下步骤操作。

单击"插入"选项卡→"图像"组→"屏幕截图"命令,如图 5.28 所示,单击"屏幕剪辑",

图 5.28　"屏幕截图"命令

PowerPoint 2010 文档窗口会自动最小化,此时鼠标指针变成一个"＋",在屏幕上拖动鼠标即可进行手动截图。

4. 插入形状

在 PowerPoint 2010 中,除了可以使用系统自带或来自文件的图片外,还可以根据系统提供的基本形状自行绘制图形或图形组合。

(1) 插入形状:选择"插入"选项卡中"插图"组内的"形状"命令,打开"形状"下拉菜单。在"矩形"栏中单击"圆角矩形"命令,如图 5.29 所示。然后在幻灯片中通过拖动鼠标完成矩形的绘制。

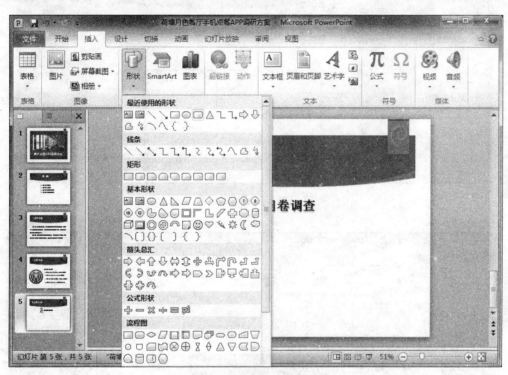

图 5.29　插入形状

(2) 设置形状格式:选择"绘图工具格式"选项卡中"形状样式"命令,打开"形状样式"菜单,可对插入的形状设置形状格式。

在使用系统内置的形状样式快速设置形状的整体外观后,可以通过"形状样式"组内的"形状填充""形状轮廓"和"形状效果"命令手动设置形状的内部细节,如图 5.30 所示。

(3) 在形状中添加文字:在形状中添加文字的操作很简单,用户只需要右键单击形状,在弹出的快捷菜单中选择"编辑文字"命令即可。另外,也可以在形状中插入文本框来灵活添加文本,如图 5.31 所示。

5. 插入 SmartArt 图形

SmartArt 图形是 PowerPoint 2010 新增的功能,正如图表和图形可以使乏味的数字表生动起来,SmartArt 图形可以使文字信息更具视觉效果。SmartArt 是由一组形状、线

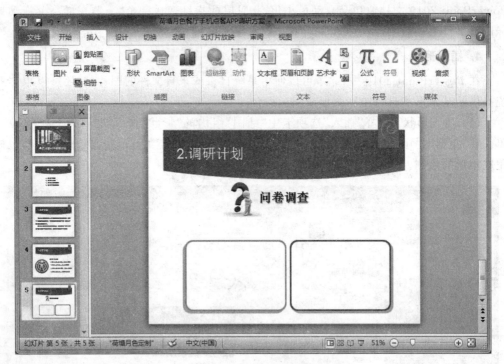

图 5.30　形状样式设置

图 5.31　在形状中添加文字

条和文本占位符组成,常用于阐释少量文本之间的关系。

（1）插入 SmartArt 图形：选择"插入"选项卡中"插图"组内的 SmartArt 命令,打开"选择 SmartArt 图形"对话框,在"列表"栏中选择"流程"选项,在右侧列表中继续选择"基本蛇形流程",单击"确定"按钮即可,如图 5.32 所示。

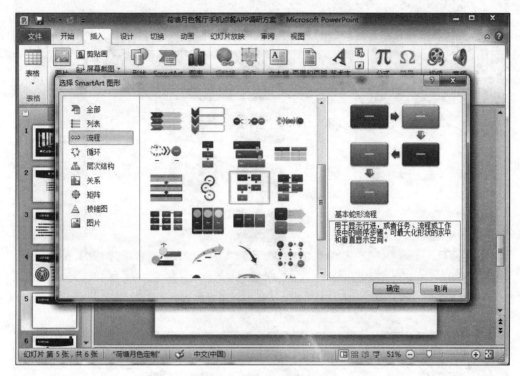

图 5.32　插入 SmartArt 图形

（2）添加 SmartArt 图形的文本：SmartArt 图形采用"文本"窗格输入和标记在 SmartArt 图形中显示的文字。

选择需要添加文字的 SmartArt 图形,选择"SmartArt 工具设计"选项卡中"创建图形"组内的"文本窗格"命令,"文本窗格"显示在 SmartArt 图形的左侧,如图 5.33 所示。

（3）添加 SmartArt 图形的形状：当创建好 SmartArt 图形后,可以根据需要添加或删除图形里面的形状。

选择需要添加形状的 SmartArt 图形,选择"SmartArt 工具设计"选项卡中"创建图形"组内的"添加形状"命令,打开"添加形状"菜单,单击"在后面添加形状"即可添加 SmartArt 图形的形状,如图 5.34 所示。

（4）设置 SmartArt 图形的格式：可以采用自动或手动两种方式格式化 SmartArt 图形。自动方法常用于 SmartArt 图形外观的整体设置,而手动方法则用于 SmartArt 图形中某个形状的格式设置。

选择需要设置格式的 SmartArt 图形中的形状,通过选择"SmartArt 工具格式"选项卡中"形状样式"组内"形状填充""形状轮廓"和"形状效果"等命令进行修改可手工设置 SmartArt 图形中某个形状的格式。

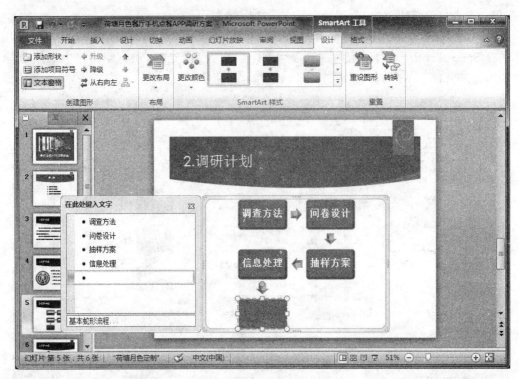

图 5.33　添加 SmartArt 图形的文字

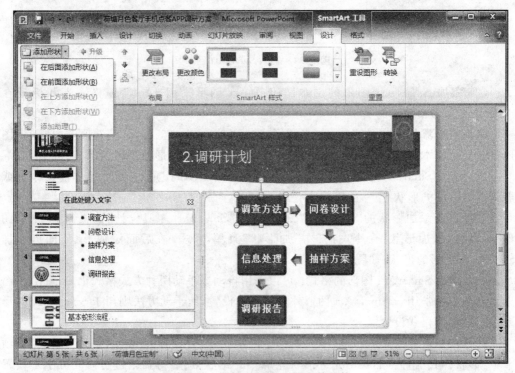

图 5.34　添加 SmartArt 图形的形状

6. 插入表格与图表

用户若要在幻灯片中插入表格,可单击"插入"选项卡→"表格"组→"表格"→"插入表格"命令,出现"插入表格"对话框,输入要插入表格的行数和列数,单击"确定"按钮即可,如图 5.35 所示。

图 5.35　插入表格

接下来介绍插入数据图表的方法,在幻灯片中插入数据图表以及编辑数据图表的操作与 Excel 中的操作类似,具体操作步骤如下。

(1) 单击"插入"→"插图"组→"图表"命令。例如,在柱形图中选择"堆积柱形图",创建的图表将会出现在幻灯片上。同时,包含示例数据的一个 Excel 数据表被打开,根据需要修改示例数据即可,如图 5.36 所示。

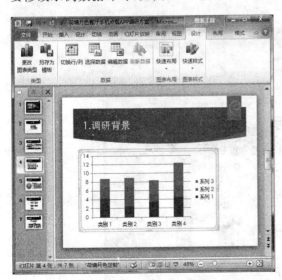

图 5.36　插入"数据图表"

（2）对数据图表中原有的数据（包括文字）进行修改。在单元格中输入数据，对数据的编辑修改等操作，与 Excel 中的相同。如图 5.37 所示是修改后的"数据图表"，修改完数据表之后，单击幻灯片上空白处即可。

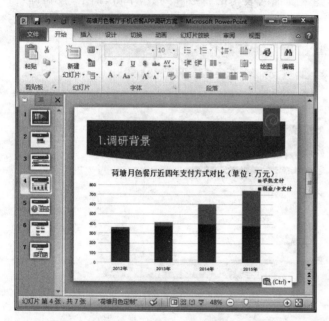
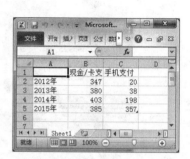

图 5.37　修改后的"数据图表"

（3）图表制作完成后，还可以通过"图表工具"的"布局"→"标签"组→"图表标题"添加图表主题信息；通过"图例"指定系列说明信息的位置；通过在图表区域的不同位置右键单击，在弹出的快捷菜单中选择"设置数据系列格式"和"设置图表区域格式"命令，可以美化图表，如图 5.38 所示。

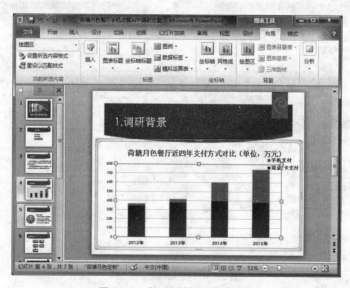

图 5.38　修改后的"数据图表"

7. 插入艺术字

在幻灯片中单纯使用默认字体样式，会显得枯燥不生动。为此，可以对普通文本进行格式设置，使其变得美观漂亮。PowerPoint 2010 提供了强大的文本装饰工具——艺术字。艺术字是一个文字字库，集中了很多文本样式。

插入艺术字：选择"插入"选项卡中"文本"组内的"艺术字"命令，打开"艺术字"菜单，选择需要的艺术字样式，具体的操作方法与 Word 中艺术字的方法类似，在此不再赘述。

8. 插入音乐

PowerPoint 2010 允许用户在放映幻灯片的时候播放音乐、声音和影片等多媒体元件。PowerPoint 2010 支持的音频格式主要有 WAV 、MP3、AIFF、MID、WMA 等声音文件。

在 PowerPoint 2010 中用户可以通过计算机上的文件、网络或"剪贴画"任务窗格添加音频剪辑。也可以自己录制音频，将其添加到演示文稿，或者使用 CD 中的音乐。

当用户要给幻灯片插入声音的时候，可以按以下步骤进行：单击要添加音频剪辑的幻灯片，在"插入"选项卡的"媒体"组中，单击"音频"，在弹出的下拉菜单中有"文件中的音频""剪贴画音频""录制音频"3 个选项。如图 5.39 所示为插入文件中的音频后的幻灯片，单击"播放"按钮可以试听。

图 5.39　为剪贴画插入音频文件

若想将该音乐设置为背景音乐，可以选择"跨幻灯片播放"，同时勾选"循环播放，直到停止"，在放映幻灯片时，音乐可以在多张幻灯片中循环播放，直到结束放映。

9. 插入视频

制作演示文稿的时候，除了可以给幻灯片添加图片、音乐等对象，还可以根据实际需要添加视频。PowerPoint 2010 里面支持的视频格式有 WMV、MPEG、AVI、SWF 等。

当用户要给幻灯片插入声音的时候,可以按以下步骤进行:单击要添加音频剪辑的幻灯片,在"插入"选项卡的"媒体"组中,单击"视频"。在弹出的下拉菜单中有"文件中的视频""来自网站的视频""剪贴画视频"3 个选项。

动手实践:为"荷塘月色餐厅手机点餐 APP 调研方案"添加演示幻灯片内容(详细内容参见前面例图)。

5.3　设置演示文稿效果

5.3.1　设置动画

动画,即给文本或对象添加特殊视觉或声音效果。PowerPoint 2010 演示文稿中的文本、图片、形状、表格、SmartArt 图形和其他对象均可以制作成动画,赋予它们进入、退出、大小或颜色变化甚至移动等视觉效果。

1. 添加动画

PowerPoint 2010 提供了四类动画效果:进入、强调、退出、动作路径。

"进入"类动画是指对象从无到有,使对象从外部飞入幻灯片播放画面的动画效果(如出现、旋转、飞入等)。"强调"类动画是指对播放画面中的对象进行突出显示,起强调作用的动画效果(如放大/缩小、加粗闪烁等)。"退出"是指对象从有到无,使播放画面中的对象离开播放画面的动画效果(如消失、飞出、淡出等)。"动作路径"是指对象沿着已有的或者自己绘制的路径运动,使播放画面中的对象按指定路径移动的动画效果(如直线、弧形、循环等)。

选中幻灯片中要添加动画效果的文本或对象,选择"动画"选项卡中的"动画"组,单击"动画"组的下拉列表,选择动画效果。如图 5.40 所示,设置完动画后,右侧会出现"动画窗格"显示当前设置动画及其执行顺序,幻灯片上的对象左上角也会用数字标识对应的动画顺序。

若预设的动画效果没有满意的,用户可以选择下面列表中的"更多进入效果""更多强调效果""更多退出效果""其他动作路径"命令。

在 PowerPoint 2010 中用户可以给同一个对象添加多个不同的动画效果,如进入动画、强调动画、退出动画和路径动画。例如,设置好一个对象的进入动画后,单击"添加动画"按钮,可以再选择强调动画、退出动画或路径动画。

2. 设置动画计时或效果选项

动画开始方式是指开始播放动画的方式,动画持续时间是指动画开始后的整个播放时间,动画延迟时间是指播放操作开始后延迟播放的时间。在 PowerPoint 2010 中自定义动画效果的计时,包括计时和各动画效果开始的顺序,以及动画效果是否重复。

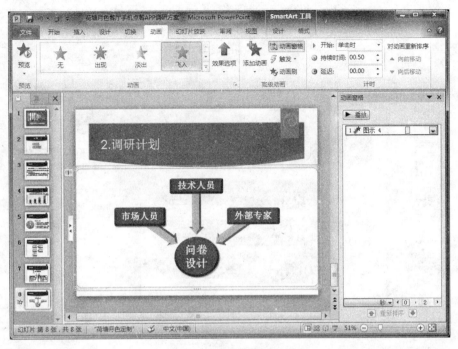

图 5.40 添加动画效果

1）设置动画开始方式

选择设置动画的对象，在"动画"选项卡下的"计时"组的"开始"栏中选择动画开始方式。有三种开始方式，分别为"单击时""与上一个动画同时""上一个动画之后"。

（1）单击时：用户要单击幻灯片才开始显示动画效果。

（2）与上一个动画同时：此动画和同一张 PPT 中的前一个动画同时出现。

（3）上一个动画之后：上一个动画结束后立即出现。

用户若将该文本的动画效果的开始时间改为"与上一个动画同时"，此时该文本上的数字将变为上一个动画的代表数字。设置好后用户可单击"动画窗格"对话框中的"播放"按钮预览效果。

2）设置动画持续时间和延迟时间：在"动画"选项卡的"动画"组左侧"持续时间"栏调整动画持续时间，可以改变动画出现的快慢。在"延迟"栏调整动画延迟时间，可以让动画在延迟时间设置的时间到了之后才开始。

3）设置动画音效：设置动画时，默认动画无音效，需要音效时可以自行设置。不同于动画的开始方式和持续时间在功能区上选择对应区域设置，音效的设置应针对发生的对象。

选择设置动画音效的对象，在"动画窗格"对话框中的对应动画的下拉列表中选择"效果选项"，如图 5.41 所示。

在弹出的"圆形扩展"对话框"声音"栏中选择音效，再确定，如图 5.42 所示。提醒注意的是，此对话框左上角的"圆形扩展"是该对象的动画效果，其他动画显示上会有不同。

设置好后用户可单击"动画窗格"中的"播放"按钮试听音效。

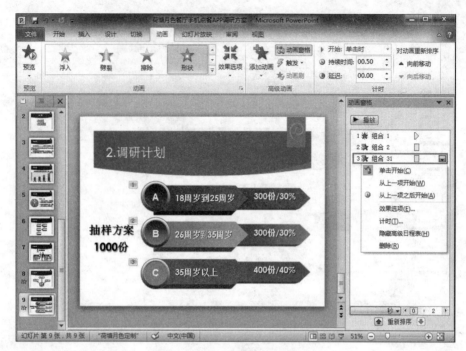

图 5.41　设置动画"效果选项"

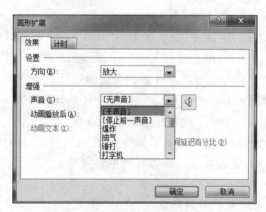

图 5.42　选择音效

3. 设置动画顺序

不做特殊指定时,对象动画播放顺序是设置动画的先后顺序。当需要调整播放的先后顺序时可按如下方法操作。

方法一:单击"动画"选项卡下的"高级动画"组中的"动画窗格"按钮,调出动画窗格。动画窗格显示所有动画对象,它左侧的数字表示该对象动画播放的顺序号,与幻灯片中的动画对象旁边显示的序号一致。选择动画对象,并单击底部的"重新排序"左右侧的上下按钮,即可改变该动画对象播放顺序。

方法二:单击"动画窗格"中的对象,然后在"动画"选项卡下的"计时"组中的"对动画

290

重新排序"下,单击"向前移动"或"向后移动"。

方法三:按住鼠标左键拖动每个动画,改变其上下位置可以调整动画的出现顺序,这种方法应用最广泛。

4. 应用"动画刷"

在 PowerPoint 2010 中,用户可以使用动画刷快速轻松地将动画从一个对象复制到另一个对象,该功能类似于 Word 中的"格式刷"功能。同样,单击可完成一次动画复制,双击格式刷可连续复制动画。

如果用户需要在多个对象上使用同一个动画,则先在已有动画的对象上单击,再选择"动画刷",此时鼠标指针旁边会多一个小刷子图标。用这种格式的鼠标单击另一个对象(文字图片均可),则两个对象的动画完全相同,这样可以节约很多时间。

例如,在图 5.43 中,将幻灯片中的三个圆球形文本内容设置相同的动画效果"自左侧飞入",就可以在第一个动画设置完成后,双击"高级动画"分组中的"动画刷"命令复制动画,相继设置在后两个对象上。用户可单击"播放"按钮预览动画效果。

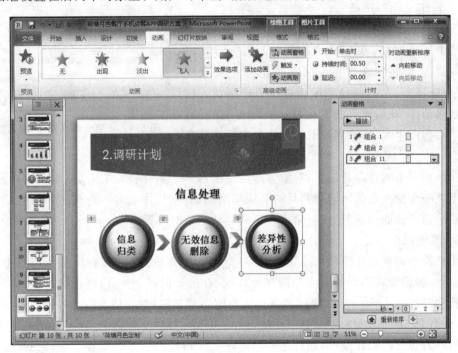

图 5.43 应用"动画刷"

5. 修改动画效果

用户设置好动画效果后,若想修改某个动画效果,具体操作方法为:先在"动画窗格"中选择要修改的动画,然后再单击"动画"组中的"动画样式"按钮,在弹出的下拉列表中重新选择一种动画效果即可。

6. 添加动作路径

PowerPoint 2010 中还提供了一种相当精彩的动画功能,它允许用户在一幅幻灯片中为某个对象指定一条移动路线,这在 PowerPoint 2010 中被称为"动作路径"。"动作路径"可以让幻灯片上的元素沿着已经设置好的轨迹运动,并且可以伸长、缩短、旋转和重新布置元素的路径。使用"动作路径"能够为演示文稿增加非常有趣的效果。例如,可以让一个幻灯片对象跳动着把观众的眼光引向所要突出的重点。

1) 预设动作路径

为了方便用户进行设计,PowerPoint 2010 中包含相当多的预定义动作路径。如果想要指定一条动作路径,选中某个对象,在"动画"选项卡下的"高级动画"组中,单击"添加动画"。在下拉列表中选择"其他动作路径"来打开"更改动作路径"对话框。确保"预览效果"复选框被选中,然后单击不同的路径效果进行预览。当找到比较满意的方案后,就选择它并单击"确定"按钮,如图 5.44 所示。

图 5.44 "更改动作路径"对话框

2) 自定义动作路径

PowerPoint 2010 也允许用户自行设计动作路径。选中某个对象,在"动画"选项卡上的"动画"组中,单击"其他"按钮 。在下拉列表最下面的"动作路径"中选择"自定义路径",鼠标指针呈十字状。接着绘制移动路线时,鼠标指针变成一支笔形,在幻灯片上单击会产生线段,直到按 Esc 键才退出动画路线绘制。

在添加一条动作路径之后,对象旁边也会出现一个数字标记,用来显示其动画顺序。还会出现一个箭头来指示动作路径的开端和结束(分别用绿色和红色表示),绿色三角代表路径运动开始的位置,红色三角代表路径运动结束的位置,如图 5.45 所示。

3) 调整动作路径

用户若想调整动作路径的位置和大小,具体操作方法是:将鼠标定位在路径上的一个控点上;若希望将路径的中心保持在原位置,在拖动时按住 Ctrl 键;若要保持原比例,请在拖动时按住 Shift 键;若要同时保持中心的位置和原比例,请在拖动时同时按住 Ctrl 键和 Shift 键;再拖动鼠标至所需位置。

用户若想旋转动作路径,则将鼠标定位在动作路径的绿色圆形控点上。当鼠标指针变成一个旋转的箭头时即可旋转动作路径。

4) 移动动作路径

用户若想移动动作路径,则将鼠标指针放在动作路径上直到指针变为十字箭头时,将动作路径移动到新的位置。

注意:此路径相关联的文本或对象在移动路径时不会移动。在动画播放时,相关的项目将跳到起点并沿路径前行。

5) 更改动作路径

先选中该对象上的动作路径,然后在"动画"选项卡下的"动画"组中,单击"动画"组右

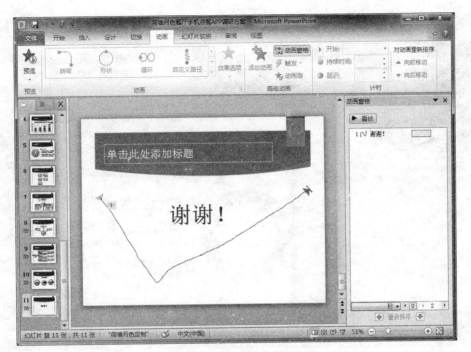

图 5.45　自定义动作路径

边的下拉列表,在"动作路径"或者"其他动作路径"中选择所需动作路径。

6) 设置动作路径的效果

设置动作路径的效果方法同设置动画的效果方法类似。在"动画窗格"中选择该动作路径右边的下拉列表中的"效果选项",弹出"自定义路径"对话框。用户可在"效果"选项卡下设置路径的各项属性,在"声音"栏中可选择声音效果,在"计时"选项卡下可设置路径的开始方式、延迟时间、速度等。

5.3.2　添加动作按钮

动作按钮是一些能使幻灯片产生放映动作的图形,包含形状(如前进和后退)以及用于转到下一张、上一张、第一张和最后一张幻灯片和用于播放影片或声音的符号。在幻灯片上添加动作按钮的操作步骤如下。

(1) 选择要添加动作按钮的幻灯片。

(2) 在"插入"选项卡下的"插图"组中,单击"形状"命令,然后在"动作按钮"下,单击要添加的按钮形状,比如选择"后退"按钮。

(3) 当鼠标指针变成十字形状后,在幻灯片中移动鼠标到需要放置动作按钮的位置,然后按住鼠标左键单击,该处就出现动作按钮的占位符,同时屏幕上出现"动作设置"对话框,如图 5.46 所示。

(4) 在"动作设置"对话框中的"单击鼠标"选项卡的"单击鼠标时的动作"框中选择动作按钮的功能,如果用户不想进行任何操作,则请选择"无动作";如果要创建超链接,这里

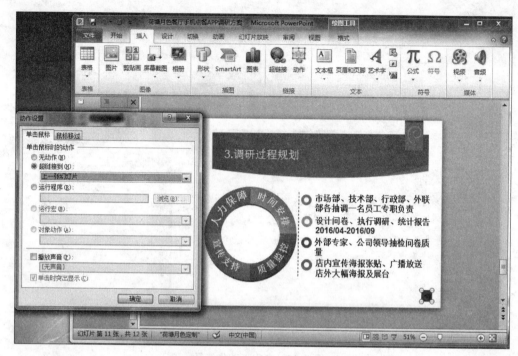

图 5.46 "动作设置"对话框

可以选择"超链接到"列表下的"上一张幻灯片""幻灯片"等选项,单击"确定"按钮,该动作按钮的设置完成;如果要运行程序,请选择"运行程序",单击"浏览"按钮,然后找到要运行的程序;如果要播放声音,请选中"播放声音"复选框,然后选择要播放的声音。设置完成后单击"确定"按钮。

(5)单击幻灯片上的动作按钮图标,可在选项卡中显示上下文工具"绘图工具",在"格式"选项卡的"形状样式"组中可通过修改形状填充、形状轮廓、形状效果来设置动作按钮的属性(例如修改动作按钮的颜色)。

5.3.3 设置超链接

PowerPoint 2010 中提供了超链接功能,使用它可以实现跳转到某张幻灯片、另一个演示文稿或某个网址等。创建超链接的对象可以是任何对象,如文本、图形等,激活超链接的方式可以是单击或鼠标移过。下面简单介绍一下在 PowerPoint 2010 中设置超链接的方法。

1. 利用"插入超链接"创建超链接

选中幻灯片上要创建超链接的文本或图形对象,单击"插入"选项卡下"链接"组中的"超链接"命令,弹出"插入超链接"对话框,如图 5.47 所示。在左侧的"链接到"框中提供了"现有文件或网页""本文档中的位置""新建文档""电子邮件地址"四个选项,单击相应的按钮就可以在不同项目中输入链接的对象,最后单击"确定"按钮,其中"本文档中的位置"尤为常用。

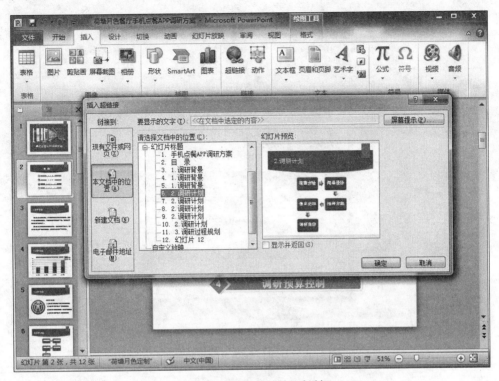

图 5.47　"插入超链接"对话框

从目录页第 2 张幻灯片中的文本框"调研计划"链接到当前演示文稿中的第 6 张幻灯片。如果是文本,已建立超链接后的文本下方会显示一条下划线。

2. 使用快捷菜单建立超链接

选中幻灯片中要创建超链接的文本,然后单击鼠标右键,在弹出的快捷菜单中选择"超链接"。后面的操作方法同方法一,在此不再赘述,如图 5.48 所示。

3. 使用"动作"创建超链接

在幻灯片视图中,选中幻灯片上要创建超链接的对象,单击"插入"选项卡下"链接"组中的"动作"命令创建超链接。在弹出的"动作设置"对话框中有"单击鼠标"和"鼠标移过"两个选项卡,单击"超链接到"下拉框,在这里可以选择链接到指定 Web 页、本幻灯片、其他文件等选项,最后单击"确定"按钮。

4. 利用"动作按钮"来创建超链接

前面两种方法的链接对象基本上都是幻灯片中的文字或图形,而"动作按钮"链接的对象是添加的按钮。在 PowerPoint 2010 中提供了一些按钮,将这些按钮添加到幻灯片中,可以快速设置超链接,具体操作方法同 5.3.2 节中动作按钮。

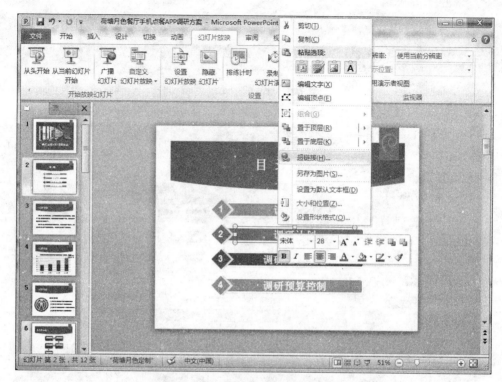

图 5.48　使用快捷菜单建立超链接

5.4　幻灯片的放映

5.4.1　设置切换方式

　　幻灯片切换效果是在演示期间从一张幻灯片移到下一张幻灯片时在"幻灯片放映"视图中出现的动画效果。用户可以控制切换效果的速度,添加声音,甚至还可以对切换效果的属性进行自定义。具体操作步骤如下。

　　(1)打开演示文稿,选择要设置幻灯片切换效果的幻灯片。

　　(2)单击"切换"选项卡下"切换到此幻灯片"组右侧的"其他"按钮 ,弹出包括"细微型"和"华丽型"的切换效果列表。在切换效果列表中选择一种切换样式(如"形状")即可。

　　(3)设置切换效果选项:幻灯片切换属性包括效果选项(如"圆""菱形""增强"等)。如果对已有的切换属性不满意,可以自行设置。

　　(4)设置幻灯片切换声音:在"切换"选项卡的"计时"组中,单击"声音"旁的箭头。

　　(5)设置切换效果的计时:若要设置上一张幻灯片与当前幻灯片之间的切换效果的持续时间,则在"切换"选项卡上"计时"组中的"持续时间"框中,输入或选择所需的速度。

　　(6)设置切换方式:在"换片方式"区中可以选择手工还是自动切换。选中"单击鼠标时"复选框,则只有单击鼠标时幻灯片才切换到下一张;选中"设置自动换片时间"复选框,则需要在右边的数值框中输入表示秒数的一个数字(如"00:18.00"),表示这一张幻灯片每隔 18 秒自动切换到下一张。注意:设置的切换效果仅对所选幻灯片有效。

(7) 单击"计时"组中的"全部应用"按钮,则将以上的设置应用于所有的幻灯片上,否则只对当前所选幻灯片进行设置,如图 5.49 所示。

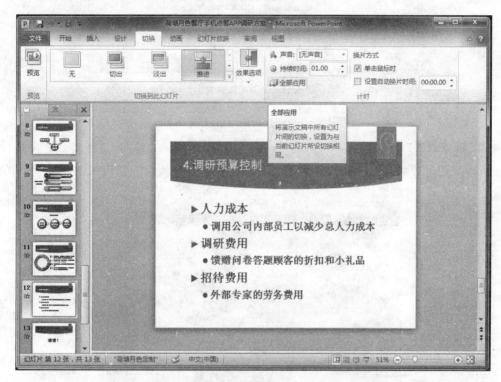

图 5.49　设置切换方式

(8) 单击"切换"选项卡下的"预览"组的"预览"按钮可以查看预览效果。

5.4.2　设置放映方式

不同的场合对放映演示文稿的要求是不一样的,PowerPoint 2010 提供了各种不同的幻灯片放映方式。设置好放映方式的演示文稿还能另存为扩展名为.ppsx 的 PowerPoint 放映文件,如图 5.50 所示,直接双击该文件即可开始放映。

1. 启动演示文稿放映

放映当前演示文稿必须先进入幻灯片放映视图,用如下任一种方法都可以进入幻灯片放映视图。

(1) 单击"幻灯片放映"选项卡"开始放映幻灯片"组中的"从头开始"或"从当前幻灯片开始"按钮。

(2) 单击窗口状态栏中的"幻灯片放映"按钮,则从当前幻灯片开始放映。

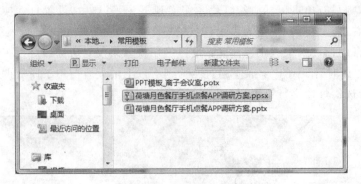

图 5.50　PPSX 放映文件

（3）按 F5 键，演示文稿将从第一张幻灯片开始放映。

2. 设置放映方式

单击"幻灯片放映"选项卡"设置"组中的"设置幻灯片放映"，弹出如图 5.51 所示的"设置放映方式"对话框。

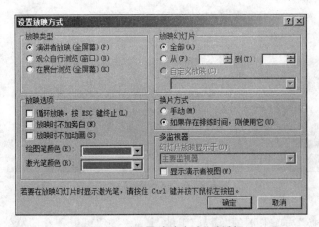

图 5.51　"设置放映方式"对话框

在"设置放映方式"对话框中，用户可根据自己的需要进行放映类型、放映选项、放映范围、换片方式等诸多选项的设置。

（1）放映类型：在幻灯片放映方式中有 3 种不同的放映类型，即演讲者放映（全屏幕）方式、观众自行浏览（窗口）方式、在展台浏览（全屏幕）方式。演讲者放映（全屏幕）方式是以全屏幕的形式来显示幻灯片，这是最常用的放映方式，演讲者具有对放映的完全控制。观众自行浏览（窗口）方式是以窗口的形式显示幻灯片，在此方式下可以使用滚动条通过 PageUp 和 PageDown 键从一张幻灯片切换到另一张幻灯片，也可以使用菜单栏中的"浏览"菜单显示所需的幻灯片。

（2）放映幻灯片：用户可以选择全部放映或者指定放映的幻灯片。若选择"全部"则从第一张幻灯片开始放映，直到最后一张结束放映；若选择 从(F)：　到(T)：　这一项，则用户需要输入要放映的页数。例如，从 10 到 15 表示从第 10 张幻灯片开始放映，到第 15 张幻灯片就结束放映；若选择"自定义放映"，可由用户指定需要放映的不连续的幻灯片。

（3）放映选项：选择"循环放映，按 Esc 键终止"，则幻灯片在屏幕上自动循环放映，按 Esc 键才会终止放映。

3．创建自定义放映方式

自定义放映方式是指从当前全部演示文稿中抽出一部分来组成一份或几份演示文稿，并且每组的内容可以重复。自定义放映的设置方法如下。

（1）单击"幻灯片放映"选项卡下的"开始放映幻灯片"组中的"自定义幻灯片放映"，在右侧的下拉箭头中单击"自定义放映"命令，弹出"自定义放映"对话框。

（2）单击"新建"按钮，打开"定义自定义放映"对话框，在"幻灯片放映名称"一栏中输入名称（这里系统默认的名称为"自定义放映 1"），如图 5.111 所示。然后在左边的"在演示文稿中的幻灯片"列表中选择要组成一组的幻灯片，单击"添加"按钮让选择的幻灯片放至右边的"在自定义放映中的幻灯片"列表中。如图 5.52 所示，添加了第 1、2、3、6、11、12 这 6 张幻灯片。

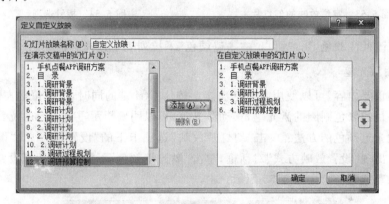

图 5.52　添加自定义放映幻灯片

（3）单击"确定"按钮。再在返回的"自定义放映"对话框中单击"放映"按钮即可。完成以上操作后，单击"关闭"按钮返回。

4．改变放映顺序

幻灯片放映是按顺序依次放映。若需要改变放映顺序，可以右击鼠标，弹出放映控制菜单。单击"上一张"或"下一张"命令，即可放映当前幻灯片的上一张或下一张幻灯片。

若要放映特定幻灯片，将鼠标指针指向放映控制菜单中的"定位至幻灯片"，就会弹出所有幻灯片标题，单击目标幻灯片标题，即可从该幻灯片开始放映，如图 5.53 所示。

5．放映中即兴标注和擦除墨迹

放映过程中，可能要强调或勾画某些重点内容，也可能临时即兴勾画标注。

为了从放映状态转换到标注状态，可以将光标放在放映控制菜单中的"指针选项"上，在出现的子菜单中单击"笔"命令（或"荧光笔"命令），光标呈圆点状，按住鼠标左键即可在幻灯片上勾画书写，如图 5.54 所示。

若希望删除已标注的墨迹，可以单击放映控制菜单"指针选项"子菜单中的"橡皮擦"命令，光标呈橡皮擦状，在需要删除的墨迹上单击即可清除该墨迹。

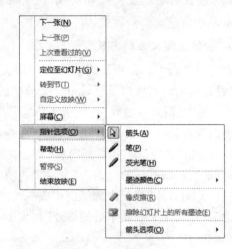

图 5.53 定位放映的幻灯片   图 5.54 指针选项

若想修改标注颜色,用户可以在"墨迹颜色"下拉列表中选择一种颜色。

6. 使用激光笔

为指明重要内容,可以使用激光笔功能。按住 Ctrl 键的同时,按住鼠标左键,屏幕上出现十分醒目的红色圆圈的激光笔,移动激光笔,可以明确指示重要内容的位置。

改变激光笔颜色的方法:单击"幻灯片放映"选项卡下的"设置"组中的"设置幻灯片放映"按钮,出现"设置放映方式"对话框,单击"激光笔颜色"下拉按钮,即可设置激光笔的颜色(红、绿和蓝之一),如图 5.55 所示。

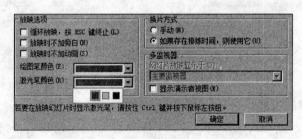

图 5.55 设置激光笔

5.5 幻灯片的打印与打包

5.5.1 打印幻灯片

若要打印演示文稿中的幻灯片,具体操作步骤如下。

(1) 单击"文件"选项卡,然后单击"打印"。

（2）若要打印所有幻灯片，请在设置选项中选择"打印全部幻灯片"。若仅打印当前显示的幻灯片，请选择"打印当前幻灯片"。若要按编号打印特定幻灯片，单击"幻灯片的自定义范围"，然后输入各幻灯片的列表或范围，请使用逗号将各个编号隔开（无空格），例如，1,3,5-12。

（3）可以通过"选择打印排版形式"在一页纸中打印多页幻灯片，例如，选择"6 张水平放置的幻灯片"，如图 5.56 所示。

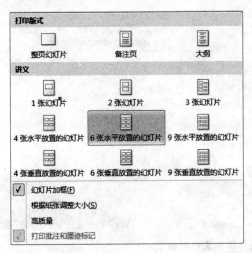 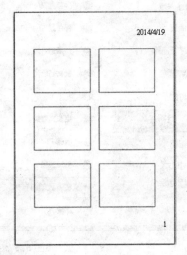

图 5.56　打印排版设置

（4）通过"纵向"或"横向"可设置幻灯片的打印方向，"颜色"选项可设置幻灯片打印的色彩（如颜色、灰度、纯黑白）。

（5）设置完成后，单击"打印"命令。

5.5.2　幻灯片打包

如果创建的幻灯片要在另一台计算机上运行，可用打包的方法将其压缩成比较小的文件，复制到磁盘或者 CD 上，然后再将文件放到目标计算机中并播放。打包幻灯片时，可以包含任何链接文件。打包幻灯片的方法如下。

（1）打开要打包的演示文稿。

（2）单击"文件"选项卡下"保存并发送"，然后单击右侧的"将演示文稿打包成 CD"。单击"打包成 CD"按钮，如图 5.57 所示。

（3）如图 5.58 所示，如果要将演示文稿保存到 CD，请在 CD 驱动器中插入 CD，再单击"复制到 CD"按钮；如果要将演示文稿复制到网络或计算机上的本地磁盘驱动器，请单击"复制到文件夹"按钮，输入文件夹名称和位置，然后单击"确定"按钮。

（4）这里将演示文稿复制到文件夹，在"复制到文件夹"对话框中输入"文件夹名称"和"位置"（即文件的存放路径），单击"确定"按钮，如图 5.59 所示。

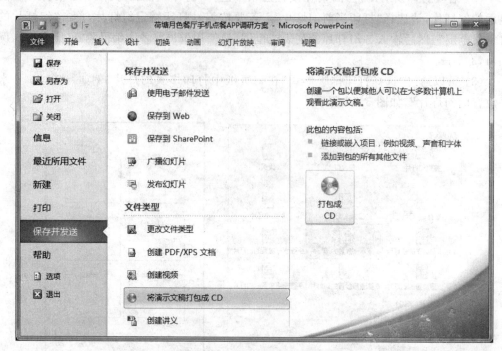

图 5.57　将演示文稿打包成 CD

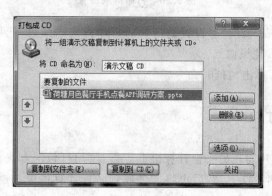

图 5.58　将演示文稿打包成 CD

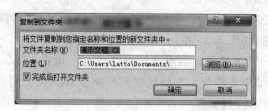

图 5.59　演示文稿复制到文件夹

【动手实践】

　　PowerPoint 2010 除了可以制作演示文稿,还可以用来制作视频电子相册,下面以制作"桂林山水"电子相册为主题,介绍电子相册的制作过程。

　　(1) 新建一个空白的演示文稿,并插入新的幻灯片。

　　(2) 单击"插入"选项卡下的"图像"组中的"相册",在"相册"下拉列表中单击"新建相册"命令,如图 5.60 所示。

图 5.60　新建相册

　　(3) 打开"相册"对话框后,单击"文件/磁盘"按钮,如图 5.61 所示。

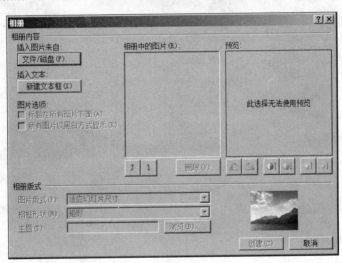

图 5.61　"相册"对话框

　　(4) 打开"插入新图片"对话框后,找到需要插入的图片,按住 Shift 键(连续的)或 Ctrl 键(不连续的)选择图片文件,选好后单击"插入"按钮返回"相册"对话框,如图 5.62 所示。

　　(5) 调整图片。在"相册"对话框中单击图片文件列表下方的↑、↓按钮可通过上下箭头调整图片顺序,单击"删除"按钮可删除被加入的图片文件。通过图片"预览"框下方提供的六个按钮,还可以旋转选中的图片,改变图片的亮度和对比度等,如图 5.63 所示。

　　(6) 单击"创建"按钮,这样需要插入的图片就会自动插入到 PPT 里的每张幻灯片上了。

图 5.62 "插入新图片"对话框

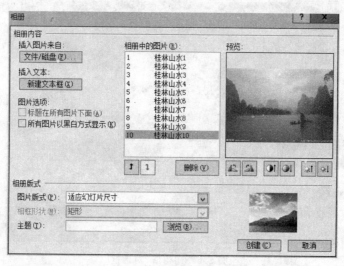

图 5.63 "相册"对话框

（7）单击"插入"选项卡下的"图像"组中的"相册"，在"相册"下拉列表中单击"编辑相册"命令。在"编辑相册"对话框的"相册版式"区域，单击"图片版式"右侧的下三角按钮，在随即打开的下拉列表框中选择一种版式，如选择"1 张图片（带标题）"选项，如图 5.64 所示。

（8）单击"相框形状"右侧的下三角按钮，在随即打开的下拉列表框中选择一种样式，如选择"简单框架，白色"选项，如图 5.65 所示。

（9）单击"主题"文本框右侧的"浏览"按钮，在如图 5.66 所示的"选择主题"对话框中选择一个主题（例如选择 Adjacency.thmx）。单击"选择"按钮后回到"编辑相册"对话框中，单击"更新"按钮。

图 5.64 "编辑相册"对话框

图 5.65 修改"相框形状"

（10）主题自动创建成功后，用户可在演示文稿中添加标题（例如"桂林象鼻山"），如图 5.67 所示。

（11）设置相册效果。

① 添加相册背景音乐。定位到"标题幻灯片"（即第 1 张幻灯片），然后切换到"插入"选项卡，在"音频"选项组中单击"音频"下三角按钮，在随即打开的下拉列表中执行"文件中的音频"命令，插入背景音乐。然后再切换到"音频工具"的"播放"上下文选项卡中，单击"音频选项"组中"开始"栏右侧的下三角按钮，并在随即打开的下拉列表中选择"跨幻灯片播放"选项，同时选择"循环播放，直到停止"。

② 设置幻灯片的动画效果。单击"动画"选项卡可设置每张幻灯片的动画效果。

③ 设置相册的切换效果。在"切换"选项卡下的"计时"组中，在"换片方式"下设置自动换片时间：00:05.00。然后单击"全部应用"按钮。经过上述简单的设置后，用户便可在放映电子相册同时，通过音响设备听到美妙的音乐了。

（12）创建视频。在电子相册中，单击"文件"选项卡下的"保存并发送"选项，然后单击"文件类型"区域中的"创建视频"选项。通过右侧"创建视频"选项区域中提供的选项，可以调整视频文件的分辨率，是否使用录制的计时和旁白，以及调整放映每张换幻灯片的

图 5.66　"选择主题"对话框

图 5.67　添加标题

时长等,如图 5.68 所示。

(13) 设置完成后,单击"创建视频"按钮,选择相册的存放路径,在指定的路径下即可生成一个扩展名为.wmv 的相册视频文件,用户双击该文件即可播放。

(14) 将演示文稿打包成 CD 播放。在电子相册演示文稿中,再次单击"文件"选项卡下的"保存并发送"选项,在"文件类型"区域单击"将演示文稿打包成 CD"选项。在随即

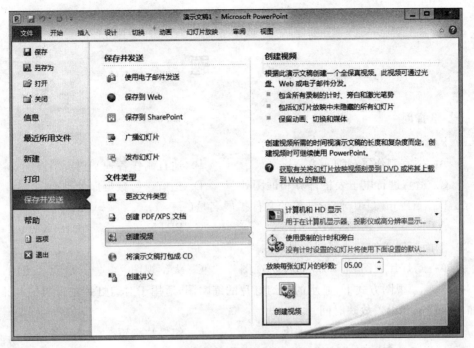

图 5.68　创建视频

打开的"打包成 CD"对话框中，在"将 CD 命名为"文本框中输入要保存的名称。最后，单击"复制到 CD"按钮，即可开始通过刻录机刻录 CD 光盘，如图 5.69 所示。

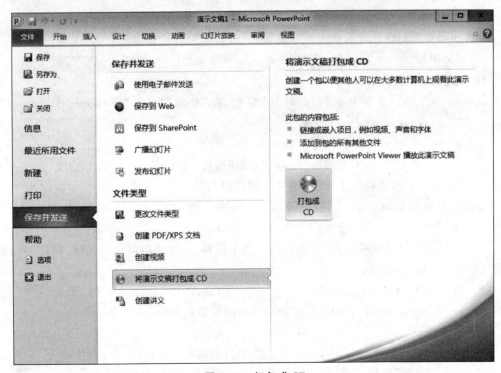

图 5.69　打包成 CD

习 题

一、选择题

1. PowerPoint 2010 的功能是( )。
   A. 适宜制作屏幕演示文稿　　　　　B. 适宜制作各种文档资料
   C. 适宜进行电子表格计算和框图处理　D. 适宜进行数据库处理

2. PowerPoint 2010 演示文稿的文件扩展名是( )。
   A. DOCX　　　B. XLSX　　　C. PPTX　　　D. TXT

3. 下面不属于幻灯片视图的是( )。
   A. 幻灯片视图　B. 备注页视图　C. 大纲视图　D. 页面视图

4. ( )视图方式下,显示的是幻灯片的缩略图,适用于对幻灯片进行组织和排序、添加切换功能和设置放映时间。
   A. 幻灯片　　　B. 大纲　　　C. 幻灯片浏览　D. 备注页

5. 如果要选择一组连续的幻灯片,可以先单击第一张幻灯片的缩略图,然后( )。
   A. 在按住 Shift 键的同时,单击最后一张幻灯片的缩略图
   B. 在按住 Ctrl 键的同时,单击最后一张幻灯片的缩略图
   C. 在按住 Alt 键的同时,单击最后一张幻灯片的缩略图
   D. 在按住 Tab 键的同时,单击最后一张幻灯片的缩略图

6. 如果要为幻灯片设置统一的外观,可通过( )进行设置。
   A. 模板　　　B. 主题　　　C. 设计　　　D. 母版

7. 进入幻灯片母版的方法是( )。
   A. 在"开始"选项卡下的"幻灯片"组中,在"新建幻灯片"下拉列表中选择一种版式
   B. 在"设计"选项卡上选择一种主题
   C. 在"视图"选项卡上单击"幻灯片母版"按钮
   D. 在"视图"选项卡上单击"幻灯片浏览视图"按钮

8. 在 PowerPoint 2010 中,打开演示文稿后按( )键,可以启动幻灯片放映。
   A. F3　　　B. F4　　　C. F5　　　D. F6

9. 在启动幻灯片放映后,幻灯片占据了整个屏幕,无法进行窗口的操作,按( )键可结束幻灯片放映视图状态。
   A. Shift　　　B. Ctrl　　　C. Alt　　　D. Esc

10. 在 PowerPoint 2010 中,可以为( )添加动画效果。
    A. 图片　　　B. 文本　　　C. 艺术字　　　D. 以上都可以

11. 在 PowerPoint 2010 中,每个对象添加的动画效果都在( )中显示。
    A. "大纲"窗格　　　　　　　　B. "幻灯片"窗格

C. "自定义任务"窗格　　　　　　　D. 动画窗格

12. 幻灯片的主题不包括(　　)。

A. 主题字体　　　B. 主题颜色　　　C. 主题动画　　　D. 主题效果

13. 在空白幻灯片中不可以直接插入(　　)。

A. 文本框　　　B. 文字　　　C. 艺术字　　　D. Word 表格

14. 在 PowerPoint 2010 中,下列关于图片来源的说法错误的是(　　)。

A. 来自 SmartArt 图形　　　　　　B. 剪贴画中的图片

C. 来自文件的图片　　　　　　　　D. 来自打印机的图片

15. 下面说法中错误的是(　　)。

A. 使用 PowerPoint 2010 可以创建动态的演示文稿

B. 使用 PowerPoint 2010 可以创建视频电子相册

C. 使用 PowerPoint 2010 可以将演示文稿打包成 CD

D. 使用 PowerPoint 2010 可以在演示文稿中添加影片

二、填空题

1. 在 PowerPoint 2010 的(　　)中集成了多个常用的按钮,在默认状态下包括"保存""撤销""恢复"按钮,用户可以自定义修改。

2. 在 PowerPoint 2010 中,插入新幻灯片可以使用的快捷键是(　　)。

3. (　　)是 PowerPoint 2010 的默认视图。

4. (　　)是一组格式选项,包括一组主题颜色、一组主题字体(包括标题字体和正文字体)和一组主题效果(包括线条和填充效果)。

5. 关于影片的放映方式:(　　)表示进入本幻灯片即开始播放,在单击时表示单击鼠标后再开始播放。

6. PowerPoint 2010 的(　　)可以帮助用户实现幻灯片的跳转。

7. 在"添加动画"中,有 4 种类型的特效可供选择:进入、强调、(　　)和动作路径。

8. 直接按(　　)键,即可放映演示文稿。

9. 如果放映的过程中添加了(　　),在结束放映时,系统会询问是否保存墨迹以在下次放映时显示。

10. 做完准备的演示文稿,可以通过"文件"选项卡下的(　　)来将其发送到本机或网络上的某个节点。

三、简答题

1. PowerPoint 2010 有哪几种视图方式? 各有何特点?

2. 幻灯片有哪几种放映方式? 分别在什么时候使用?

3. 分别简述幻灯片模板和母版的作用。并说明模板和母版的区别。

4. 什么是幻灯片主题? 如何修改主题颜色?

四、操作题

自选一个题材,建立演示文稿,要求如下。

(1) 主题新颖、有创意、与时俱进,至少包含 10 张幻灯片;

（2）演示文稿中要求包含文本、图表、图片、声音、视频文件、超链接；

（3）每张幻灯片有不同的动画效果；

（4）需要设置幻灯片的切换效果；

（5）创建成视频文件，以"主题名.wmv"保存文件。

参考课题：

（1）我的大学；

（2）里约奥运；

（3）大数据与云计算。

第 6 章

计算机网络基础

【岗位对接】

互联网(Internet)已经成为现代信息社会的重要标准,计算机网络的应用渗透到了社会生活的各个方面,让人们的生活和工作变得快捷、高效。为了更好地掌握计算机网络并将其运用到生活和工作中,了解计算机网络的基础知识势在必行。

【职业引导】

小乐是刚考入大学的新生,在人生的职业规划中毕业后有从事行政文秘工作的意向,她通过市场调查了解到该岗位除了要熟练掌握办公自动化软件之外,还必须对如今应用广泛的计算机网络有所了解,因为现代化的管理方法是依靠计算机网络建立的管理模式。

【设计案例】

小乐利用业余时间在一家企业兼职文秘工作,随着公司规模的扩大,要增添一间文秘办公室。计算机、打印机等设备已经买回来了,现在需要组建一个小型局域网,办公室主任把此任务交给了小乐。

【知识技能】

6.1　计算机网络概述

20世纪50年代,美国利用计算机技术建立了半自动化的地面防空系统(SAGE),它将雷达信息和其他信号经远程通信线路送至计算机进行处理,第一次利用计算机网络实现远程集中控制,这是计算机网络的雏形。

　　1969 年，美国国防部的高级研究计划局（Defense Advanced Research Project Agency，DARPA）建立了世界上第一个分组交换网——ARPANET，即 Internet 的前身，这是一个只有 4 个节点的存储转发方式的分组交换广域网。1972 年，在首届国际计算机通信会议（ICCC）上首次公开展示了 ARPANET 的远程分组交换技术。它是第一个较完善地实现了分布式资源共享的网络系统。

　　1976 年，美国 Xerox 公司开发了基于载波监听多路访问/冲突检测（CSMA/CD）原理的、用同轴电缆连接多台计算机的局域网，取名以太网。

　　计算机网络是半导体技术、计算机技术、数据通信技术和网络技术相互渗透、相互促进的产物。数据通信的任务是利用通信介质传输信息。通信网为计算机网络提供了便利而广泛的信息传输通道，而计算机和计算机网络技术的发展也促进了通信技术的发展。

6.1.1　计算机网络的定义和功能

　　计算机网络，是指将地理位置不同的具有独立功能的多台计算机及其外部设备，通过通信线路和通信设备连接起来，在网络操作系统、网络管理软件及网络通信协议的管理和协调下，实现资源共享和信息传递的计算机系统。简单地说，是指一些相互连接的、以共享资源为目的的、自治的计算机的集合。

　　所谓"自治"，是指每台计算机的工作是独立的，任何一个计算机都不能干预其他计算机的工作，任何两台计算机之间没有主从关系。因此，通常将这些计算机称为"主机"（Host），在网络中又称为节点或站点。

　　"网络通信协议"即网络通信语言。网络上的计算机之间如何交换信息呢？就像我们说话用某种语言一样，在网络上的各台计算机之间通信也有一种语言，这就是网络通信协议。不同的计算机之间必须使用相同的网络协议才能进行通信。例如，一个法国人和一个中国人通话，规定使用英语来进行交流，这里说的英语这门语言就是通信协议。当然，网络协议也有很多种，具体选择哪一种协议则要看情况而定。TCP/IP（Transmission Control Protocol/Internet Protocol，传输控制协议/因特网互联协议，又名网络通信协议）是 Internet 最基本的协议，是 Internet 国际互联网络的基础，由网络层的 IP 协议和传输层的 TCP 协议组成。

　　在计算机网络中，能够提供信息和服务能力的计算机是网络的资源，而索取信息和请求服务的计算机则是网络的用户。由于网络资源与网络用户之间的连接方式、服务类型及连接范围的不同，从而形成了不同的网络结构及网络系统。

　　建立计算机网络的基本目的是实现数据通信和资源共享。计算机网络主要具有如下 4 个功能。

　　（1）数据通信。这是计算机网络的最基本功能，主要完成计算机网络中各个节点之间的系统通信。它主要提供传真、电子邮件、电子数据交换（EDI）、电子公告牌（BBS）、远程登录和浏览等数据通信服务。

　　（2）资源共享。入网用户均能享受网络中各个计算机系统的全部或部分软件、硬件和数据资源。

（3）提高计算机的可靠性和可用性。网络中的每台计算机都可通过网络相互成为后备机。一旦某台计算机出现故障，它的任务就可由其他的计算机代为完成，这样可以避免在单机情况下，一台计算机发生故障引起整个系统瘫痪的现象，从而提高系统的可靠性。而当网络中的某台计算机负担过重时，网络又可以将新的任务交给较空闲的计算机完成，均衡负载，从而提高了每台计算机的可用性。

（4）分布式处理。通过算法将大型的综合性问题交给不同的计算机同时进行处理，用户可以根据需要合理选择网络资源，就近快速地进行处理。

6.1.2 计算机网络的发展

计算机网络是 20 世纪 60 年代起源于美国，原本用于军事通信，后逐渐进入民用，经过短短 50 年不断的发展和完善，现已广泛应用于各个领域，并正以高速向前迈进。20 年前，在我国很少有人接触过网络。现在，计算机通信网络以及 Internet 已成为我们社会结构的一个基本组成部分。网络被应用于工商业的各个方面，包括电子银行、电子商务、现代化的企业管理、信息服务业等都以计算机网络系统为基础。从学校远程教育到政府日常办公乃至现在的电子社区，很多方面都离不开网络技术。可以不夸张地说，网络在当今世界无处不在。

随着计算机网络技术的蓬勃发展，计算机网络的发展大致可划分为以下 4 个阶段。

1. 第一阶段：诞生阶段

1946 年，世界上第一台电子计算机 ENIAC 在美国诞生时，计算机技术与通信技术并没有直接的联系。20 世纪 50 年代初，美国为了自身的安全，在美国本土北部和加拿大境内，建立了一个半自动地面防空系统 SAGE，进行了计算机技术与通信技术相结合的尝试。

人们把这种以单个计算机为中心的联机系统称作面向终端的远程联机系统。该系统是计算机技术与通信技术相结合而形成的计算机网络的雏形，因此也称为面向终端的计算机通信网。20 世纪 60 年代初美国航空订票系统 SABRE-1 就是这种计算机通信网络的典型应用，该系统由一台中心计算机和分布在全美范围内的两千多个终端组成，各终端通过电话线连接到中心计算机。上述单机系统有以下两个主要缺点。

（1）主机既要负责数据处理，又要管理与终端的通信，因此主机的负担很重。

（2）由于一个终端单独使用一根通信线路，造成通信线路利用率低。此外，每增加一个终端，线路控制器的软硬件都需要做出很大的改动。

为减轻主机的负担，可在通信线路和计算机之间设置一个前端处理机（FEP），专门负责与终端之间的通信控制，而让主机进行数据处理；为提高通信效率，减少通信费用，在远程终端比较密集的地方增加一个集中器，集中器的作用是把若干个终端经低速通信线路集中起来，连接到高速线路上。然后，经高速线路与前端处理机连接。前端处理机和集中器当时一般由小型计算机担当，因此，这种结构也称为具有通信功能的多机系统。

2. 第二阶段：形成阶段

20 世纪 60 年代中期至 70 年代的第二代计算机网络是以多个主机通过通信线路互

联起来,为用户提供服务,兴起于 20 世纪 60 年代后期,典型代表是美国国防部高级研究计划局协助开发的 ARPANET。主机之间不是直接用线路相连,而是由接口报文处理机(IMP)转接后互连的。IMP 和它们之间互连的通信线路一起负责主机间的通信任务,构成了通信子网。通信子网互联的主机负责运行程序,提供资源共享,组成了资源子网。这个时期,网络的概念为"以能够相互共享资源为目的互联起来的具有独立功能的计算机的集合体",形成了计算机网络的基本概念。

3. 第三阶段:互联互通阶段

计算机网络发展的第三阶段是加速体系结构与协议国际标准化的研究与应用。20世纪 70 年代末至 20 世纪 90 年代的第三代计算机网络是具有统一的网络体系结构并遵循国际标准的开放式和标准化的网络。ARPANET 兴起后,计算机网络发展迅猛,各大计算机公司相继推出自己的网络体系结构及实现这些结构的软硬件产品。由于没有统一的标准,不同厂商的产品之间互联很困难,人们迫切需要一种开放性的标准化实用网络环境,这样就应运而生了两种国际通用的最重要的体系结构,即 TCP/IP 体系结构和国际标准化组织的 OSI 体系结构。

20 世纪 70 年代末,国际标准化组织(International Organization for Standardization,ISO)的计算机与信息处理标准化技术委员会成立了一个专门机构,研究和制定网络通信标准,以实现网络体系结构的国际标准化。1984 年,ISO 正式颁布了一个称为"开放系统互连基本参考模型"的国际标准 ISO 7498,简称 OSI RM(Open System Interconnection Basic Reference Model),即著名的 OSI 七层模型。OSI RM 及标准协议的制定和完善大大加速了计算机网络的发展。很多大的计算机厂商相继宣布支持 OSI 标准,并积极研究和开发符合 OSI 标准的产品。

遵循国际标准化协议的计算机网络具有统一的网络体系结构,厂商需按照共同认可的国际标准开发自己的网络产品,从而可保证不同厂商的产品可以在同一个网络中进行通信。这就是"开放"的含义。

目前存在着两种占主导地位的网络体系结构:一种是国际标准化组织 ISO 提出的OSI RM(开放式系统互连参考模型);另一种是 Internet 所使用的事实上的工业标准TCP/IP RM(TCP/IP 参考模型)。

4. 第四阶段:高速网络技术阶段

从 20 世纪 80 年代末开始,计算机网络技术进入新的发展阶段,其特点是:互联、高速和智能化。表现在:

(1) 发展了以 Internet 为代表的互联网。

(2) 发展高速网络。

1993 年,美国政府公布了"国家信息基础设施"行动计划(National Information Infrastructure,NII),即信息高速公路计划。这里的"信息高速公路"是指数字化大容量光纤通信网络,用以把政府机构、企业、大学、科研机构和家庭的计算机联网。美国政府又分别于 1996 年和 1997 年开始研究发展更加快速可靠的互联网 2(Internet 2)和下一代互联网(Next Generation Internet)。可以说,网络互联和高速计算机网络正成为最新一代计算机网络的发展方向。

（3）研究智能网络。

随着网络规模的增大与网络服务功能的增多，各国正在开展智能网络（Intelligent Network，IN）的研究，以提高通信网络开发业务的能力，并更加合理地进行网络各种业务的管理，真正以分布和开放的形式向用户提供服务。

智能网的概念是美国于 1984 年提出的，智能网的定义中并没有人们通常理解的"智能"含义，它仅仅是一种"业务网"，目的是提高通信网络开发业务的能力。它的出现引起了世界各国电信部门的关注，国际电联（ITU）在 1988 年开始将其列为研究课题。1992 年，ITU-T 正式定义了智能网，制定了一个能快速、方便、灵活、经济、有效地生成和实现各种新业务的体系。该体系的目标是应用于所有的通信网络；即不仅可应用于现有的电话网、N-ISDN 和分组网，同样适用于移动通信网和 B-ISDN。随着时间的推移，智能网络的应用将向更高层次发展。

6.1.3　计算机网络的分类

1. 按网络的地理位置分类

计算机网络按其地理位置和分布范围分类可以分成局域网、城域网和广域网三类。

1）局域网

局域网（Local Area Network，LAN）又称内网，是指一个局部区域内的、近距离的计算机互联组成的网，通常采用有线方式连接，分布范围一般在几千米以内（小于 10 千米），它的特点是分布距离短、数据传输速度快，例如学校校园网。

2）城域网

城域网（Metropolitan Area Network，MAN）是介于局域网和广域网之间的一种网络，它的规模主要局限在一个城市范围内，分布范围一般在 10～100 千米，例如有线电视网。

3）广域网

广域网（Wide Area Network，WAN）又称外网、公网，是指远距离的计算机互联组成的网，分布范围可达几千千米乃至上万千米，甚至跨越国界、洲界，遍及全球范围。因特网就是一种典型的广域网。

2. 按传输介质分类

计算机网络按其传输介质分类可以分为有线网和无线网两大类。

1）有线网

有线网的传输介质主要有双绞线、同轴电缆和光纤。采用同轴电缆和双绞线连接的网络比较经济，安装方便，但传输距离相对较近，传输率和抗干扰能力一般；光纤网则传输距离长，传输率高，且抗干扰能力强，安全性好，但价格较高。

2）无线网

采用大气层作传输介质、用电磁波作传输载体的网络为无线网。无线网联网方式灵活方便，但联网费用较高，目前正在发展中。

3. 按网络工作模式分类

1）客户机/服务器网

客户机和服务器都是独立的计算机。当一台连入网络的计算机向其他计算机提供各种网络服务（如数据、文件的共享等）时，它就被叫作服务器。而那些用于访问服务器资料的计算机则被叫作客户机。严格说来，客户机/服务器（Client/Server，C/S）模型并不是从物理分布的角度来定义，它所体现的是一种网络数据访问的实现方式。

在客户机/服务器网中，至少有一个专用的服务器来管理、控制网络的运行。它处理来自客户机的请求，为用户提供网络服务，并负责整个网络的管理维护工作，实现网络资源和用户的集中式管理。目前，客户机/服务器网络已经成为组网的标准模型，这种网络结构适用于计算机数量较多，位置相对分散且传输信息量较大的情况，采用这种结构的系统目前应用非常广泛。例如学校机房。

2）对等网

对等网（Peer-to-Peer，P2P）是指网络上的每台计算机都是平等的，没有专门的服务器，每台计算机同时担任客户机和服务器两种角色。对等网通常被称为工作组网络，每台机器可以共享资源给他人，自己也可以访问他人设置的共享资源。对等网适用于计算机数量较少且比较集中的情况，例如，学生宿舍的几台计算机可通过网卡和双绞线组成一个对等网络。

4. 按网络的拓扑结构分类

网络拓扑结构是指用传输媒体互连各种设备的物理布局，即用什么方式把网络中的计算机等设备连接起来。在设计一个网络的时候，应根据实际情况选择正确的拓扑方式。每种拓扑都有它自己的优点和缺点。

目前常用的拓扑结构有总线型、星状、环状、树状和网状结构。

1）总线型结构

总线型结构采用一条单根线缆作为传输介质，它所采用的介质一般是同轴电缆（包括粗缆和细缆），现在也有采用光缆作为总线型传输介质的，所有的站点都通过相应的硬件接口直接连接到传输介质上，或称总线上。任何一个节点信息都可以沿着总线向两个方向传播扩散，并且能被总线中任何一个节点所接收，所有的节点共享一条数据通道，一个节点发出的信息可以被网络上的多个节点接收。各节点在接收信息时都进行地址检查，看是否与自己的工作站地址相符，相符则接收网上的信息。

总线型结构的特点是铺设电缆最短，组网费用低，安装简单方便；但维护难，分支节点故障查找难，若介质发生故障会导致整个网络瘫痪。

如果只是将家中或办公室中的两三台计算机连接在一起，而且对网络的速度没有什么要求的话，使用总线型结构是最经济的。总线型结构如图 6.1 所示。

2）星状结构

星状结构是指各工作站以星状方式连接成网。网络有中央站点，网络中的各节点通过点到点的方式连接到这个中央节点［一般是集线器（Hub）或交换机（Switch）］上，由该中央节点向目的节点传送信息。任意两个站点之间的通信均要通过公共中心，不允许两

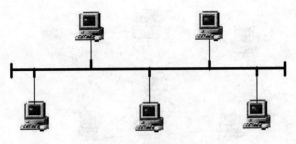

图 6.1　总线型结构

个站点直接通信。

星状结构的特点是增加新站点容易,故障诊断容易。但这种结构中心节点负担重,若中心站点出故障会引起整个网络瘫痪。

星状结构是最古老的一种连接方式,对于小型办公室网络来说,星状结构网络是一个不错的选择。星状结构如图 6.2 所示。

3) 树状结构

树状结构是总线型结构的扩展,它是在总线型网上加上分支形成的,其传输介质可有多条分支,但不形成闭合回路;也可以把它看成是星状结构的叠加,又称为分级的集中式结构,如图 6.3 所示。树状拓扑以其独特的特点而与众不同,具有层次结构,是一种分层网,网络的最高层是中央处理机,最低层是终端,其他各层可以是多路转换器、集线器或部门用计算机。

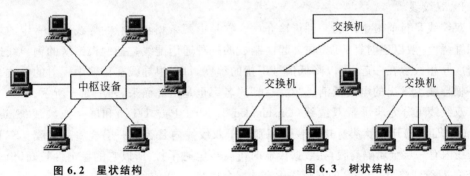

图 6.2　星状结构　　　　　图 6.3　树状结构

树状结构的特点是其结构可以对称,联系固定,具有一定的容错能力,一般一个分支和节点的故障不影响另一分支节点的工作,任何一个节点送出的信息都由根接收后重新发送到所有的节点,可以传遍整个传输介质,也是广播式网络。著名的因特网(Internet)也大多采用树状结构。

4) 环状拓扑结构

网上的站点通过通信介质连成一个封闭的环状,这种结构使公共传输电缆组成环状连接,数据在环路中沿着一个方向在各个节点间传输,信息从一个节点传到另一个节点。

环状结构的特点是易于安装和监控,但容量有限,由于环路是封闭的,增加新站点困难,可靠性低,一个节点故障将会造成全网瘫痪;维护难,对分支节点故障定位较难。环状结构如图 6.4 所示。

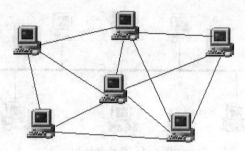

图 6.4 环状结构

6.1.4 计算机网络通信介质

网络传输介质是指在网络中传输信息的载体。常用的传输介质分为有线传输介质和无线传输介质两大类。

1. 有线传输介质

有线传输介质是指在两个通信设备之间实现的物理连接部分,它能将信号从一方传输到另一方。有线传输介质主要有双绞线、同轴电缆和光纤。双绞线和同轴电缆传输电信号,光纤传输光信号。不同的传输介质,其特性也各不相同。它们不同的特性对网络中数据通信质量和通信速度有较大影响。

1) 双绞线

双绞线是目前最常用的一种传输介质。它是由两条相互绝缘的导线按照一定的规格互相缠绕(一般以逆时针缠绕)在一起而制成的一种通用配线。把两根绝缘的铜导线按一定密度互相绞合在一起,可以降低信号干扰的程度,每一根导线在传输中辐射的电波会被另一根导线上发出的电波抵消。"双绞线"的名字也是由此而来,如图 6.5 所示。

双绞线可分为非屏蔽双绞线(Unshielded Twisted Pair,UTP)和屏蔽双绞线(Shielded Twisted Pair,STP)两大类。这两者的区别在于双绞线内是否有一层金属隔离膜。STP 的双绞线内有一层金属隔离膜,在数据传输时可减少电磁干扰,所以它的稳定性较高,价格比 UTP 的双绞线略贵。UTP 的双绞线没有这层金属膜,所以它的稳定性较差。

每条双绞线两头都必须通过安装 RJ-45 连接器(俗称水晶头)才能与网卡和集线器(或交换机)相连接。RJ-45 连接器的一端是连接在网卡上的 RJ-45 接口,另一端是连接在集线器(或交换机)上的 RJ-45 接口。水晶头结构如图 6.6 所示。

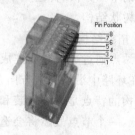

图 6.5 非屏蔽双绞线(UTP)结构图　　　图 6.6 水晶头结构图

双绞线既能用于传输模拟信号,也能用于传输数字信号,其带宽决定于铜线的直径和传输距离。但是许多情况下,几千米范围内的传输速率可以达到几 Mb/s。由于其性能较好且价格便宜,双绞线得到了广泛应用。

2) 同轴电缆

同轴电缆也是局域网中最常用的传输介质之一。它是由一根空心的外圆柱导体和一根位于中心轴的内导体组成,两导体间用绝缘材料隔开。内导体为铜线,外导体为铜管或网。电磁场封闭在内外导体之间,故辐射损耗小,受外界干扰影响小。

同轴电缆由四层按"同轴"形式构成,因为中心铜线和网状导电层为同轴关系而得名,如图 6.7 所示。

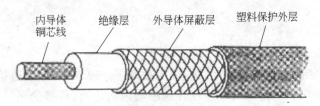

图 6.7 同轴电缆结构

(1) 内导体:金属导体(一般为铜芯),用于传输数据。

(2) 绝缘层:用于内芯与屏蔽层间的绝缘。

(3) 屏蔽层:金属导体,用于屏蔽外部的干扰。

(4) 塑料外套:用于保护电缆。

与双绞线相比,同轴电缆的抗干扰能力强,屏蔽性能好,传输数据稳定,而且它不用连接在集线器或交换机上即可使用;缺点是网络维护和扩展比较困难。

3) 光纤

有些网络应用要求很高,要求可靠、高速地长距离传送数据,在这种情况下,光纤就是一个理想的选择。光纤具有圆柱形的形状,由三部分组成:纤芯、包层和护套。纤芯是最内层部分,由一根或多根非常细的由玻璃或塑料制成的绞合线或纤维组成。每一根纤维都由各自的包层包着,包层是玻璃或塑料涂层,具有与纤芯不同的光学特性。最外层是护套,包着一根或一束已加包层的纤维。护套是由塑料或其他材料制成的,用来防止潮气、擦伤、压伤或其他外界带来的危害。光纤结构如图 6.8 所示。

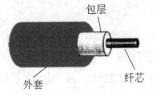

图 6.8 光纤结构

(1) 纤芯:传输光信号,光信号中携带用户数据。

(2) 包层:折射率比玻璃芯低,可使光信号在玻璃芯内反射传输。

(3) 外套:用于保护光纤。

2. 无线传输介质

无线传输介质指我们周围的自由空间。利用无线电波在自由空间的传播可以实现多种无线通信。在自由空间传输的电磁波根据频谱可分为微波、红外线、无线电波、激光等,信息被加载在电磁波上进行传输。

1）微波

微波是指频率为 300MHz～300GHz 的电磁波，是无线电波中一个有限频带的简称，即波长在 1m（不含 1m）到 1mm 的电磁波，是分米波、厘米波、毫米波的统称。微波频率比一般的无线电波频率高，通常也称为"超高频电磁波"。微波通信被广泛用于长途电话通信、电视传播等方面。

2）红外线

红外线是太阳光线中众多不可见光线中的一种，由德国科学家霍胥尔于 1800 年发现，又称为红外热辐射。它的波长是介于微波与可见光之间的电磁波，波长为 760mm～1mm，是波长比红光长的非可见光，覆盖室温下物体所发出的热辐射的波段。透过云雾能力比可见光强。

红外线通信有以下两个最突出的优点。

（1）不易被人发现和截获，保密性强；

（2）不会受到电气、天电、人为干扰，抗干扰性强。此外，红外线通信机体积小，重量轻，结构简单，价格低廉。但是它必须在直视距离内通信，且传播受天气的影响。在不能架设有线线路，而使用无线电又怕暴露自己的情况下，使用红外线通信是比较好的。

红外线在生活中的应用比较广泛，例如，生活中高温杀菌、监控设备、手机的红外口、宾馆的房门卡、电视机的遥控器等。

3）无线电波

无线电波是指在自由空间（包括空气和真空）传播的射频频段的电磁波。无线电技术是通过无线电波传播声音或其他信号的技术。

无线电技术的原理在于，导体中电流强弱的改变会产生无线电波。利用这一现象，通过调制可将信息加载于无线电波之上。当电波通过空间传播到达收信端，电波引起的电磁场变化又会在导体中产生电流。通过解调将信息从电流变化中提取出来，就达到了信息传递的目的。

4）激光

激光的工作频率为 1014～1015 Hz，其方向性很强，不易受电磁波干扰。但外界气候条件对激光通信的影响较大，如在空气污染、雨雾天气以及能见度较差的情况下可能导致通信的中断。激光通信系统由视野范围内的两个互相对准的激光调制解调器组成，激光调制解调器通过对相干激光的调制和解调，从而实现激光通信。

6.2　Internet 基础

6.2.1　Internet 概述

Internet 即互联网，又称因特网，始于 1969 年的美国。互联网是由一些使用公用语言互相通信的计算机连接而成的网络，即广域网、局域网及单机按照一定的通信协议组成的国际计算机网络。互联网在现实生活中应用很广泛,人们可以与远在千里之外的朋友相互发送邮件、共同完成一项工作、共同娱乐、查阅资料、广告宣传、网上购物等。

互联网是全球性的。必须要有某种方式来确定联入其中的每一台主机。在互联网上绝对不能出现类似两个人同名的现象。这就要有一个固定的机构来为每一台主机确定名字,由此确定这台主机在互联网上的"地址",因此每一个连入 Internet 的机器必须分配一个地址。

同样,这个全球性的网络也需要有一个机构来制定所有主机都必须遵守的通信规则——协议,否则就不可能建立起全球所有不同的计算机、不同的操作系统都能够通用的互联网。Internet 使用 TCP/IP 让不同的设备可以彼此通信。但使用 TCP/IP 的网络并不一定是因特网,一个局域网也可以使用 TCP/IP。

因特网是基于 TCP/IP 实现的,TCP/IP 由很多协议组成,不同类型的协议又被放在不同的层,其中,位于应用层的协议就有很多,比如 FTP、SMTP、HTTP。只要应用层使用的是 HTTP,就称为万维网(World Wide Web,WWW)。之所以在浏览器里输入百度网址时,能看见百度网提供的网页,就是因为用户的个人浏览器和百度网的服务器之间使用 HTTP 在交流。关于 HTTP 和 WWW 的内容将在 6.4.1 节详细介绍。

互联网也是物联网的重要组成部分。物联网的英文名称是"The Internet of things",顾名思义,物联网就是物物相连的互联网。这有两层意思:第一,物联网的核心和基础仍然是互联网,是在互联网基础上延伸和扩展的网络;第二,其用户端延伸和扩展到了任何物品与物品之间,进行信息交换和通信。它是通过射频识别(RFID)、红外感应器、全球定位系统、激光扫描器等信息传感设备,按约定的协议,把任何物体与互联网相连接,进行信息交换和通信,以实现对物体的智能化识别、定位、跟踪、监控和管理的一种网络。物联网的应用在生活中也比较广泛,例如,可以在手机上安装一个软件,通过这个软件来关闭家里的电视。

6.2.2 IP 地址与域名

1. IP 地址

IP(Internet Protocol)即网络之间互联的协议,也就是为计算机网络相互联接进行通信而设计的协议。在因特网中,它是能使连接到网上的所有计算机网络实现相互通信的一套规则,规定了计算机在因特网上进行通信时应当遵守的规则。任何厂家生产的计算机系统,只要遵守 IP 协议就可以与因特网互连互通。正是因为有了 IP 协议,因特网才得以迅速发展成为世界上最大的、开放的计算机通信网络。因此,IP 协议也可以叫作"因特网协议"。

IP 地址(Internet Protocol Address)是一种在 Internet 上给主机编址的方式,也称为网际协议地址。人们日常见到的情况是每台联网的计算机上都需要有 IP 地址,才能正常通信。例如,可以把"个人计算机"比作"一部电话",那么"IP 地址"就相当于"电话号码"。

IP 地址就是给每个连接在 Internet 上的主机分配一个 32b 长的地址,分为 4 段,每段 8 位,为方便记忆,每 8 个二进制位可以用一个十进制整数数字来表示,因此 IP 地址由 4 个用小数点隔开的十进制整数(0~255)组成。IP 地址包括两部分:网络地址和主机地址。例如,IP 地址为 10.1.24.100 对应的二进制表示为 00001010.00000001.00011000.01100100。

常见的 IP 地址分为 IPv4 与 IPv6 两大类。现有的互联网是在 IPv4(Internet Protocol version 4)即网际协议版本 4 协议的基础上运行的。由于互联网的蓬勃发展,IP 地址的需求量愈来愈大,在 2011 年 2 月 3 日 IPv4 位地址已分配完毕。地址空间的不足必将妨碍互联网的进一步发展,为了扩大地址空间,拟通过 IPv6 以重新定义地址空间。IPv4 采用 32 位地址长度,只有大约 43 亿个地址,而 IPv6 采用 128 位地址长度,几乎可以不受限制地提供地址。下面介绍 IP 地址的查询和设置方法。

1) 查询 IP 地址的方法

方法一:

(1) 在 Windows 7 下,单击"开始"→"运行",输入"cmd"命令,单击"确定"按钮。在弹出的命令提示符中输入"ipconfig/all"命令,再回车,如图 6.9 所示。

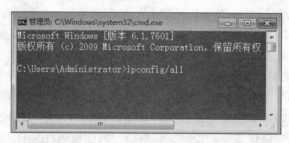

图 6.9 运行图示

(2) 在如图 6.10 所示的对话框中,找到 IPv4,即所查的本机 IP 地址。本机的 IPv4 地址为 192.168.252.88。

图 6.10 IP 地址

方法二：

(1) 右键单击桌面系统图标"网络"→选择"属性"→打开窗口左侧的"更改适配器的设置"→双击"本地连接"，弹出"本地连接 状态"对话框，如图6.11所示。

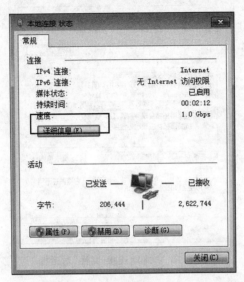

图 6.11　"本地连接 状态"对话框

(2) 在图6.11的对话框中单击"详细信息"按钮即可查看IP地址，如图6.12所示。

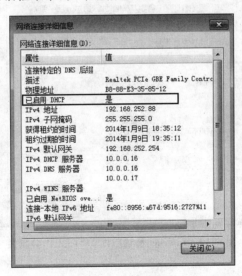

图 6.12　"网络连接详细信息"对话框

2) 设置IP地址的方法

(1) 右键单击桌面系统图标"网络"→选择"属性"→打开"更改适配器的设置"→选择"本地连接"→右键"属性"，弹出"本地连接 属性"对话框，如图6.13所示。

(2) 在图6.14中双击"Internet 协议版本4(TCP/IPv4)"，如图6.14所示。在"常规"选项卡中的"使用下面的IP地址"的选项中可手动设置IP地址，也可选择"自动获取

IP 地址"。

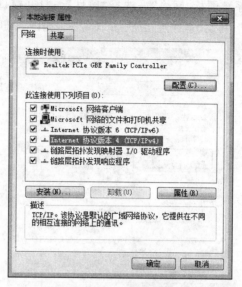

图 6.13 "本地连接 属性"对话框

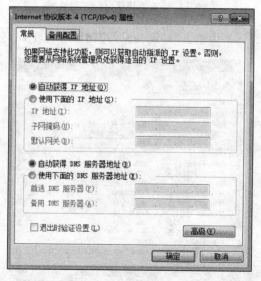

图 6.14 Internet 协议版本 4(TCP/IPv4)属性

2. 域名

虽然 IP 地址能够唯一地标识网络上的计算机,但 IP 地址是数字的,用户记忆这类数字十分不方便,于是人们又提出了字符型的地址方案,即域名地址。IP 地址和域名地址是一一对应的,例如,新浪的 IP 地址是 218.30.13.36,其对应的域名地址是 www.sina.com.cn。这份域名地址的信息存放在一个叫作域名服务器(DNS)的主机内,使用者只需记住域名地址,其对应的转换工作就交给 DNS 来完成。

域名地址可表示为：主机计算机名.单位名.网络名.顶级域名。例如，www. sina. com. cn，从左到右可翻译为：www 主机.新浪.公司.中国。顶级域名一般是网络机构或所在国家的缩写。

域名由两种类型组成：以机构性质命名的域和以国家或地区代码命名的域。表 6.1 和表 6.2 列举了一些常见的命名域。

<table>
<tr><td colspan="2">表 6.1 机构性质命名的域</td><td colspan="2">表 6.2 常见的国家或地区代码命名的域</td></tr>
<tr><td>域名</td><td>含　义</td><td>域名</td><td>国家 地区</td></tr>
<tr><td>gov</td><td>政府部门</td><td>cn</td><td>中国</td></tr>
<tr><td>edu</td><td>教育机构</td><td>hk</td><td>香港地区</td></tr>
<tr><td>com</td><td>商业机构</td><td>ca</td><td>加拿大</td></tr>
<tr><td>mil</td><td>军事机构</td><td>kr</td><td>韩国</td></tr>
<tr><td>net</td><td>网络组织</td><td>uk</td><td>英国</td></tr>
<tr><td>int</td><td>国际机构</td><td>jp</td><td>日本</td></tr>
<tr><td>org</td><td>其他非营利组织</td><td>sg</td><td>新加坡</td></tr>
</table>

6.2.3 Internet 接入方式

目前可供选择的接入方式主要有 ADSL、Cable-Modem、光纤接入、移动无线接入。

1. Cable-Modem

Cable-Modem(线缆调制解调器)是近几年开始使用的一种超高速 Modem，它利用现成的有线电视(CATV)网进行数据传输，已是比较成熟的一种技术。随着有线电视网的发展壮大和人们生活质量的不断提高，通过 Cable Modem 利用有线电视网访问 Internet 已成为越来越受业界关注的一种高速接入方式。

由于有线电视网采用的是模拟传输协议，因此网络需要用一个 Modem 来协助完成数字数据的转换。Cable-Modem 与以往的 Modem 在原理上都是将数据进行调制后在 Cable(电缆)的一个频率范围内传输，接收时进行解调，传输机理与普通 Modem 相同。不同之处在于它是通过有线电视 CATV 的某个传输频带进行调制解调的。

采用 Cable-Modem 上网的缺点是由于 Cable Modem 模式采用的是相对落后的总线型网络结构，这就意味着网络用户共同分享有限带宽；另外，购买 Cable-Modem 和初装费也都不算很便宜，这些都阻碍了 Cable-Modem 接入方式在国内的普及。但是，它的市场潜力是很大的，毕竟中国 CATV 网已成为世界第一大有线电视网，其用户已达到 8000 多万。

2. ADSL

ADSL(Asymmetrical Digital Subscriber Line，非对称数字用户环路)是一种能够通过普通电话线提供宽带数据业务的技术，也是目前极具发展前景的一种接入技术。

ADSL 素有"网络快车"的美誉,因其下行速率高、频带宽、性能优、安装方便、不需交纳电话费等特点而深受广大用户喜爱,成为继 Modem(调制解调器)、ISDN 之后的又一种全新的高效接入方式。

ADSL 方案的最大特点是不需要改造信号传输线路,完全可以利用普通铜质电话线作为传输介质,配上专用的 Modem 即可实现数据高速传输。ADSL 支持上行速率 640kb/s~1Mb/s,下行速率 1~8Mb/s,其有效的传输距离在 3~5km 范围。在 ADSL 接入方案中,每个用户都有单独的一条线路与 ADSL 终端相连,它的结构可以看作是星状结构,数据传输带宽是由每一个用户独享的。

3. 无线接入

进入 21 世纪,计算机网络持续变革,所有前沿研究领域均取得长足进展。IP 接入网标准 ITU-T Y.1231 的推出,极大地促进了 IP 接入网技术的发展。其中,无线技术的成熟催生的高速无线接入网特别引人注目。2008 年,杭州完成"无线城市"一期工程,基本实现绕城高速内市区主要道路和重要景区全覆盖,以及部分园区写字楼和小区公共区域的覆盖。国内的"无线城市"建设正处于热潮期,加入无线接入"俱乐部"的城市已达数十家。

1) 宽带无线局域网络

无线局域网络(Wireless Local Area Networks,WLAN)是便携式移动通信的产物,终端多为便携式微机。其构成包括无线网卡、无线接入点(AP)和无线路由器等。目前最流行的是 IEEE 802.11 系列标准,它们主要用于解决办公室、校园、机场、车站及购物中心等处用户终端的无线接入。

2) 蓝牙

蓝牙(Bluetooth)是一种无线个人局域网(Wireless PAN),最初由爱立信公司创制,后来由蓝牙技术联盟制定技术标准。"蓝牙"一词是古北欧语 Blåtand / Blåtann 的一个英语化变体,蓝牙的标志是 Hagall 和 Bjarkan 的组合,也就是 Harald Blåtand 的首字母 HB 的合写。2006 年,蓝牙技术联盟组织已将全球中文译名统一改采直译为"蓝牙"。

蓝牙是一种短距离无线连接技术,用于提供一个低成本的短距离无线连接解决方案。家庭信息网络由于距离短,可以利用蓝牙技术。蓝牙的标准是 IEEE 802.15.1。蓝牙协议工作在无需许可的 ISM(Industrial Scientific Medical)频段的 2.45GHz。蓝牙的传输速率为 1Mb/s,传输距离约 10m,加大功率后可达 100m。

4. 光纤接入

光纤接入指一种以光纤作主要传输介质的接入网。光纤具有宽带、远距离传输能力强、保密性好、抗干扰能力强等优点。人们对通信业务的需求越来越高,光纤接入网能满足用户对各种业务的需求,除了打电话、看电视以外,还希望有高速计算机通信、家庭购物、家庭银行、远程教学、视频点播(VOD)以及高清晰度电视(HDTV)等。这些业务用铜线或双绞线是比较难实现的。但是,与其他接入网技术相比,光纤接入网也存在一定的劣势,其成本较高,尤其是光节点离用户越近,每个用户分摊的接入设备成本就越高。另外,与无线接入网相比,光纤接入网还需要管道资源。这也是很多新兴运营商看好光纤接入技术,但又不得不选择无线接入技术的原因。

6.3 局 域 网

6.3.1 局域网的组建

在 Windows 7 中,用户可以通过局域网实现资料共享和信息的交流。局域网按照其规模可以分为大型局域网、中型局域网和小型局域网。一般来说,大型局域网是区域较大,包括多个建筑物,结构、功能都比较复杂的网络,如校园网;小型局域网指占地空间小、规模小、建网经费少的计算机网络,常用于办公室、多媒体教室、家庭等;中型局域网介于二者之间,如涵盖一栋办公大楼的局域网。下面介绍小型对等局域网的组建过程,如图 6.15 所示。

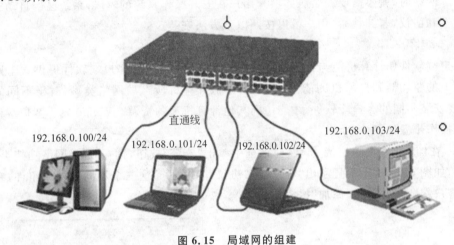

图 6.15 局域网的组建

1. 安装网络硬件

1) 安装网络适配器

网络适配器即网卡,安装网络适配器的操作步骤如下。

(1) 关闭计算机及其外部设备电源,将网卡插入主板的插槽中,对于便携式计算机,只要把 PC 卡插入到 PC 插槽即可。

(2) 启动计算机,系统提示"发现了新硬件",并提示安装网卡的驱动程序,按照提示向导完成操作。

(3) 右击选择"计算机"→选中"属性"→打开左侧窗口的"设备管理器"。

(4) 在"设备管理器"窗口中查看"网络适配器",可看到已安装好的网卡型号,表示网卡已经安装好。如果"网络适配器"不可见或者在前面显示有黄色惊叹号,表示该网卡没有安装好或存在故障,需要重新安装或者更换新网卡。

2）联网布线

网络布线可以视具体情况而定，对于普通用户而言，几台计算机摆放比较近，只需将网线沿着墙边地面布置就行了，必要时采用护线板夹。

为了使网卡与集线器相连接，网线的两端各有一个 RJ-45 的水晶头（与电话线相似），将网线一头插入网卡的 RJ-45 接口，另一头插入集线器。

3）安装集线器

"Hub"是"中心"的意思，集线器（Hub）是局域网中用于网络连接的专用设备，其作用是把各个计算机网卡上的双绞线集中连接起来。如图 6.16 所示，集线器有多个接口，每个接口可以连接一台计算机或者其他网络设备。

2. 安装网络组件

用户要与网络上的其他计算机组建对等网络，除安装网络适配器的驱动程序外，还需要安装所需的网络组件。在 Windows 7 中，网络组件主要包括客户端、协议和服务。其中，客户端和协议是组建网络时必须要安装的，而服务则是根据用户的网络类型而定，当创建对等网络时，就不需要安装服务项。用户在安装操作系统的时候，系统已经自动安装好客户端和协议，若卸载后，用户可以按照以下方法安装。

1）安装客户端

客户端软件使计算机能与特定的网络操作系统通信，网络客户端软件提供共享网络服务器上的驱动器和打印机的能力，它可以标识计算机所在的网络类型，对于不同的网络，需要安装不同的客户端软件，才能访问其他计算机上的资源。Windows 7 客户端程序安装的操作步骤如下。

（1）在图 6.13"本地连接 属性"对话框中单击"安装"按钮，打开"选择网络功能类型"对话框，如图 6.17 所示会显示出"客户端""协议"和"服务"这三个不同的网络组件，在此选择"客户端"项，并单击"添加"按钮。

图 6.16　集线器

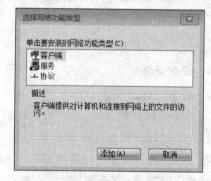

图 6.17　"选择网络功能类型"对话框

（2）选择要安装的网络客户端。如果要安装其他类型的客户端软件，请将光盘插入相应的驱动，然后单击"从磁盘安装"按钮。

2）安装协议

协议是计算机在网络上对话的语言。要使计算机能够相互通信，就必须在双方的计算机中安装相同的协议。目前,互联网采用的协议是 TCP/IP,在安装操作系统时,TCP/IP 已经被自动安装。如果要安装其他的网络协议,其安装方法与安装客户端的方法一样,在此不再叙述。

3) 配置 TCP/IP

TCP/IP 是 Internet 最重要的通信协议,它提供了远程登录、文件传输、电子邮件和 WWW 等网络服务。

在前面介绍的"Internet 协议版本 4(TCP/IPv4)属性"对话框中,用户可以设置 IP 地址、子网掩码、默认网关等。在局域网中,IP 地址一般是 192.168.0.×,×可以是 1~255 的任意数字,但在局域网中每一台计算机的 IP 地址应是唯一的。局域网中子网掩码一般设置为 255.255.255.0。如果本地计算机需要通过其他计算机访问 Internet,需要将"默认网关"设置为代理服务器的 IP 地址。

4) 安装服务

服务是网络提供的使用功能程序,如文件和打印机共享服务等。网络没有安装服务也可以很好地工作,只是网络内的计算机不能共享像硬盘、文件夹或打印机等资源。如果用户不想共享资源,可以不安装服务。在建立基于 Windows 7 操作系统的对等网时,需要"Microsoft 网络的文件和打印机共享"服务。该服务可以通过"网络安装向导"自动安装。如果用户自己安装该服务或者其他服务,安装方法同安装客户端的方法。

5) 标识计算机名和工作组名

工作组是指网络上的计算机数量比较多,为了方便管理,将登录到其中的计算机分为若干个组,就像文件夹和子文件夹组织文件的方式一样。局域网中的计算机应同属于一个工作组,才能相互访问,默认的工作组为 WORKGROUP。

(1) 右键单击"计算机"→选中"属性"→打开"更改设置",打开"系统属性"对话框,如图 6.18 所示。

图 6.18 "系统属性"对话框

（2）单击"更改"按钮，打开"计算机名/域更改"对话框。在"隶属于"选项组中单击"工作组"选项，并在下面的文本框中输入工作组的名称，最后单击"确定"按钮完成对计算机的标识。然后按照同样的方法设置局域网中的每一台计算机，如图 6.19 所示。

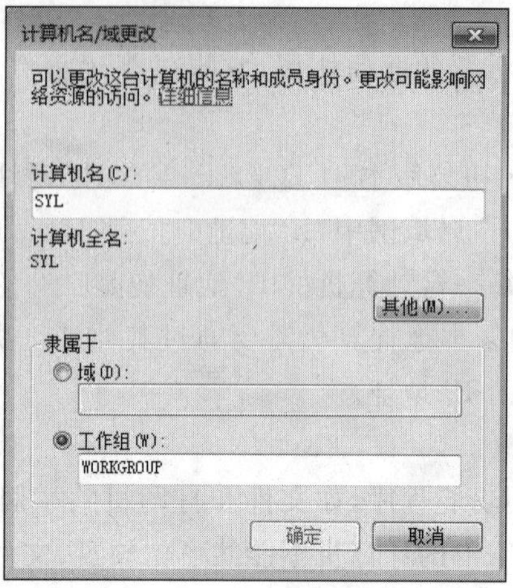

图 6.19 "计算机名/域更改"对话框

3. 测试网络连接

网络属性配置完成后或者发现网络连接有问题时，用户可以使用 ping 命令来检测网络。

1）测试本机网卡的连接

命令格式：ping 本机 IP 地址

在配置网络之后，单击"开始"菜单→"运行"命令，输入"cmd"命令后确定，在弹出的命令提示符窗口中输入：ping 本机 IP 地址。

例如，本机的 IP 地址为 192.168.252.88，则输入"ping 192.168.252.88"，回车，如显示中有"来自 192.168.252.88 的回复：字节＝32 时间＜1ms TTL＝64"的字样，便为正确安装，如图 6.20 所示。

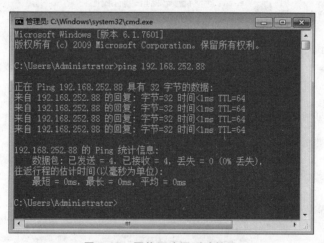

图 6.20 网络已连通测试结果

若显示传输失败,则表明网卡安装或者配置有问题。出现问题时,用户可断开网络电缆,然后在局域网内的其他用户重新发送该命令,若显示正确,则表示另一台计算机可能设置了相同的 IP 地址,如图 6.21 所示。

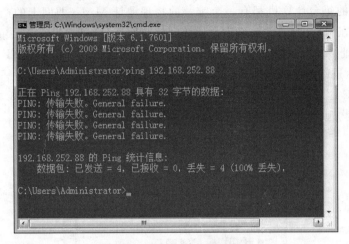

图 6.21 网络未连通测试结果

2)测试本组计算机的连通

命令格式:ping 局域网内其他 IP

收到回送应答表明局域网内的网络连通,若收到 0 个回送应答,那么表示网络连接有问题。

4. 查看工作组计算机

网络连通后,即可查看工作组计算机。打开系统图标"网络"即可查看到同一个组内的计算机,如图 6.22 所示。其中,"SYL"即为本机。

图 6.22 查看工作组计算机

6.3.2　物理地址

连入网络的每台计算机都有一个唯一的物理地址 MAC(即网卡的产品编号),这个物理地址存储在网卡中,通常被称为介质访问控制地址(Media Access Control address),简称 MAC 地址。MAC 地址长度一般是 48 位二进制位,由 12 个 00~FF 的十六进制数组成,每个十六进制数之间用"-"隔开,例如"00-17-31-A2-48-72"。

查询 MAC 地址的方法同查询 IP 地址的方法相同,具体操作参见 6.2.2 节。例如,查询出本机的物理地址为:B8-88-E3-35-85-12,如图 6.23 所示。

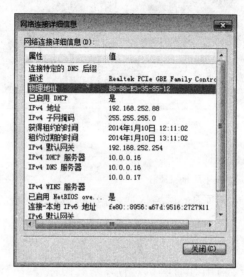

图 6.23　MAC 地址

6.3.3　文件共享与使用

建立局域网的主要目的,就是实现资源共享,在 Windows 7 局域网中,计算机中的每一个软、硬件资源都被称为网络资源,用户可以将软、硬件资源共享,被共享的资源可以被网络中的其他计算机访问。

1. 共享文件夹与磁盘驱动器

(1)右键单击需要共享的文件夹,选中"属性"命令,打开文件属性对话框。

(2)选择"共享"选项卡,如图 6.24 所示。单击"共享"按钮。

(3)然后自动弹出来一个页面,里面有很多的用户,有读取/写入、所有者,如图 6.25 所示。

(4)在图 6.25 的对话框中单击"共享"按钮,出现如图 6.26 所示对话框,单击"完成"按钮即可。

共享磁盘驱动器的方法同共享文件夹的方法一样,选中要共享的磁盘驱动器,按照以上方法设置即可。

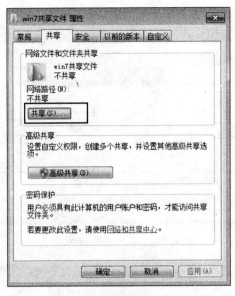

图 6.24 "文件属性"对话框

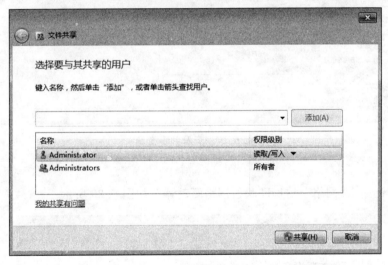

图 6.25 "文件共享"对话框 1

2. 通过"网络"查看共享文件

"网络"主要是用来进行网络管理的,用户可以通过"网络"查看本机已共享的资源,也可以使用其他计算机共享的网络资源。查看本机已共享的文件夹的方法如下。

双击"网络",将显示网络上的计算机,双击要访问的计算机。例如,用户要查看本机共享的资源,打开名字为"SYL"的计算机即可,如图 6.27 所示。

3. 映射网络驱动器

如果用户经常使用某台计算机的共享驱动器或文件夹,可以将它映射成网络驱动器,这样用户就可以像使用本地驱动器一样使用它了。共享文件夹映射网络驱动器的操作步

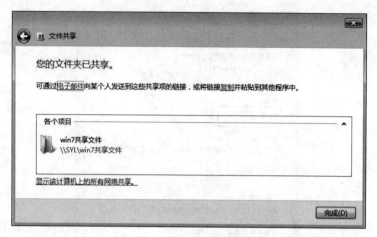

图 6.26 "文件共享"对话框 2

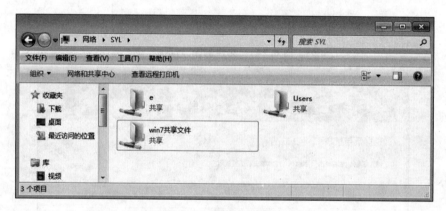

图 6.27 查看共享资源

骤如下。

(1) 右键单击"网络"→打开"映射网络驱动器",如图 6.28 所示。

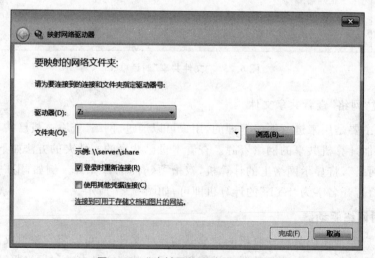

图 6.28 "映射网络驱动器"对话框

（2）在"驱动器"下拉列表框中输入驱动器符（例如：Z：）。

（3）在"文件夹"下拉列表框中输入共享的文件夹路径，格式为：\\计算机名\共享名（例如：\\SYL\win7 共享文件）。

（4）如图 6.29 所示的"网络驱动器"，用户可以像使用本地驱动器一样访问映射网络驱动器。若想断开连接的网络驱动器，右击该网络驱动器，选中"断开"命令即可。

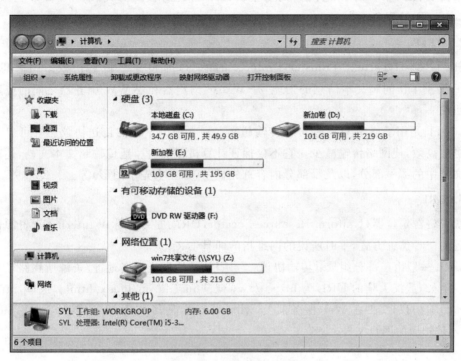

图 6.29 创建网络驱动器

6.4 Internet 应用

6.4.1 万维网

1. WWW 概述

WWW 是 World Wide Web 的简称，也称为 Web、3W 等。WWW 是基于客户机/服务器方式的信息发现技术和超文本技术的综合。WWW 服务器通过超文本标记语言（HTML）把信息组织成为图文并茂的超文本，利用链接从一个站点跳到另一个站点。这样一来彻底摆脱了以前查询工具只能按特定路径一步步地查找信息的限制。

超文本（Hypertext）是由一个叫作网页浏览器（Web Browser）的程序显示。网页浏览器从网页服务器取回称为"文档"或"网页"的信息并显示，通常显示在计算机显示器上。

人们可以跟随网页上的超链接(Hyperlink),再取回文件,甚至也可以送出数据给服务器。顺着超链接走的行为又叫浏览网页。相关的数据通常排成一群网页,又叫网站。

万维网常被当成因特网的同义词,但万维网与因特网有着本质的差别。因特网(Internet)指的是一个硬件的网络,全球的所有计算机通过网络连接后便形成了因特网。而万维网更倾向于一种浏览网页的功能。万维网的内核部分是由三个标准构成的:URL,HTTP,HTML。

2. HTTP

HTTP 是 Hypertext Transfer Protocol 的缩写,即超文本传输协议。顾名思义,HTTP 提供了访问超文本信息的功能,是 WWW 浏览器和 WWW 服务器之间的应用层通信协议。

HTTP 是用于从 WWW 服务器传输超文本到本地浏览器的传送协议。它可以使浏览器更加高效,使网络传输减少。它不仅保证计算机正确快速地传输超文本文档,还确定传输文档中的哪一部分,以及哪部分内容首先显示(如文本先于图形)等。

3. URL

统一资源定位器(Uniform Resource Locator,URL)是专为标识 Internet 上资源位置而设置的一种编址方式,平时所说的网址指的即是 URL。

URL 一般由三部分组成:传输协议://主机 IP 地址或域名地址/资源所在路径和文件名。例如,武汉大学的 URL 为 http://www.whu.edu.cn/index.html。这里,http 指超文本传输协议,文件在 Web 服务器上,whu.edu.cn 是其 Web 服务器域名地址,index.html 才是相应的网页文件。

6.4.2 使用 IE 浏览器

Internet Explorer 浏览器,通常叫作 IE。它是 Microsoft 公司设计开发的一个功能强大、很受欢迎的 Web 浏览器。使用 IE 浏览器,用户可以将计算机连接到 Internet,从 Web 服务器上搜索需要的信息,浏览 Web 网页,收发电子邮件,下载资料等。

1. 浏览网页

在 IE 浏览器的地址栏中直接输入网址。可使用"后退""前进""主页"等按钮实现返回前页、转入后页、返回主页。

2. 保存网页

单击"文件"菜单→"另存为"选项→输入要保存文件的文件名。

可以使用以下四种文件类型保存网页信息。

(1) Web 页,全部:保存页面 HTML 文件和所有超文本信息。

(2) Web 页,仅 HTML:只保存页面的文字内容,存为一个扩展名为 htm 的文件。

(3) 文本文件:将页面的文字内容保存为一个文本文件。

(4) Web 电子邮件档案:把当前页的全部信息保存在一个 MIME 编码文件中。

3. 保存 Web 页面的图片

将光标移到一幅图片上,单击鼠标右键,选择"图片另存为",再选择图片的存放路径,并输入保存的文件名,即可保存 Web 页面上的图片。

4. 设置主页地址

把经常浏览的页面设为每次浏览器启动时自动连接的网址,具体方法如下:单击"工具"菜单→"Internet 选项"→"常规"选项卡→在"主页"中输入选定的网址,如图 6.30所示。

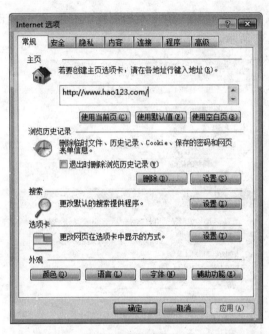

图 6.30　设置主页地址

5. 使用历史记录浏览

通过查询历史记录也可找到曾经访问过的网页。用户输入过的 URL 地址将保存在历史列表中,历史记录中存储了已经打开过的 Web 页的详细资料。在工具栏上,单击"查看"→"浏览记录栏"→"历史记录",窗口左边将出现历史记录栏,其中列出用户最近几天或几星期内访问过的网页和站点的链接。

6. 把网址添加到收藏夹

收藏用户感兴趣的站点,只要在访问该页的时候,单击"收藏夹"→"添加到收藏夹"选项,待下次连接 Internet 以后,单击"收藏夹"按钮打开收藏夹就可以在收藏夹中查找自己要访问的站点名字,如图 6.31 所示。

7. 限制浏览有害的网页和网站

用户可以将不信任的站点添加到受限站点区域,这些站点的安全设置一般最高,具体操作方法如下:单击"工具"→"Internet 选项"→"安全"→"受限制的站点"→"站点"→在

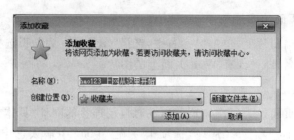

图 6.31 添加收藏夹

"将该网站添加到区域中"下面的栏中填入不想浏览的网址,然后单击"添加"按钮,最后应用,确定退出,如图 6.32 所示。

图 6.32 添加受限制站点

8. 清除浏览痕迹

单击"工具"→"删除浏览的历史记录",可以删除浏览痕迹。

9. 设置安全特性

单击"工具"→"Internet 选项"→"安全"选项卡→"Internet"图标,然后执行下列操作之一。

(1)若要更改单个安全设置,请单击"自定义级别"。根据需要更改设置,完成后单击"确定"按钮。

(2)若要将 Internet Explorer 重新设置为默认安全级别,请单击"默认级别"。完成更改后,单击"确定"按钮返回,如图 6.33 所示。

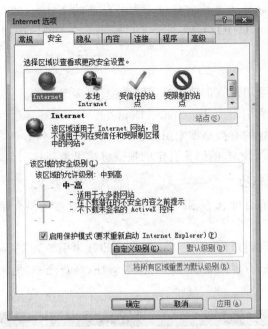

图 6.33　设置安全特性

10. 对当前的网页用繁体中文进行查看

单击"查看"菜单→"编码"→"编码"→"其他",选择"繁体中文"即可。

6.4.3　搜索引擎

搜索引擎(Search Engine)是指自动从因特网收集信息,经过一定的整理以后,提供给用户进行查询的系统。它像一本书的目录,Internet 各个站点的网址就像是页码,可以通过关键词或主题分类的方式来查找感兴趣的信息所在的 Web 页面。

1. 搜索引擎工作方式

搜索引擎按其工作方式主要可分为三种,分别是全文搜索引擎(Full Text Search Engine)、目录索引类搜索引擎(Search Index/Directory)和元搜索引擎(Meta Search Engine)。

1) 全文搜索引擎

全文搜索引擎是名副其实的搜索引擎,国外具代表性的有 Google(谷歌)等,国内著名的有百度(Baidu)。它们都是通过从互联网上提取各个网站的信息(以网页文字为主)而建立的数据库,检索与用户查询条件匹配的相关记录,然后按一定的排列顺序将结果返回给用户,因此它们是真正的搜索引擎。

2) 目录索引类搜索引擎

目录索引虽然有搜索功能,但在严格意义上算不上是真正的搜索引擎,仅仅是按目录分类的网站链接列表。用户完全可以不用进行关键词查询,仅靠分类目录也可找到需要的信息。目录索引中最具代表性的莫过于大名鼎鼎的 Yahoo(雅虎)。其他著名的还有 Open Directory Project(DMOZ)、LookSmart、About 等。国内的搜狐、新浪、网易搜索也都属于这一类。

3) 元搜索引擎

元搜索引擎在接受用户查询请求时,同时在其他多个引擎上进行搜索,并将结果返回给用户。著名的元搜索引擎有 InfoSpace、Dogpile、Vivisimo 等(元搜索引擎列表),中文元搜索引擎中具代表性的有搜星搜索引擎。在搜索结果排列方面,有的直接按来源引擎排列搜索结果,如 Dogpile,有的则按自定的规则将结果重新排列组合,如 Vivisimo。

2. 常用搜索引擎技巧

常用的搜索引擎有百度、Google、雅虎等。下面以百度为例介绍如何使用搜索引擎快速搜索想要的信息。

百度是目前国内做得最好的、使用范围最广的搜索引擎,总量超过 3 亿页以上,并且还在保持快速的增长。百度搜索引擎具有高准确性、高查全率、更新快以及服务稳定的特点,如图 6.34 所示。

图 6.34 百度搜索引擎

1) 使用逻辑运算符搜索

(1) 以空格表示逻辑"与"

在百度查询时不需要使用符号"AND"或"+",百度会在多个以空格隔开的词语之间自动添加"+"。

(2) 以"-"表示逻辑"非"

百度支持"-"功能,用于有目的地删除某些无关网页,如果要避免搜索某个词语,可以在这个词前面加上一个减号("-",英文字符)。但在减号之前必须留一空格。

例如"数字图书馆-英国",如图 6.35 所示。

图 6.35　逻辑非"-"的使用

（3）以"|"表示逻辑"或"

可以使用"A|B"来搜索"包含词语 A 或者词语 B"的网页，如"毛泽东|毛主席。"

2）精确匹配——双引号和书名号

（1）双引号

如果输入的查询词很长，百度在经过分析后，给出的搜索结果中的查询词可能是经过拆分的，给查询词加上双引号，就可以达到这种效果。

例如，在百度中输入"中国地质大学江城学院"，会出现中国地质大学江城学院、中国地质大学（武汉）、中国地质大学长城学院等信息。若加上双引号后，获得的结果就全是符合要求的了。

（2）书名号

书名号是百度独有的一个特殊查询语法。加上书名号的查询词，有两个特殊功能：一是书名号会出现在搜索结果中；二是被书名号括起来的内容，不会被拆分。

例如，查电影"手机"，如果不加书名号，很多情况下出来的是通信工具——手机，而加上书名号后，"《手机》"的结果就都是关于电影方面的了，如图 6.36 所示。

图 6.36　百度中书名号的使用

341

3）专业文档搜索

百度支持对 Office 文档（包括 Word、Excel、PowerPoint）、Adobe PDF 文档、RTF 文档进行全文搜索。要搜索这类文档，应在普通的查询词后面加一个"Filetype："。"Filetype："后可以跟以下文件格式：DOC、XLS、PPT、PDF、RTF、ALL。其中，ALL 表示搜索所有文件类型。

例如，查找关于物联网技术的课件，格式为：物联网技术 filetype：ppt，如图 6.37 所示。

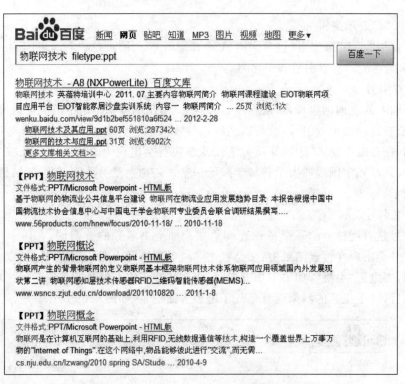

图 6.37   百度专业文档搜索

6.4.4   收发电子邮件

电子邮件 E-mail 是 Internet 上使用最广泛的服务之一，是一种 Internet 用户之间快捷、简便、廉价的现代通信手段。

电子邮件发送的信件内容除普通文字内容外，还可以是软件、数据，甚至是录音、动画、视频等各类多媒体信息。

电子邮件收发方便，高效可靠，与电话通信或邮政信件发送不同，发件人可以在任意时间、任意地点通过发送服务器（SMTP）发送 E-mail，收件人通过当地的接收邮件服务器（POP3）收取邮件。

1. 电子邮件服务概述

1) 电子邮件的地址

E-mail 像普通的邮件一样,也需要地址,它与普通邮件的区别在于它是电子地址。所有在 Internet 之上有信箱的用户都有自己的一个或几个 E-mail 地址,并且这些 E-mail 地址都是唯一的。邮件服务器就是根据这些地址,将每封电子邮件传送到各个用户的信箱中,E-mail 地址就是用户的信箱地址。就像普通邮件一样,能否收到 E-mail,取决于是否取得了正确的电子邮件地址。

电子邮件地址的格式:用户名@邮件服务器域名。

例如:wuhan@163.com,其中,wuhan 是用户名,163.com 是网易邮箱的服务器地址,中间用一个表示"在"(at)的符号"@"分开。

2) POP 和 SMTP 服务器

POP (Post Office Protocol,邮局协议)是一种允许用户从邮件服务器收发邮件的协议,POP 服务器是接收邮件的服务器。

SMTP(Simple Mail Transport Protocol,简单邮件传输协议)是因特网上提供发送邮件的协议。SMTP 服务器是发送邮件的服务器。

POP 和 SMTP 是提供电子邮件服务的公司为用户收发 E-mail 所指定的服务器名。用户取 E-mail 要经过 POP 服务器,它好比收信的信箱,自己的来信都存放于此;发信时要经过 SMTP 服务器,它好比邮局的邮筒,把信扔进去后,邮局定时将它们发出。使用具有 POP 和 SMTP 功能的电子邮件系统,用户可以很方便地收发邮件,而不需要频繁访问提供商主页。一般的发信软件,如 Outlook Express、Outlook 2003、Foxmail 都是使用这个协议进行发信的。

2. 申请和使用电子邮件

1) 使用网页收发电子邮件

电子邮箱有免费和收费两类。通常个人用户会申请免费邮箱,新浪、163、搜狐、Gmail、Hotmail 都提供免费邮箱的申请。

例如,申请 163 免费邮箱,进入 www.163.com,单击"立即注册",按要求一步步填写相关资料即可,如图 6.38 所示。

2) 使用 Outlook Express 收发邮件

Outlook Express 是 Microsoft 自带的一种电子邮件,简称为 OE,是微软公司出品的一款电子邮件客户端,也是使用得最广泛的一种电子邮件收发软件。对个人来说,如果没有量多并且相对复杂的电子邮件收发操作,可以直接在邮局网站进行。而对于企业用户,需要采用专门的电子邮件收发软件,由于此类软件功能相对强大,方便对邮件的管理和收发操作。

下面以中文版 Outlook Express 6 为例介绍 Outlook Express 邮件客户端的设置方法,Outlook Express 工作界面如图 6.39 所示。

(1) 设置账号

用户从 Internet 服务提供商得到邮箱地址,就要设置电子邮件的发送和接收服务,这是通过在 Outlook Express 里添加账号完成的。步骤如下。

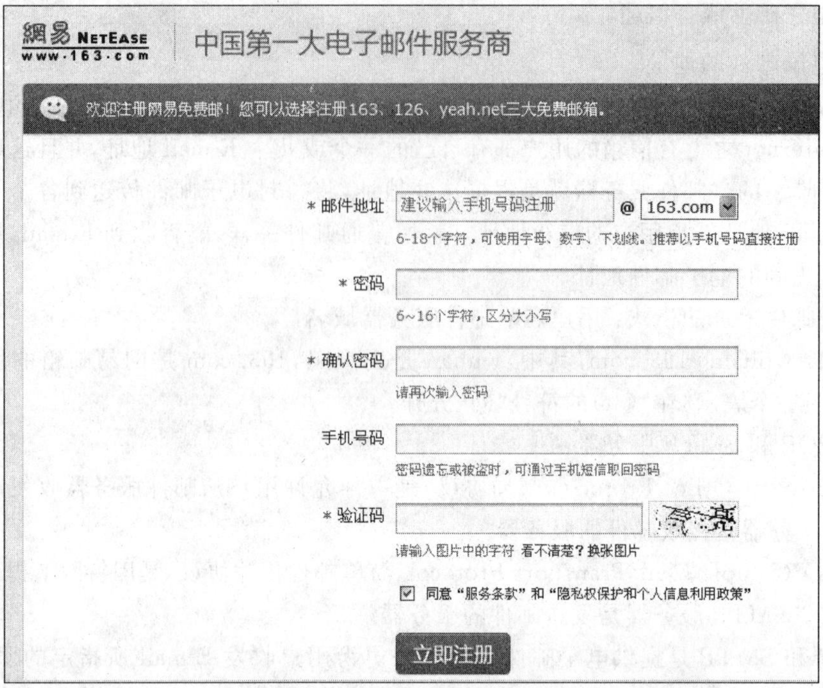

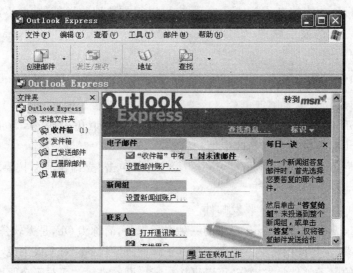

图 6.38　申请免费的电子邮箱

图 6.39　Outlook Express 界面

　　① 启动 Outlook Express 程序→"工具"菜单→选中"账户"子项→弹出"Internet 账户"对话框,"Internet 账户"对话框如图 6.40 所示。

　　② 选择"添加"按钮/"邮件"选项|弹出"Internet 连接向导"对话框,在"Internet 电子邮件地址"对话框中输入邮箱地址,如"tiaotiao@163.com",如图 6.41 所示,再单击"下一步"按钮。

图 6.40 "邮件账户配置"对话框(一)

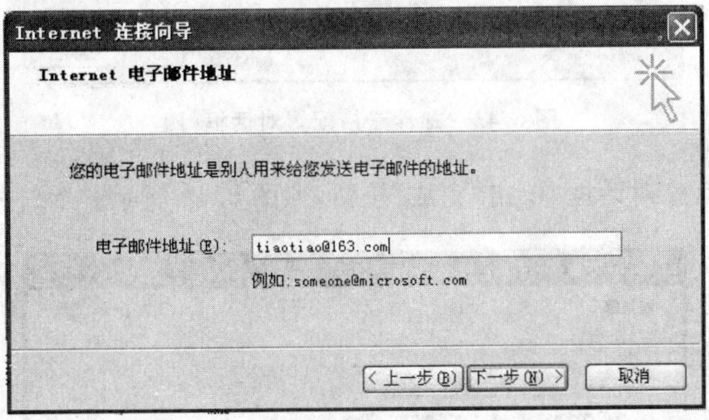

图 6.41 "邮件账户配置"对话框(二)

③ 弹出用于设置电子邮件服务器的对话框,在"接收邮件(POP3、IMAP 或 HTTP)服务器"文本框中输入"pop. 163. com"。在"发送邮件服务器(SMTP)"文本框中输入"smtp. 163. com",然后单击"下一步"按钮,如图 6.42 所示。

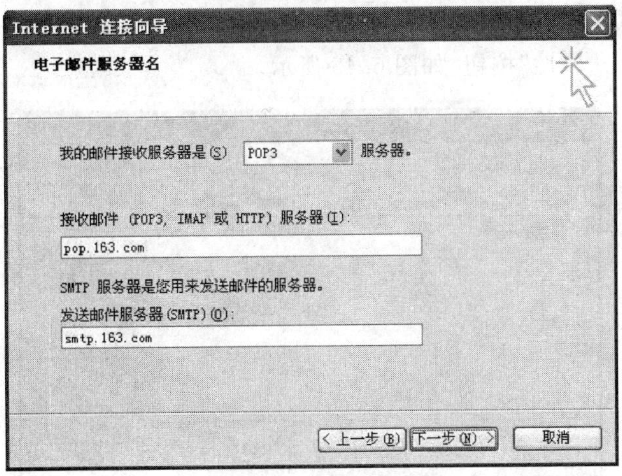

图 6.42 "邮件账户配置"对话框(三)

④ 弹出用于设置账户名和密码的对话框,在"账户名"文本框中输入 163 免费邮用户名(仅输入@ 前面的部分)。在"密码"文本框中输入邮箱密码,然后单击"下一步"按钮,如图 6.43 所示。

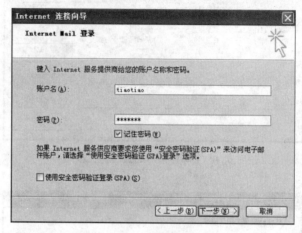

图 6.43　邮件账户配置对话框(四)

⑤ 弹出提示信息对话框,单击"完成"按钮,如图 6.44 所示。

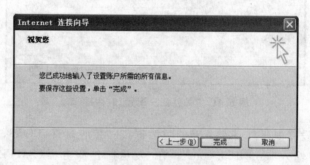

图 6.44　OE 配置完成

⑥ 弹出"pop.163.com"属性对话框,在 Internet 账户中,选择"邮件"选项卡,选中刚才设置的账户,单击"属性"按钮,如图 6.45 所示。

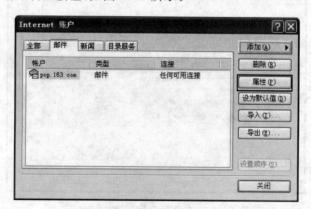

图 6.45　账户配置

⑦ 在属性设置对话框中,选择"服务器"选项卡,勾选"我的服务器需要身份验证"复选框,再确定,如图 6.46 所示。

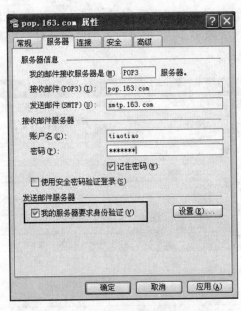

图 6.46　邮件服务器配置

⑧ 如需在邮箱中保留邮件备份,单击"高级"标签,勾选"在服务器上保留邮件副本"复选框(这里勾选的作用是:客户端上收到的邮件会同时备份在邮箱中),此时下边设置细则的复选项由禁止(灰色)变为可选(黑色),如图 6.47 所示。

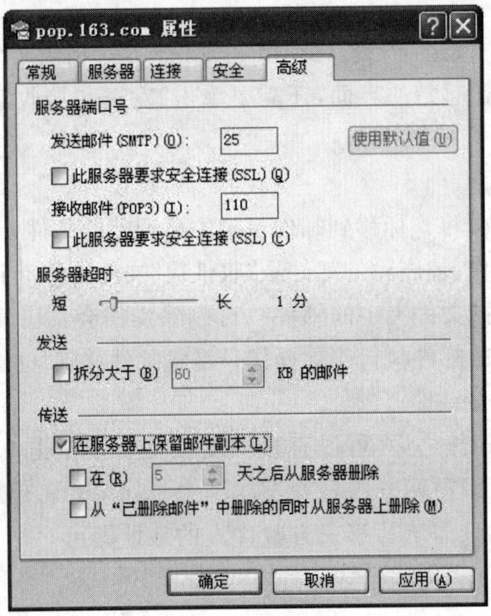

图 6.47　高级配置

（2）发送邮件

① 建立新邮件：在工具栏中单击"创建邮件"→输入收件人的电子邮件地址→输入抄送人地址→输入邮件的主题→在正文框中输入邮件内容，如图 6.48 所示。

抄送是指把邮件一次发给多个人，把接收人的邮箱地址一次写在抄送栏中，不同的电子邮件地址用逗号或分号隔开。

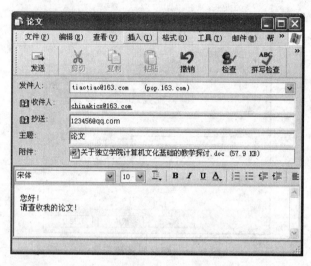

图 6.48 发邮件窗口

② 添加附件：如果有附件，则单击工具栏中回形针状的图标，或打开"插入"菜单选中"附件"子项→浏览并选择附件文档→单击"附加"按钮，附件文档就会自动粘贴到"内容"下面。

③ 发送邮件：单击"发送"按钮。此处的"发送"实际相当于对以上操作的确认，邮件存在"发件箱"里。待回到起始的界面，还需要单击"发送和接收"图标，Internet 才真正开始发送出去。

（3）删除邮件

单击"收件箱"文件夹，将光标移到邮件目录中要删除的邮件上，单击工具栏上的"删除"按钮，对邮件进行删除操作，被删除的邮件从"收件箱"文件夹移动到"已删除文件夹"。需要注意的是，对"已删除邮件"文件夹中的邮件执行删除操作会真正使邮件从用户的计算机中删除，而对其他文件夹下的邮件执行删除操作只是将邮件移到"已删除邮件"文件夹中。

（4）回复和转发

打开收件箱阅读完邮件之后，可以直接回复发信人。单击 Outlook 主窗口工具栏中的"回复作者"按钮，即可撰写回复内容并发送出去。如果要将信件转给第三方，单击工具栏中的"转发邮件"按钮，只需填写第三方收件人的地址即可。

6.4.5　文件下载

计算机和网络中有很多种不同类型的文件。从使用目的来分，可分为可执行文件和数据文件两大类。

可执行文件：它的内容主要是一条一条可以被计算机理解和执行的指令，它可以让计算机完成各种复杂的任务，这种文件主要是一些应用软件，通常以 EXE 作为文件的扩展名，例如 QQ.EXE。

数据文件：包含的是可以被计算机加工处理展示的各种数字化信息，比如输入的文本、制作的表格、描绘的图形、录制的音乐、采集的视频等，常见的类型有 DOC、HTML、PDF、TXT、JPG、SWF、RM、RAM 等。其中，后三种比较特殊，是目前广受欢迎的边下载边播放的"流媒体"文件，既可以在线播放也可以下载后离线播放。

另外，在日常管理计算机文件的过程中，为了减少文件占用的磁盘空间，或者提高文件在网络中的下载速度，往往会对一些文件利用工具进行压缩，把文件压得很小。比较典型的压缩文件类型有 ZIP 和 RAR 文件。

1. 直接下载

直接下载有两种方式：①鼠标右击下载目标，选择"目标另存为.."；②直接用鼠标左键单击下载地址，IE 浏览器将弹出"文件下载"对话框，如图 6.49 所示。

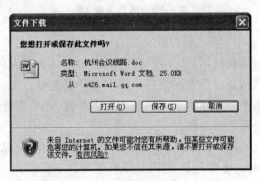

图 6.49　IE 浏览器中"文件下载"对话框

2. 使用下载工具下载

下载工具是一种可以更快地从网上下载文本、图像、图像、视频、音频、动画等信息资源的软件。

用下载工具下载之所以快是因为它们采用了"多点连接（分段下载）"技术，充分利用了网络上的多余带宽；采用"断点续传"技术，随时接续上次中止部位继续下载，有效避免了重复劳动。这大大节省了下载者的连线下载时间。

目前主流的文件下载方式是利用下载工具软件进行下载。其特点是：支持多线程、断点续传。网络上主流的下载工具有：迅雷、网际快车、QQ 旋风等。下面介绍使用最广泛的下载工具——迅雷。

迅雷是迅雷公司开发的互联网下载软件，如图 6.50 所示。它是一款基于多资源超线程技术的下载软件，作为"宽带时期的下载工具"，迅雷针对宽带用户做了优化，并同时推出了"智能下载"的服务。

迅雷是一个下载软件，本身不支持上传资源，只提供下载和自主上传。迅雷下载过的

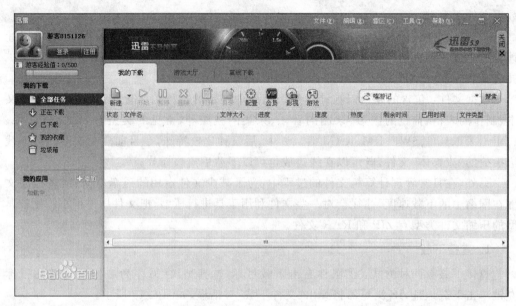

图 6.50   迅雷下载工具

相关资源,都有所记录。

迅雷利用多资源超线程技术,基于网格原理,能将网络上存在的服务器和计算机资源进行整合,构成迅雷网络,通过迅雷网络各种数据文件都能够传递。

多资源超线程技术还具有互联网下载负载均衡功能,在不降低用户体验的前提下,迅雷网络可以对服务器资源进行均衡。

注册并用迅雷 ID 登录后可享受到更快的下载速度,拥有非会员特权(例如,高速通道流量的多少、宽带大小等),迅雷还拥有 P2P 下载等特殊下载模式。

迅雷的缺点:①比较占内存,迅雷配置中的"磁盘缓存"设置的越大(自然也就更好地保护了磁盘),占的内存就会越大;②广告太多,迅雷 7 之后的版本更加严重,广告一度让一些用户停止了对迅雷 7 的使用,倒回来用迅雷 5 的较稳定版本。

【动手实践】

(1)查看本机的计算机名、IP 地址、MAC 地址。

(2)测试本机网络连接状态、测试局域网内其他计算机的网络连接状态。

(3)查看同一个工作组内的计算机。

(4)在本地磁盘 D 盘新建一个文件夹,然后共享此文件。再在局域网内的其他计算机上去查看该文件。

(5)将局域网内的某台机器上的共享资源映射为本机网络驱动器。

习　　题

一、选择题

1. Internet 是(　　)时间出现的。

　　A. 1980 年前后　　　B. 1970 年前后　　　C. 1989 年　　　D. 1991 年

2. 计算机网络分为广域网、城域网、局域网,其主要是依据网络的(　　)划分。

　　A. 拓扑结构　　　B. 控制方式　　　C. 作用范围　　　D. 传输介质

3. 在计算机网络术语中,MAN 的中文意思是(　　)。

　　A. 城域网　　　B. 广域网　　　C. 互联网　　　D. 因特网城域网

4. 如果要将一个建筑物中的几个办公室进行联网,一般应采用(　　)技术方案。

　　A. 互联网　　　B. 局域网　　　C. 城域网　　　D. 广域网

5. 网络的基本拓扑结构有哪几种?(　　)

　　A. 总线型、环状、星状　　　　　　B. 总线型、星状、对等型

　　C. 总线型、主从型、对等型　　　　D. 总线型、环状、星状

6. IPv4 地址用(　　)个十进制数点分法表示。

　　A. 3　　　　　　　　　　　　　B. 2

　　C. 4　　　　　　　　　　　　　D. 不能用十进制数表示

7. 网络协议是(　　)。

　　A. 数据转换的一种格式

　　B. 计算机与计算机之间进行通信的一种约定

　　C. 调制解调器和电话线之间通信的一种约定

　　D. 网络安装规程

8. 从 www. Pkonline. edu. cn 可以看出,它是中国(　　)的站点。

　　A. 政府部门　　　B. 工商部门　　　C. 军事部门　　　D. 教育部门

9. 电子邮件地址的一般格式为(　　)。

　　A. IP 地址@域名　　B. 域名@IP 地址　　C. 用户名@域名　　D. 域名@用户名

10. 统一资源定位器的英文缩写是(　　)。

　　A. UPS　　　B. URL　　　C. ULR　　　D. USB

11. 常用的有线传输介质是双绞线、同轴电缆和(　　)。

　　A. 光缆　　　B. 激光　　　C. 微波　　　D. 红外线

12. 星状结构网络的特点是(　　)。

　　A. 所有节点均通过独立的线路连接到一个中心交汇节点上

　　B. 其连接线构成星状

　　C. 每一台计算机都直接相互连通

　　D. 是彼此互连的分层结构

13. Internet 是哪种类型的网络？（　　　）

  A. 城域网   B. 广域网   C. 企业网   D. 局域网

14. 计算机网络最突出的优点是哪个？（　　　）

  A. 存储容量大 B. 资源共享 C. 运算速度快 D. 运算精度高

15. 网络适配器通常在计算机的扩展槽中，又被称为什么？（　　　）

  A. 网卡   B. 调制解调器 C. 网桥   D. 网点

二、填空题

1. 计算机网络是将若干地理位置不同的并具有独立功能的计算机系统及其他智能外设，通过高速通信线路连接起来，在网络软件的支持下实现（　　　）共享和（　　　）交换的系统。

2. 局域网的英文缩写是（　　　）。

3. WWW 的中文名称是（　　　）。

4. 在 Internet 中网络通信协议是（　　　）

5. 根据 TCP/IP 的规定，IP 地址由（　　　）个字节的二进制数字构成。

6. 顶级域名由 Internet 统一规定，我国的顶级域名为（　　　）。

7. "网络通信协议"即（　　　）。

8. URL 由（　　　）、（　　　）和（　　　）三部分组成。

9. MAC 地址长度一般是（　　　）位二进制位。

10. 计算机网络按照工作模式可分为（　　　）和（　　　）。

三、简答题

1. 计算机网络按距离分为哪几类？

2. 什么是计算机网络拓扑结构？常见的局域网拓扑有哪几种？每一种有何特点？

3. 如何查看 MAC 地址与 IP 地址？

4. 什么是 POP3 和 SMTP 服务器？

5. 简述在局域网内如何共享和访问网络资源？

参 考 文 献

[1] 周利民,刘虚心.计算机应用基础(Windows 7+Office 2010)[M].天津:南开大学出版社,2013.

[2] 郑德庆.计算机应用基础(Windows 7+Office 2010)[M].北京:中国铁道出版社,2011.

[3] 张青,何中林,杨族桥.大学计算机基础教程(Windows 7+Office 2010)[M].西安:西安交通大学出版社,2014.

[4] 张青,何中林,杨族桥.大学计算机基础实训教程(Windows 7+Office 2010)[M].西安:西安交通大学出版社,2014.

[5] 靳广斌.现代办公自动化教程(Microsoft Office Specialist 2010 合订本)[M].北京:中国人民大学出版社,2012.

[6] 徐梅,陈洁,宋亚岚.大学计算机基础[M].武汉:武汉大学出版社,2014.

[7] 徐久成,王岁花.大学计算机基础(修订版)[M].北京:科学出版社,2013.

[8] 郑纬民.计算机应用基础(Excel 2010 电子表格系统)[M].北京:中央广播电视大学出版社,2014.

[9] 郑纬民.计算机应用基础(Word 2010 文字表格系统)[M].北京:中央广播电视大学出版社,2013.

[10] 郑纬民.计算机应用基础(Windows 7 操作系统)[M].北京:中央广播电视大学出版社,2014.